aristóteles

```
698a    Höffe, Otfried.
            Aristóteles / Otfried Höffe ; tradução Roberto Hofmeister Pich. –
        Porto Alegre : Artmed, 2008.
            296 p.; 23 cm.

            ISBN 978-85-363-1459-4

            1. Filosofia – Aristóteles. I. Título.

                                                                    CDU 1
```

Catalogação na publicação: Mônica Ballejo Canto – CRB 10/1023

aristóteles

OTFRIED HÖFFE
Professor de Filosofia na Universidade
Eberhard-Karl, em Tübingen, Alemanha

Consultoria, supervisão e tradução desta edição:
Roberto Hofmeister Pich
*Doutor em Filosofia pela
Universidade de Bonn, Alemanha*

Reimpressão

2008

Obra originalmente publicada sob o título *Aristoteles, 3rd Edition*
ISBN 978-3-406-54125-4

© Verlag C.H. Beck oHG, München 2006.

Capa
Tatiana Sperhacke

Preparação do original
Elisângela Rosa dos Santos

Supervisão editorial
Mônica Ballejo Canto

Projeto e editoração
Armazém Digital Editoração Eletrônica – Roberto Vieira

Reservados todos os direitos de publicação, em língua portuguesa, à
ARTMED® EDITORA S.A.
Av. Jerônimo de Ornelas, 670 - Santana
90040-340 Porto Alegre RS
Fone (51) 3027-7000 Fax (51) 3027-7070

É proibida a duplicação ou reprodução deste volume, no todo ou em parte, sob quaisquer formas ou por quaisquer meios (eletrônico, mecânico, gravação, fotocópia, distribuição na Web e outros), sem permissão expressa da Editora.

SÃO PAULO
Av. Angélica, 1091 - Higienópolis
01227-100 São Paulo SP
Fone (11) 3665-1100 Fax (11) 3667-1333

SAC 0800 703-3444

IMPRESSO NO BRASIL
PRINTED IN BRAZIL

Começou com Aristóteles...

Para Evelyn

Abreviaturas, modo de citação

An.	*De anima* (*Peri psychês*): Sobre a alma
An. post.	*Analytica posteriora* (*Analytika hystera*): Segundos analíticos
An. pr.	*Analytica priora* (*Analytika protera*): Primeiros analíticos
Ath. pol.	*Athênaiôn politeia*: A república dos atenienses
Cael.	*De caelo* (*Peri ouranou*): Sobre o céu
Cat.	*Categoriae* (*Katêgoriai*): Categorias
EE	*Ethica Eudemia* (*Ethika Eudêmeia*): Ética a Eudemo
EN, *Ética*	*Ethica Nicomachea* (*Ethika Nikomacheia*): Ética a Nicômaco
Gen an.	*De generatione animalium* (*Peri zôôn geneseôs*): Sobre a origem dos animais
Gen. corr.	*De generatione et corruptione* (*Peri geneseôs kai phthoras*): Sobre a geração e a corrupção
Hist. an.	*Historia animalium* (*Peri tôn zôôn historiai*): Zoologia
Int.	*De interpretatione* (*Peri hermêneias*): Sobre a interpretação
Mem.	*De memoria et reminiscentia* (*Peri mnêmês kai anamnêseôs*): Sobre a memória e a reminiscência
Met.	*Metaphysica* (*Ta meta ta physika*): Metafísica
Meteor.	*Meteorologica* (*Meteôrologika*): Meteorologia
MM	*Magna moralia* (*Ethikôn megalôn*): Ética magna
Mot. an.	*De motu animalium* (*Peri zôôn kinêseôs*): Sobre o movimento dos animais
Part. an.	*De partibus animalium* (*Peri zôôn moriôn*): Sobre as partes dos animais
Phys.	*Physica* (*Physikê akroasis*): Física
Poet.	*Poetica* (*Peri poiêtikês*): Poética
Pol.	*Politica* (*Politika*): Política
Prot.	*Protrepticus* (*Protreptikos*): Escrito de iniciação
Rhet.	*Rhetorica* (*Rhêtorikê technê*): Retórica
Soph. el.	*Sophistici elenchi* (*Peri sophistikôn elenchôn*): Refutações sofísticas (= *Tópica*, Livro IX)
Top.	*Topica* (*Topika*): Tópica

O texto grego é citado segundo as edições dos *Oxford Classical Texts*. Dados de passagens seguem este padrão: *Met.* I 1, 981a15 = *Metafísica* Livro I, Capítulo 1, página 981a (da normativa Edição Bekker), linha 15.

Sumário

Prefácio à edição brasileira 13
Prefácio 15

Parte 1
"O FILÓSOFO"?

1. **Pessoa e obra** 19
   A pessoa 19
   A obra 26

2. **Pesquisador, erudito, filósofo** 32

Parte 2
CONHECIMENTO E CIÊNCIA

3. **Fenomenologia do conhecimento** 41
   Propedêutica? 41
   Uma hierarquia epistêmica 44
   Liberdade e auto-realização 48

4. **Formas de racionalidade** 51
   Silogística 51
   Dialética (Tópica) 56
   Retórica 60
   Poesia: tragédia 66

5. Demonstrações e princípios 72
Crítica da razão demonstrativa 72
Axiomas e outros princípios 77
Indução e espírito 82

6. Quatro máximas metódicas 87
Assegurar os fenômenos 87
Opiniões doutrinais 89
Dificuldades 92
Análise da linguagem 93

Parte 3
FÍSICA E METAFÍSICA

7. Filosofia da natureza 97
A pesquisa aristotélica da natureza 97
Movimento 100
Quatro perguntas de explanação 106
Contínuo, infinito, lugar e tempo 109

8. Biologia e psicologia 116
O zoólogo 116
Teleonomia: organismos, geração e hereditariedade 121
A alma 123

9. Filosofia Primeira ou metafísica 129

10. Cosmologia e teologia 138
Meta-física 139
O conceito cosmológico de Deus 140
Um conceito ético de Deus? 145

11. Ontologia e linguagem 147
Categorias 149
Substância 153
Crítica às idéias de Platão 158
Sobre a linguagem 161

Parte 4
ÉTICA E POLÍTICA

12. Filosofia prática 169
Sobre a autonomia da ética 169

O fim se chama práxis 171
Saber básico 174

13. **Teoria da ação** 176
    Desejo como conceito fundamental 176
    Decisão e faculdade do juízo 178
    Fraqueza da vontade 183
    Aristóteles conhece o conceito de vontade? 187

14. **A vida boa** 191
    O princípio da felicidade 191
    Virtudes de caráter 198
    Justiça, direito natural, eqüidade 201
    Existência teórica ou política? 206

15. **Antropologia política** 209
    Sobre a atualidade da "política" 209
    "Político por natureza" 212
    Amizade e outras pressuposições 218

16. **Justiça política** 223
    Desigualdades elementares 223
    Escravos 223
    Bárbaros 225
    Mulheres 226
    Domínio de livres sobre livres 227
    Democracia ou estado civil? 234

Parte 5
SOBRE A REPERCUSSÃO DO PENSAMENTO DE ARISTÓTELES

17. **Antigüidade e Idade Média** 241
    Primeiro período 241
    Cristianismo, islamismo, judaísmo 244
    A grande Renascença de Aristóteles 247

18. **Período moderno e atualidade** 253
    Desligamento e retomada 253
    Aristoteles-Forschung, neo-aristotelismos 256

Anexos 261
Cronologia 261
Referências 263
Índice onomástico 285
Índice remissivo 291

Prefácio à edição brasileira

O filósofo a quem a Antigüidade Tardia denomina "divino Aristóteles" e que, desde o médico, matemático e filósofo árabe Al-Farabi até o teólogo e filósofo latino Tomás de Aquino, chama-se simplesmente "o Filósofo", deixa uma obra universal de pesquisa filosófica e em ciências particulares. Até hoje, os seus tratados sobre lógica formal e teoria da demonstração, sobre filosofia da natureza, ontologia e teologia filosófica, sobre ética e política, retórica e poética, são o modelo original e o exemplo de escritos teóricos de filosofia.

Com base na sua singular conexão de experiência com agudeza conceitual e força especulativa, as idéias de Aristóteles buscam ainda hoje os seus pares. Quem consegue libertar as suas investigações conceituais, estruturais e metodológicas de diversas sobreposições e, não raro, incrustações escolásticas, descobre um pensamento que se mostra cada vez mais não-dogmático: o filosofar de Aristóteles é, em suas abordagens, surpreendentemente variado, extremamente dinâmico no que concerne à construção conceitual, sóbrio no processo de argumentação e verdadeiramente cauteloso nas conclusões. Acrescenta-se a isso um interesse incomumente amplo pelos fenômenos reais. Seja quando trata da teoria da argumentação, da retórica ou da potética, seja quando trata da filosofia da natureza, da ética ou quando da política, o pensamento de Aristóteles é sempre farto em experiência.

Ao interesse empírico Aristóteles relaciona a intenção analítica de esclarecer os diferentes domínios e os seus diferentes aspectos por si e em relação um com o outro, bem como a tarefa especulativa – em sentido filosófico – de deixar transparentes o mundo natural, lingüístico e social em recurso às causas e às razões, enfim, a razões absolutamente primeiras, isto é, aos princípios.

Não é nenhum milagre que uma obra desse tipo inspire uma grande quantidade de estudos, tanto investigações histórico-filológicas quanto discussões filosófico-sistemáticas. Enquanto até uma ou duas gerações atrás, em muitos lugares, tenha predominado a crítica a Aristóteles, por exemplo, a crítica ao essencialismo, à teleologia e ao princípio da felicidade (*eudaimonia*), recentemente há, de novo, inúmeros amigos de Aristóteles: na teoria filosófica da ação e na ética, na teoria social e na filosofia política, na tópica e na retórica, mesmo na poética e na ontologia.

Foi com muito gosto que constatei, nas minhas diferentes visitas ao Brasil, que nesse país o pensamento de Aristóteles é estudado em praticamente todas as Faculdades de Filosofia. Felizmente, (quase) toda a sua obra está à disposição em português. E sobretudo nas mais importantes universidades do país há grupos de pesquisa altamente qualificados sobre Aristóteles. Assim, muito me alegro que o meu colega Roberto Hofmeister Pich tenha assumido a tradução do meu livro sobre a vida, a obra e a repercussão de Aristóteles, tendo discutido comigo, na sua última estada na Alemanha, alguns detalhes da tradução. Graças ao seu grande engajamento, a tradução para o português do Brasil já está pronta. Por isso mesmo, digo o meu "muito obrigado" e agrego esse agradecimento à esperança de que os estudos de Aristóteles no Brasil, até aqui já impressionantes, possam florescer ainda mais.

Otfried Höffe

PREFÁCIO

Este livro apresenta um filósofo ao qual, mesmo no pequeno círculo dos grandes pensadores, é devido um lugar especial. A Antigüidade Tardia fala do "divino Aristóteles" (Próclo). A Idade Média o denomina, desde Al-Farabi, passando por Alberto Magno até Tomás de Aquino, simplesmente "o Filósofo". E ainda Leibniz diz, a respeito das afirmações sobre os conceitos fundamentais da filosofia da natureza, que elas são "em grande parte completamente verdadeiras".

O ataque sério à autoridade de Aristóteles ocorre não depois de algumas décadas, mas apenas após dois mil anos, sobretudo nos séculos XVII e XVIII, nesse caso certamente em frente ampla. O ataque começa por parte da física (palavra-chave: Galilei); avança na filosofia fundamental (Descartes) e na filosofia política (Hobbes); é fortalecido pela filosofia transcendental (Kant), compreendendo também a ética e a estética, para finalmente alcançar, no final do século XIX, a lógica. Mesmo então, Aristóteles não é simplesmente superado. Que Hegel lhe tributa grande respeito, isso é conhecido; algo semelhante vale para Brentano e Heidegger, como também para Lukasiewicz e para a filosofia analítica. Até mesmo entre biólogos, em ninguém menos que Darwin, goza ele de grande prestígio. E enquanto até pouco tempo predominava a crítica a posições aristotélicas – desde o essencialismo, passando pela teleologia, até o princípio da felicidade – há recentemente amigos de Aristóteles na teoria filosófica da ação e na ética, na tópica e na retórica, na filosofia política, na teoria social e na ontologia.

Dado que nem mesmo entre estudantes de filosofia seja de se esperar que tenham conhecimentos de Aristóteles, procura-se aqui uma introdução abrangente e simpática a ele. A isso está ligado o interesse numa conversa filosófica que ultrapassa a distância histórica. Afinal, seria apenas estéril caso fossem separadas as questões objetivas e fossem repetidas meras posições doutrinais. De resto, justamente em Aristóteles sempre se é dirigido aos objetos sobre os quais ele filosofa. É assim que nos interessa o que o autor diz, como argumenta e o que disso – das intuições, dos conceitos e argumentos ou ao menos do estilo do filosofar – ainda permanece. A discussão com Aristóteles também ajuda a se ter um perfil mais apurado no que tange a ambos os lados, tanto a antigüidade quanto a modernidade. E eventualmente se poderia abrir para a modernidade uma alternativa ponderável.

Que para um autor da estatura de Aristóteles o comentário erudito é inabrangivelmente rico, isso a ninguém deve desanimar. Não poucos textos permitem uma leitura franca. Os pensamentos são freqüentemente formulados de modo tão vivo e não-esgotado que não se precisa, para o entendimento deles, mais do que curiosidade e um pouco de paciência. Há textos que podem ser lidos até o fim "num movimento", mesmo como um romance; porém, não se pode, como uma história policial, "devorá-lo" capítulo por capítulo. O iniciante começa no Livro de Introdução da *Metafísica* (especialmente Capítulos I 1-2) e da *Ética a Nicômaco* (especialmente Capítulos I 1-6) para então voltar ao início da *Zoologia* (*Hist. an.* I 1), aos primeiros capítulos das *Categorias*, talvez também ao começo da *Física*. Que haja também textos difíceis (por exemplo, *An.* III 5, *Met.* VII-IX, *Int.* 12-14, *EN* VII 1-11), que outros só possam ser decifrados com conhecimentos prévios (por exemplo, *Met.* XIII-XIV) e que o leitor se depare com passagens obscuras e posições discordantes, compreende-se – quase – por si mesmo.

Tendo surgido de uma série de cursos universitários, este livro deve estímulos diversos aos meus alunos e colaboradores de então, em especial, Dr. Christoph Horn, Dr. Christof Rapp e Me. Rolf Geiger, bem como, para a terceira edição, a Me. Stephan Herzberg.

Parte 1
"O Filósofo"?

1
PESSOA E OBRA

Pantes anthrôpoi tou eidenai oregontai physei: todos os seres humanos desejam, por natureza, conhecer. A proposição introdutória a um dos livros mais famosos do Ocidente, a *Metafísica*, de Aristóteles, fala de modo imediato sobre o ser humano e o seu conhecer; de modo mediato, porém, também sobre o autor. Na medida em que a reivindicação antropológica, o desejo natural pelo saber, é verdadeira, tem-se que Aristóteles não é meramente um pensador extraordinário, mas ao mesmo tempo um grande ser humano.

A PESSOA

Surpreendentemente, conhecemos a personalidade e o curso da vida de Aristóteles apenas em traços gerais. Os escassos documentos consistem no testamento, em diferentes cartas e poesias, em decretos honoríficos de Estagira, Delfos e Atenas. Em contrapartida, só se pode confiar nas descrições biográficas da antigüidade até certo ponto. Escritas somente gerações mais tarde, elas seguem ora tendências que são simpáticas a Aristóteles, ora tendências que lhe são antipáticas. O texto mais conhecido, *Vida e doutrinas de filósofos ilustres*, de Diógenes Laércio (cerca de 220 d.C.; Capítulo V 1), mistura fatos com invenções nem sempre benevolentes (cf. Düring, 1957). Quanto à pessoa, sabe-se o seguinte: "ele, ao falar, gaguejava um tanto, também tinha pernas frágeis e olhos caídos; porém, vestia-se de modo imponente e não deixava faltar anéis nos dedos e cuidado aos cabelos".

Que Aristóteles de fato tinha um traço de dândi, isso não se pode confirmar, mas o que segue está amplamente assegurado: a sua vida transcorre na época em que a forma de sociedade de muitos gregos, a cidade-estado livre, perde a sua liberdade. Aristóteles vivencia a derrota que Filipe II causa aos atenienses e tebanos em Queronéia (338 a.C.). Ele também é contemporâneo do filho de Filipe, Alexandre, o Grande. Por sua vez, os anos em que Atenas conjuga a sua supremacia política com uma florescência cultural, em que artistas como Ictino e Fídias realizam as construções da Acrópole, nos quais Sófocles versa as suas tragédias, como *Antígona* e *Rei Édipo*, e filósofos como Anaxágoras e Protágoras atuam em Atenas, isto é, o período de Péricles (443-429), já ficaram bem para trás.

Aristóteles nasceu em 384 a.C., em Estagira (Estarro), uma pequena cidade-estado no nordeste da Grécia. Não sendo como Platão um rebento da alta aristocracia ateniense, nem sequer um cidadão, ele será em Atenas um Metöke (agregado): um estrangeiro com "permissão de estabelecimento", mas sem direitos políticos. Ele seguramente não é qualquer um. Como membro de uma família conhecida – o seu pai Nicômaco é médico legista na corte imperial macedônica –, Aristóteles recebe uma educação excelente, que, após a morte prematura do pai, é guiada por um tutor. Talvez por causa de tensões na corte imperial, Aristóteles parte no ano de 367, na idade de 17 anos, para Atenas, o centro da cultura grega, para estudar junto a Platão. A escola deste, a Academia, é muito mais que um mero "ginásio" público; ela é a Meca intelectual para cientistas e filósofos da-

Figura 1.1
Platão.
Cópia da época do Imperador Tibério, segundo uma efígie surgida em torno da metade do século IV a.C. (Munique, Gliptoteca).

quela época, um ponto de encontro internacional e o modelo, até hoje dificilmente alguma vez alcançado de novo, para a unidade de ensino e pesquisa.

Durante 20 anos, a "primeira estadia em Atenas" (367-347), Aristóteles toma conhecimento dos problemas que conhecemos dos diálogos de Platão, incluindo os diálogos tardios. Além disso, estuda junto aos membros da Academia, como Espeusipo, Xenócrates e Eudoxo de Knidos. Sem dúvida, ele não permanece "aluno" por muito tempo; em debate com Platão e seus colegas, ele logo desenvolve uma posição própria. Assim, não se tem conhecimento de algo como uma experiência intelectual tipo Saulo-Paulo, uma repentina iluminação que convertesse o discípulo de Platão num crítico de Platão. Tampouco ouvimos falar de uma virada ou conversão filosófica que permitisse contrastar um Aristóteles tardio ou um Aristóteles II em contraposição a um Aristóteles juvenil, ou seja, um Aristóteles I. Nesse sentido, a biografia intelectual de Aristóteles aparece como notavelmente gradual e, justamente nesse aspecto, sóbria.

Já durante a primeira estadia em Atenas, o filósofo profere preleções próprias num auditório, que dispõe de um quadro, de diferentes aparelhos e de duas pinturas de parede, bem como de tabelas astronômicas (*Int.* 13, 22*a*22; *EN* II 7, 1107*a*33; *EE* II 3, 1220*b*37; *An. pr.* I 27, 43*a*35; cf. Jackson, 1920). Nessa época, surgem extensas coleções de material e sobretudo os primeiros esboços da filosofia da natureza ("Física"), da filosofia fundamental ("Metafísica"), da ética, da política e da retórica. Se também são oriundos desse período aqueles escritos lógicos e de teoria da ciência, que mais tarde se resume como "Organon", bem como a *Poética*, isso é questionável.

O fundador e líder da Academia, Platão, é 45 anos mais velho do que Aristóteles, o que corresponde praticamente à diferença de tempo em que o próprio Platão era mais jovem do que Sócrates. Faltam informações mais seguras acerca da relação do "aluno" com o seu "mestre". Presume-se que Aristóteles nutre por Platão sentimentos semelhantes aos deste último por Homero. A crítica a Platão na *Ética* (I 4, 1096*a*11-17) começa quase como a crítica de Platão a Homero e aos poetas na *República* (X, 595b; cf., relacionada a Sócrates, *Fédon* 91bs.): "Sem dúvida, contraria-nos tal investigação, uma vez que foram amigos que introduziram as idéias. Porém, poder-se-ia... ser solicitado, para preservar a verdade, não poupar os próprios sentimentos, afinal somos filósofos...". Mais tarde, decorrerá daí o dito *amicus Plato, magis amica veritas*, o que significa, traduzindo livremente: "eu amo Platão, mas amo ainda mais a verdade". Uma ligação análoga de valorização e crítica experimenta Sócrates (por exemplo, *Met.* XIII, 4, 1078*b*17-31; *Pol.* II 6, 1265*b*10-13). Poderia, a propósito, ser um caso de sorte que, portanto, duas vezes, uma depois da outra, um filósofo notável toma ensinamentos junto a um filósofo notável e trabalha então para si, na base das percepções profundamente refletidas daquele, as próprias percepções.

Já pelo fato de ser um Metöke, Aristóteles não se envolve nas questões da pólis, mas fundamenta uma ciência da política própria. Ele não se retira totalmente da práxis política: assume tarefas de mediação entre a Macedônia e diferentes cidades gregas, pelas quais os "cidadãos de Atenas" agradecem numa epígrafe (ver Düring, 1957, p. 215). Mesmo cético diante da vocação política do filósofo, professada por Platão, ao final mesmo assim fracassada, ele não toma missões desse tipo como a progressão "natural" da filosofia política.

Em geral, Aristóteles concentra-se no seu estudo, na própria pesquisa e no ato de lecionar independente. Caso se dê crédito às afirmações correspondentes, nesse caso ele, um palestrante talentoso com humor agudo, oferece preleções claras e cativantes. Como leitor voraz, e além disso colecionador e analítico, ele é o protótipo do professor erudito – não na forma de distanciamento do mundo, mas numa forma aplicada, até mesmo voltada para o mundo. O voltar-se para o mundo começa no âmbito do intelectual. Aristóteles não se familiariza apenas com as opiniões da sua "escola", isto é, de Platão e dos acadêmicos, mas igualmente com as obras dos sofistas, dos pré-socráticos e dos médicos, como também com a lírica, a épica e a dramaturgia gregas, incluindo as constituições então conhecidas.

Após a morte de Platão, no ano de 347, Espeusipo (410-339), sobrinho e herdeiro de Platão, é definido como líder da Academia. Não por algo como aborrecimento, mas por causa de ameaças políticas – Aristóteles é tido como amigo dos macedônios, aqueles que ameaçam a liberdade da Grécia –, o filósofo, nessa época com 38 anos, abandona Atenas. Uma vez que as circunstâncias políticas forçam ainda outras mudanças de lugar, a sua biografia não tem um seguimento tão tranqüilo como se espera frente à obra impressionante. A capacidade de Aristóteles, mesmo sob situações adversas, de manter-se firme na sua tarefa de vida – a pesquisa – é notável.

Os próximos 12 anos de "andanças" (347-335/334) ele passa com outros membros da Academia, primeiramente junto com um antigo colega, Hérmias de Atarneus. Generosamente provido de todas as coisas necessárias para a vida por esse príncipe da cidade de Assos, na Ásia Menor, Aristóteles pode dedicar-se sem perturbações à filosofia e às ciências. Presumivelmente em Assos ele conhece Teofrasto de Eresos (cerca de 370-288 a.C.), seu futuro colaborador e amigo. O filósofo casa-se com Píthias, a irmã (ou sobrinha) de Hérmias, com a qual ele tem uma filha de mesmo nome; mais tarde nasce também um filho, Nicômaco. Nos anos fora de Atenas, Aristóteles pôde ter coletado aquela grande quantidade de material zoológico, que funda, junto com as investigações correspondentes, a sua fama como destacado zoólogo.

Figura 1.2
Batalha entre Alexandre Magno e Dario.
Corte: Alexandre (Pompéia, Casa de Fauno).
Provavelmente cópia feita a partir de Filoxeno de Eritréia).

Após a morte de Hérmias, no ano de 345, Aristóteles vai para Mitilene, em Lesbos. Dois anos mais tarde, a pedido do imperador Filipe, ele assume a educação do jovem Alexandre, então com 13 anos. Trata-se da situação única em que um dos maiores filósofos assume responsabilidade por alguém que, mais tarde, seria um dos mais significativos estadistas. Apesar disso, em lugar nenhum na obra transmitida Aristóteles vem a falar do aluno incomum. No entanto, ele deve ter escrito um texto *Alexandre ou Sobre as colônias* e, sobretudo, deve ter aberto ao seu aluno o acesso à cultura grega. Por exemplo, ele manda preparar uma cópia da *Ilíada*, de Homero, que Alexandre, um admirador do seu principal herói, Aquiles, leva consigo para as campanhas. Aristóteles também poderia ter sido responsável por Alexandre deixar-se acompanhar por cientistas gregos para perseguir, além de fins militares, também interesses culturais e científicos.

Em contrapartida, poderia ser ilegítima uma carta a Alexandre, transmitida somente em árabe (Stein, 1968): um dos mais antigos Espelhos dos Príncipes, em que Alexandre é aconselhado sobre o comportamento para com os súditos, sobre a fundação de cidades gregas e sobre a pergunta se se deveria desalojar à força a nobreza persa. E o ápice é formado pela visão de uma república mundial, uma cosmo-pólis (ver Capítulo 15, "Amizade e outras pressuposições").

Por volta do fim dos seus "anos de andança", Aristóteles assume, vinda de Delfos, a requisição de produzir uma lista dos vitoriosos nos jogos pítios. Que ele tenha recebido a honrosa missão, isso fala a favor do seu renome científico; e que ele a realiza, isso prova uma vez mais a sua ampla curiosidade intelectual. Às outras pesquisas acrescenta-se aqui a historiografia. Pela sua realização, dedica-se-lhe um decreto honorífico que, no entanto, é revogado quando da insurreição antimacedônica do ano de 323.

Após a resistência grega contra a Macedônia ter sido quebrada com a destruição de Tebas (335), Aristóteles, com quase 50 anos, retorna ao seu antigo local de formação. Tem início a "segunda estadia em Atenas" (335/334-322). Três ou quatro anos antes, Xenócrates foi eleito para o topo da Academia, um filósofo em relação ao qual Aristóteles é muito superior em conhecimentos, agudeza e dinamismo espiritual. Que essa eleição tenha levado à separação da Academia, isso não se pode provar, mas é presumível. Em todo caso, Aristóteles trabalha nos próximos 12 anos no Lykeion (cf. "Liceu"), em Lykabettos, um ginásio acessível a todos. Devido à sua forma de construção, ele também é chamado de Peripatos, que originalmente significa "passeio", mais tarde "galeria coberta", "vestíbulo ou átrio de discussão".

Se o círculo que se reúne ali em torno de Aristóteles se fecha numa firme unidade de ensino e pesquisa, numa organização de trabalho, isso permanece incerto. De qualquer modo, não surge uma espécie de universidade com um plano de estudo estabelecido, com provas e graus acadêmicos. Nem sequer ocorre a fundação de uma escola em sentido formal; ora, a um estrangeiro como Aristóteles está vedada a aquisição de bens duradouros. Aliás, na Atenas pensada "nacionalmente", ele continua sendo um estrangeiro sob suspeita e, na vida intelectual, um cientista estrangeiro entre outros. Aristóteles leva consigo para o Liceu a sua biblioteca, para os termos de então uma biblioteca extraordinariamente grande, bem como uma considerável gama de apetrechos. Em virtude de preleções públicas – o filósofo insiste na unidade de ensino e pesquisa, familiar à Academia –, ele retoma esboços anteriores das suas idéias e traz os seus escritos doutrinais a uma versão amadurecida. Além disso, explora as suas coleções de material e organiza a pesquisa, no sentido de dividir determinadas áreas de pesquisa com amigos e colegas, por exemplo, com Teofrasto, Eudemo de Rodes e Mênon.

Após a morte de Alexandre, em junho de 323, Aristóteles deixa novamente Atenas. Embora a sua filosofia política esteja antes voltada contra interesses macedônios, ele teme tornar-se uma vítima das intrigas antimacedônias. A propósito, ele é colocado sob aquela acusação de impiedade (*asebeia*), da qual Sócrates também fora vítima uma vez. Aludindo-se ao destino deste "mais veraz, mais sábio e mais justo homem entre os que

Figura 1.3
Sócrates.
Cópia feita a partir de um retrato helenístico (Roma, Villa Albani).

então viviam" (Platão, *Fédon* 118a), Aristóteles deve ter fundamentado o abandono da cidade com as palavras de que ele não permitirá que os atenienses, pela segunda vez, cometam um pecado contra a filosofia (Aeliano, *Varia historia* III 36). Aristóteles retira-se para a casa da sua mãe, para Cálquis, em Eubóia. Pouco tempo depois, em outubro de 322, ele morre aos 62 anos, de uma doença da qual não se sabe em detalhes.

No testamento (Diógenes Laércio, Capítulo V 1, 11-16), confronta-nos um ser humano cuidadoso, preocupado com o bem-estar dos seus. Como executor do testamento é designado Antipater, general macedônio e governador de Alexandre na Grécia, e como substituto no Liceu é colocado Teofrasto. Aristóteles expressa o desejo de ser enterrado ao lado da sua esposa, Píthias, e atribui disposições aos seus parentes e serviçais.

Da época do império romano foram transmitidas efígies que se remetem a um original grego que certamente foi preparado por Lisippo, o escultor da corte de Alexandre Magno, em requisição do seu senhor. O Aristóteles de cerca de 60 anos é apresentado com barba longa, boca larga, lábio inferior forte e – como indicação de uma inteligência e de uma concentração extraordinárias – com uma testa que avança salientemente. Na tradição biográfica da Antigüidade, encontram-se os cognomes "o leitor" (*anagnôstês*: *Vita Marciana* 6) e "o espírito da discussão (acadêmica)" (*nous tês diatribês*: Filoponos, *De aeternitate mundi* VI 27).

Figura 1.4
Aristóteles.
Cópia romana feita a partir de uma estátua do
fim do século IV a.C. (Viena, Kunsthistorisches Museum).

A OBRA

O índice dos escritos aristotélicos feito por Diógenes apresenta 146 títulos. Ainda faltam ali dois dos escritos mais importantes para nós, a *Metafísica* e a *Ética a Nicômaco*. Caso se deva confiar nos dados de extensão, 445.270 linhas, e se adicionem os dois escritos não-incluídos, obtemos, já no sentido quantitativo, uma produtividade quase inacreditável: uma obra de aproximadamente 45 tomos com cerca de 300 páginas. Porém, uma vez que a obra não foi guardada tão cuidadosamente quanto a platônica, parece que, do cômputo total, preserva-se menos do que um quarto, o que de qualquer modo ainda resulta em dez volumes consideráveis (sobre os índices antigos das obras de Aristóteles, ver Moraux, 1951).

A obra escrita de Aristóteles divide-se em três gêneros. Alguns textos estilisticamente retocados dirigem-se a leigos com formação. Pelo fato de que os endereçados encontram-se "fora" (gr. *exô*) da escola, esses escritos chamam-se exotéricos ou também, uma vez que se dirigem a um círculo (*kyklos*) maior, escritos encíclicos. Acham-se aqui o escrito de propaganda para a filosofia, o *Protreptikos*, além de muitos diálogos como, por exemplo, *Sobre a filosofia, Sobre a justiça, Política* e *Sobre os poetas*. Ao lado desses "escritos populares", há "textos profissionais", os *Pragmatien*, também chamados de escritos esotéricos, uma vez que se dirigem a alunos e colegas "dentro" (gr. *esô*) da escola. Surpreendentemente, esses tratam de alguns temas centrais apenas de modo muito breve. Isso pode ser explicado pelo fato de que Aristóteles tomou posição quanto a isso nos escritos exotéricos e pressupõe o conhecimento desses – para todos os efeitos, eles estão disponíveis no "comércio de livros". O terceiro gênero forma as coleções de material de pesquisa: sobre as opiniões doutrinais de filósofos anteriores, sobre a pesquisa da natureza (em especial sobre a zoologia) e sobre a política, sobre adágios, questões disputadas sobre Homero, etc. A coleção das datas de apresentação das "disputas de tragédia", os assim chamados Didascália, foi perdida; e da coletânea mais famosa, as 158 constituições gregas, conhece-se lamentavelmente apenas a *Constituição de Atenas*.

Caso se compare a obra preservada com a de Platão, não deve passar despercebido que, no caso de Aristóteles, excetuando-se pequenos fragmentos, todos os escritos de nível literário especial perderam-se já na Antigüidade Tardia; no caso de Platão, ao contrário, conhecemos exatamente as obras de arte literária, os diálogos. Para esse quadro de transmissão poderia responsabilizar-se unicamente as vicissitudes da história. Porém, talvez os diálogos de Aristóteles não tenham sido transmitidos também porque não resistem ao modelo notável. Cícero, sumamente importante para a mediação da cultura grega, parece de fato se apoiar de modo especialmente forte nos diálogos aristotélicos. Apesar disso, não se pode negar que tentativas tardias de imitar, na filosofia, a arte de diálogo de Platão, além de Aristóteles e Cícero, por exemplo, em Agostinho ou Abelardo, em Ockham, Galilei, Hume ou Leibniz, dificilmente alcançam o nível de Platão.

Tem-se um outro quadro nos escritos determinados ao uso acadêmico. Como um grau intermediário entre textos de preleção e uma obra retocada em termos de composição e estilo, esses escritos preparam aquele gênero de texto – o tratado – que se pode imitar sem problemas e constitui até hoje, para a ciência e a filosofia, a forma válida. Assim, segundo tudo o que nós sabemos, Aristóteles escreveu nessa forma os seus pensamentos essenciais. Para o quadro da transmissão poderia resultar um terceiro motivo, agora não mais um motivo externo: não havia uma necessidade filosófica de transmitir também os diálogos. Ainda assim, a perda dos diálogos é motivo de lamento. Por um lado, seria interessante saber quais dos seus pensamentos Aristóteles queria submeter a um público maior. Por outro lado, seria um prazer conhecer a sua qualidade literária: Cícero louva o seu "rio dourado de discurso" (*flumen orationis aureum*: *Academica* II 119) e quer dizer com isso o estilo cultivado, tanto ritmicamente quanto sintaticamente, de uma linguagem cotidiana não muito elevada.

Dentre os "tratados", unicamente a *Historia animalium*, a *Zoologia*, poderia ter sido concebida para um público leitor, e não ouvinte. Trabalhados cuidadosamente, sem os saltos de pensamento ou as meras observações que se encontram em outros escritos doutrinais, são também os *Primeiros analíticos* e a *Ética a Nicômaco*. Na sua absoluta maior parte, os escritos esotéricos de Aristóteles são apontamentos de aula: apontamentos para as preleções ou pós-escritos de preleções, que não são destinados à publicação. Ao que tudo indica, a maioria deles é retrabalhada em vários aspectos após uma primeira forma escrita, freqüentemente pelo próprio Aristóteles, em parte primeiramente por Teofrasto e outros discípulos. Deve-se contar não só com diferentes camadas, mas também com agrupamentos, excursos, observações e remissões. Alguns textos, contudo, Aristóteles mesmo poderia ter redigido no momento de finalização: além da *Ética a Nicômaco* talvez as *Categorias*, a *Tópica* e os *Analíticos*. Notavelmente, há para alguns temas diferentes textos, em especial para a ética, a saber, a *Ética a Nicômaco*, a *Ética a Eudemo* e a *Ética magna* (*Magna Moralia*, cuja autenticidade é, sem dúvida, questionável).

Por meio do quadro de transmissão dos escritos doutrinais trazido à mostra, a filologia erudita, com muita agudeza e não pouca polêmica, propôs uma série de tentativas de datação, hipóteses de desenvolvimento e melhorias textuais (conjecturas). Contudo, o seu trabalho corre o risco de perder de vista o conteúdo próprio, filosófico. E, apesar de toda a erudição, a cronologia dos escritos permanece até hoje motivo de discussão. Amplamente reconhecido é somente o seguinte: a *Tópica*, um dos tratados mais antigos, foi escrita antes tanto das *Categorias* quanto dos *Primeiros analíticos*; obras primevas são também a *Retórica* e – talvez – a *Poética*; os escritos sobre biologia e sobre metafísica fazem referência à forma primitiva da lógica (contida na *Tópica*) e da teoria da demonstração, enquanto os *Analíticos* oferecem a sua elaboração relativamente madura. No âmbito da biologia, a obra *De generatione animalium* é a última; no tocante à ontologia, aparecem as *Categorias* antes dos livros sobre a substância da *Metafísica*; e no âmbito da filosofia prática a *Ética a Nicômaco* só pode ter sido escrita após a *Política*.

Uma vez que Aristóteles pode reportar-se a exemplos anteriores apenas de modo limitado, ele deve ser tomado como co-criador de uma prosa científica sóbria. Além disso, é o criador de um grande número de expressões técnicas, as quais, passando pela tradução latina, tornam-se elemento fixo da terminologia filosófica. O enriquecimento que acompanha isso certamente lhe é estranho. As suas expressões técnicas são retiradas, de muitas maneiras, de perguntas; nas *Categorias* ele diz *ti*, "o que", *poson*, "quão grande", *poion*, "de que tipo", *poû*, "onde". Nos princípios do movimento, ele fala de "De que", "O que", "De onde" e "Por causa de que". Em todo caso, Aristóteles não busca nenhuma linguagem filosófica artificial, mas a precisão e a diferenciação, ocasionalmente também o progresso das expressões confiadas à linguagem comum. Dessa forma, ele obtém uma dicção móvel, de todo não-escolástica.

Aristóteles escreve, na maioria dos casos, de modo claro, breve, pontual e – tirando-se determinados usos formalistas – rico em variações. Ocasionalmente, encontramos até mesmo o estilo elogiado por Cícero, como, por exemplo, em partes da *Metafísica* XII e da *Política*, bem como no Capítulo I 5 do escrito *Sobre as partes dos animais* (aqui, 664b22-645a36). Porém, como seria de se esperar de apontamentos de aula, os textos via de regra são compactos, escritos de modo elíptico e impregnados de acréscimos; existem também translados abruptos, e vários contextos ficam obscuros. Mesmo que consigamos ler outros filósofos segundo trechos, talvez mesmo por capítulos, um pensador tão vigoroso quanto Aristóteles estuda-se linha por linha, palavra por palavra. É preciso lê-lo, analisá-lo e relê-lo, sendo capaz daquela reflexão que sabe detalhar um argumento tãosomente aludido e que desperta à vida filosófica algumas "passagens duras de roer" através de ilustrações e ponderações relevantes ("O que isso quer dizer?"). Quem coloca para si esse desafio, dele se cerca uma filosofia que, no tocante à amplitude temática, à riqueza de fenômenos, à agudeza conceitual e à força especulativa, dificilmente se encontra outra igual.

Infelizmente, a obra única, até os escritos populares, perde-se por completo logo depois da morte de Aristóteles. Somente cerca de três séculos mais tarde é que se consegue realizar, em Roma, a primeira edição mais cuidadosa dos escritos doutrinais. Segundo uma tradição antiga, o editor, Andrônico de Rodes, apóia-se em manuscritos originais, que chegam a Roma por caminhos tortuosos (ver Capítulo 17, "Primeiro período"). A edição forma a base de toda a transmissão de Aristóteles que a ela se liga; ela é essencialmente idêntica ao *Corpus Aristotelicum* que chegou até nós. Por meio da edição de Andrônico, os escritos doutrinais de Aristóteles tornam-se rápida e amplamente conhecidos e já no círculo em torno de Andrônico, bem como mais tarde, em especial desde o século II d.C., ricamente comentados. Também não se deve esquecer que, em relação a Aristóteles, diferentemente do que se observa em relação a Platão, não existe nenhuma tradição contínua de interpretação; os primeiros comentários preservados são originários do período do império romano.

A história da transmissão tem uma outra conseqüência grave: a ordenação sistemática da obra e a divisão dos textos em quatro grupos não são originais do próprio autor, mas do seu editor. Conduzido pela idéia de um sistema filosófico construído em si consistentemente, Andrônico coloca (1) os escritos lógicos e científicos, entendidos no início como propedêutica. Surpreendentemente, seguem-se então (2) a *Ética* e a *Política*, a *Retórica* e a *Poética*. Apenas depois seguem (3) os escritos de filosofia da natureza (incluindo os textos sobre psicologia). Formam o final (4) textos sobre

Filosofia Primeira, que, localizados após (em grego, *meta*) a filosofia da natureza, a física, são chamados de "Meta-Física". Por outro lado, a ordenação corresponde em parte àquela antiga divisão padrão lógica-ética-física, da qual, contudo, com a seqüência física-ética-lógica, Aristóteles já dispõe (*Top.* I 14, 105*b*20s.). O fato de que o segundo grupo de Andrônico, a ética, seja colocado, mais tarde, no final e tenha permanecido desde então ali, e não raro não tenha encontrado nenhuma consideração especial, espelha a depreciação dominante entre alguns filósofos, embora não partilhada por Aristóteles, da filosofia prática diante da teórica.

Também após essa recolocação, a idéia de sistema de Andrônico fica guardada. Muitas vezes, ela forma o ponto de partida de um aristotelismo rígido e ainda determina, apesar de edições revolucionárias e investigações primeiramente do século XV e então depois do século XIX, a interpretação até há poucas gerações. Apenas a interpretação histórico-evolucionária, que parte de duas monografias do filólogo Werner Jaeger (1912 e 1955, 2.ed.) destina ao pensamento de sistema uma aguda negativa. Inspirado pelo historismo do século XIX, Jaeger vê na obra de Aristóteles o resultado de um desenvolvimento intelectual no qual três fases podem ser claramente diferenciadas uma da outra: anos de ensino, anos de andanças e um período de mestria. Na juventude intelectual da primeira estadia em Atenas, no "período da Academia", o filósofo defende posições platônicas; ele é um "idealista". Disso ele se distancia cada vez mais no período vivido fora de Atenas, nos "anos de andanças", para, após o seu retorno a Atenas, no "período de mestria", realizar uma pesquisa desprovida de toda especulação, orientada tão-somente de modo fenomênico e empírico. Em poucas palavras: a metafísica idealista cede ao realismo e ao empirismo.

O mesmo modelo de interpretação, então relacionado a Platão, já havia sido usado por K.F. Hermann (*Geschichte und System der Platonischen Philosophie*,[1] Heidelberg, 1839). Pode-se mesmo voltar até o século III d.C., até Porfírio, filósofo e comentarista de Aristóteles. Tão nova, pois, a idéia básica não é. De qualquer modo, há hoje entre os filólogos "um amplo consenso sobre o fato de que os resultados de Jaeger devem ser tomados como errôneos na concepção geral e também em muitos itens específicos" (Flashar, 1983, p. 177). Escolhe-se, por exemplo, a biologia e, em seguida, a classificação do mundo animal. Nesse caso, vê-se que, com o passar do tempo, desenvolve-se um "sistema" crescentemente mais complexo e orientado pela experiência. No entanto, dado que o elemento da teleologia pertence a ele, não se pode falar de modo algum de um empirismo no sentido de hoje. Questionável é já por si o recurso acrítico ao material biográfico da Antigüidade e aos fragmentos, bem como ao esquema de um

---

[1] N. de T. *História e sistema da filosofia platônica.*

desenvolvimento linear, quase mecânico. De resto, deve-se julgar o filósofo como sendo capaz de um desenvolvimento que não é determinado por uma respectiva situação de afeição em relação ao mestre, mas, antes, reside em percepção fundamentada. Ainda assim, a idéia de desenvolvimento traz tão pouco para o entendimento filosófico que se torna forçosa aquela posição contrária, a qual Heidegger expressa numa preleção na proposição lapidar: "Aristóteles nasceu em tal e tal circunstância, trabalhou e morreu" (*Grundbegriffe der aristotelischen Philosophie*,[2] manuscrito de preleção não-publicado, 1).

---

[2] N. de T. *Conceitos fundamentais da filosofia aristotélica*.

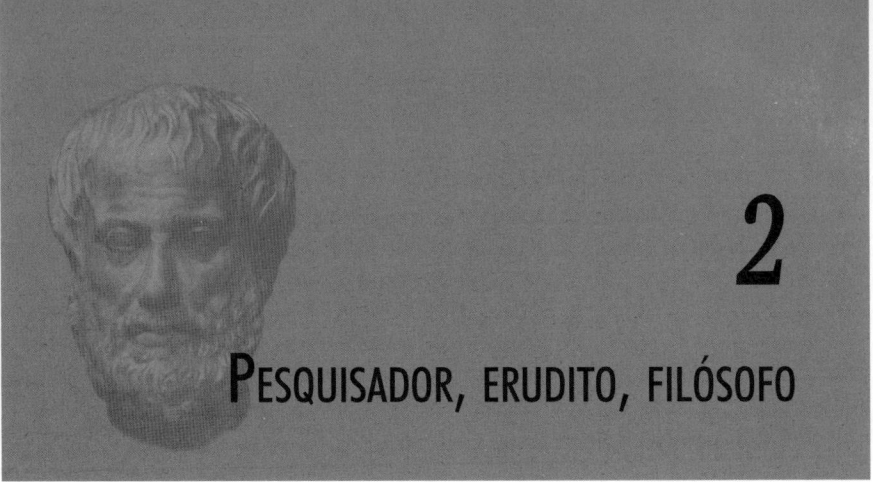

2
PESQUISADOR, ERUDITO, FILÓSOFO

Aristóteles trata praticamente de todos os temas de pesquisa de sua época. A isso se adicionam áreas como a tópica, inclusive as *Refutações sofísticas* (= *Top*. IX), um campo temático que ele, segundo própria informação, pesquisa como primeiro e realmente já de pronto num nível elevado (*Top*. IX 34, 183b16ss.). Aristóteles desenvolve uma lógica formal, uma lógica do discurso e uma teoria da demonstração científica, ao lado de uma teoria da retórica e da literatura. Ele discute as diferentes formas do saber e propõe uma teoria da sua forma plena, da ciência e da filosofia. "Ao lado" disso estão aqueles que, para nós, são os temas tradicionais: a teoria do conhecimento, a ontologia e a teologia natural, a psicologia filosófica (*philosophy of mind*), e a ética, incluindo a teoria da ação e a filosofia política, que abrange uma teoria comparativa da constituição e uma sociologia política.

Um pensador da Modernidade tão importante como Kant consegue fazer preleções sobre ciências da natureza e produzir, para âmbitos mais restritos, ensaios respeitáveis; porém, ele já não é mais um dos grandes pesquisadores da natureza. Pesquisadores contemporâneos preocupam-se em especializar-se ainda mais. Em contraposição a isso, Aristóteles consegue realizar, para todas as três dimensões, produções revolucionárias: para a pesquisa empírica, para a teoria científica específica e, respectivamente, para a proto e a metateoria filosófica. Com razão escreve Diógenes Laércio que, no tocante à natureza, o fervor de pesquisa de Aristóteles deixa muito para trás todos os outros, uma vez que ele mesmo busca oferecer para os fenômenos mais insignificantes as suas razões (Capítulo V 1). Além disso, ele aparece como erudito: como historiador da filosofia, como historiador das constituições, como historiógrafo dos jogos píticos e como representante de uma filologia científica de Homero. Até mesmo para a matemática ele contribui com algo importante, ainda que apenas quanto ao seu método e quanto à teoria do modo de realidade dos seus objetos.

Alguns desses temas aparecem nos debates de hoje como irmãos menores. Qual filósofo ainda se dedica a uma retórica ou a uma teoria da dramaturgia moderna? Em Aristóteles, sem se tratar da pergunta se há ou não divisão de temas centrais e secundários, vê-se que antes de tudo é a qualidade do filosofar respectivo que é de alto ou de baixo escalão.

Uma única falta maior se apresenta. Aristóteles, filho de médico, conhece sim as competências de um médico e as teorias fisiológicas e anatômicas do seu tempo (cf. as observações na *Ética*; também *Met.* I 1, 981*a*15-24; *Pol.* III 11, 1281*b*40ss. e outras). Porém, relaciona-se com elas apenas em termos teórico-científicos e de ciência da natureza, ademais teórico-literários, enquanto falta uma teoria e respectivamente uma filosofia da medicina. Duas circunstâncias devem ser co-responsáveis por isso. Por um lado, na vizinhança intelectual de Aristóteles, na Academia de Platão, não há nenhuma pesquisa em medicina. Por outro lado, Aristóteles abre novas áreas de pesquisa apenas nas áreas em que, como na zoologia, há um déficit elementar. No entanto, a teoria da medicina já é tratada há muito tempo em círculos próprios, conforme a tradição hipocrática.

A obra de Aristóteles consiste, portanto, com exceção da medicina e da matemática comum, numa verdadeira enciclopédia do saber. Nela, o que hoje se estilhaçou há muito em áreas especiais e com muita freqüência apresentou mútuo estranhamento ainda forma uma unidade: as ciências da natureza, da sociedade e da literatura, bem como a história do espírito. O filósofo empreende tanto pesquisas descritivas quanto normativas; ele se ocupa com a pesquisa empírica, com a teoria de ciências particulares e com os diferentes domínios da genuína filosofia. Em poucas palavras: Aristóteles é "um dos gênios científicos mais ricos e abrangentes... que já surgiram" (Hegel, *Werke* 19, p. 132).

Poder-se-ia crer que reside na base da sua pesquisa enciclopédica o pensamento de uma em si homogênea ciência da unidade. Aristóteles, porém, já critica as duas pressuposições daquela: a idéia de uma intenção única de pesquisa e a idéia de um caráter objetivo homogêneo. Com efeito, ele tem conhecimento dos elementos métodicos que são comuns a todas as ciências, assim como dos conceitos fundamentais e dos pontos de vista comuns. Os aspectos comuns, porém, nem são desenvolvidos numa filosofia fundamental homogênea, nem afluem para um princípio único que conforma o saber todo num contexto fechado. O filósofo conhece uma fundamentação última somente na forma modesta de uma teoria de princípios fundamentais do pensamento. No mais, ele defende, ao lado de princípios de disciplinas específicas, uma pluralidade de princípios comuns para os quais, contudo, as diversas disciplinas são competentes: além da metafísica, ainda a lógica e as reflexões de teoria da ciência, de alguma maneira também a tópica, além de partes da filosofia da natureza e da ética.

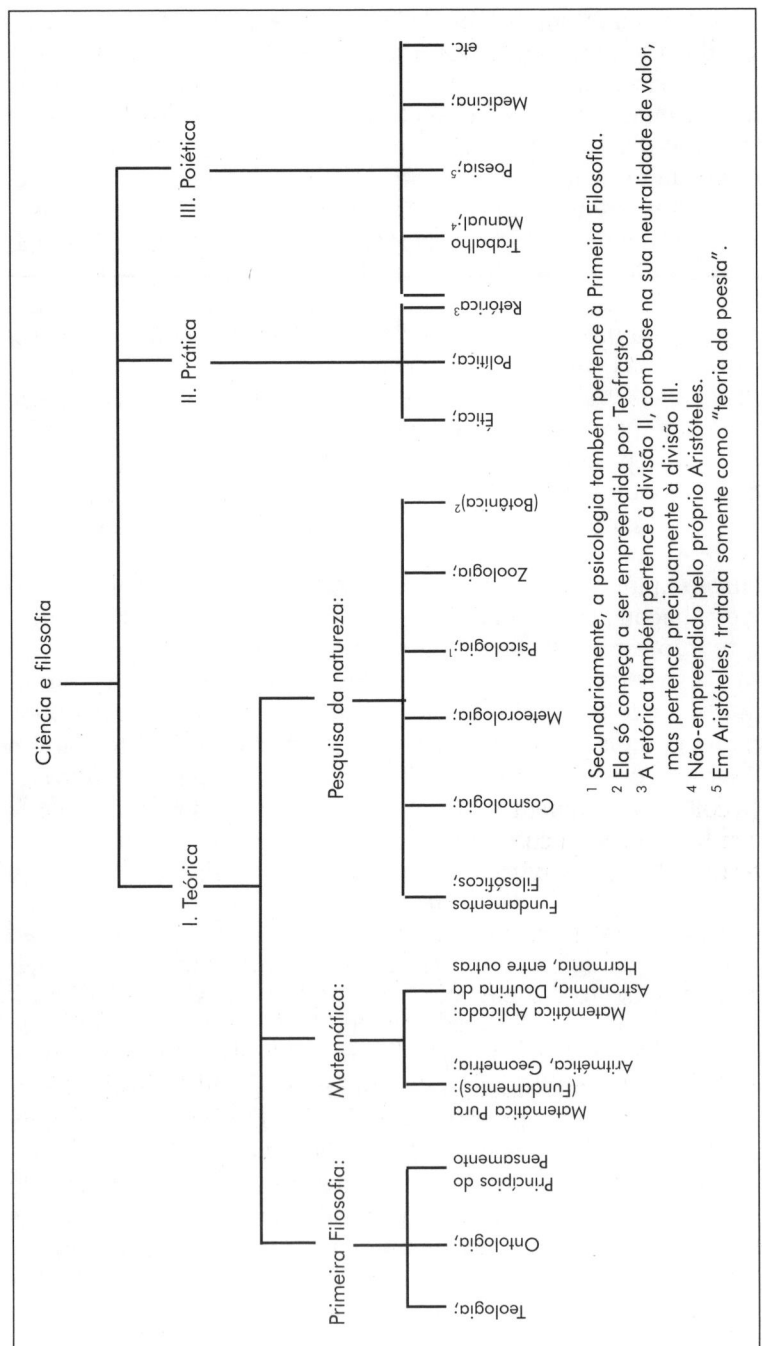

Figura 2.1
Ciência e filosofia.

Por meio da crítica a uma ciência unitária, Aristóteles libera as diferentes áreas de pesquisa de toda "pressão sistêmica", de modo que surge uma quantidade de disciplinas particulares relativamente independentes. A pesquisa específica, já há muito evidente para a ciência européia, não começa, como muitos crêem, depois de Hegel, após o presumido fracasso da sua *Enciclopédia*, mas muito antes, essencialmente em Aristóteles. No âmbito de uma "emancipação de disciplinas específicas", ele diferencia três áreas. Kant acreditava que "a antiga filosofia grega dividia-se em três ciências: a *física*, a *ética* e a *lógica*" (Prefácio da *Fundamentação da metafísica dos costumes*). Ainda que Aristóteles conheça essa divisão (ver Capítulo 1, "A obra"), costumeira desde a época de Espeusipo na Academia, uma outra diferenciação lhe é mais importante: a divisão em saber teórico, prático e "poiético" (*Met.* VI 1; *Top.* VI 6, 145a15s.). Essa divisão é declaradamente moderna, na medida em que liga a pergunta pelo domínio objetivo àquela pelo interesse fundamental do conhecimento (cf. o quadro de exposição).

Dirigidas às estruturas eternas e imutáveis da natureza e do conhecimento, as três ciências teóricas buscam o saber em função dele mesmo:

1. A matemática, como matemática pura, consiste em aritmética e geometria; como matemática aplicada, consiste em astronomia, mecânica, náutica, óptica e harmônica.
2. A física, no sentido lato de ciência da natureza e filosofia da natureza, trata do âmbito total daquilo que existe em absoluto no mundo movido: os astros e a terra, as plantas, os animais, os seres humanos e os deuses, em resumo: o mundo. A física começa com os fundamentos filosóficos, da física em sentido estrito, e conduz ao céu, à cosmologia, passando pelas coisas entre céu e terra, à meteorologia e finalmente, à psicologia, à zoologia e à botânica.
3. A Primeira Filosofia consiste na teologia filosófica e, adicionalmente, na ontologia e na teoria de princípios fundamentais do pensamento; de certo modo, pertencem a isso a dialética (tópica), a lógica (silogística) e a teoria da ciência.

Às ciências práticas correspondem a ética e a política, incluindo a economia. Ocupadas com o mundo mutável do ser humano e com o bem alcançável por ele, elas não apenas procuram o saber, mas colocam-no a serviço da práxis moral (ver Capítulo 12, "O fim se chama práxis"). Por fim, as capacidades poiéticas ("produtivas") e respectivamente técnicas dirigem-se à produção de uma obra. Pertencem a esse âmbito os trabalhadores manuais, uma vez que produzem certas coisas, mas também os médicos, dado que querem estabelecer a saúde, e os poetas, dado que querem realizar uma obra de arte. Em contraposição a isso, a retórica – não exclusivamente, mas em boa parte – é um tipo de ciência auxiliar da ética e da política; ela objetiva não o mero convencimento, mas também pode contribuir para a *eupraxia*, para o bem agir. Hoje em dia, as ciências técnicas, orientadas à aplicação, abrangem um domínio muito maior e em si muito mais diferenciado; na estrutura básica, porém, não parecem diferentes do que antes. Elas servem, ora mediatamente, ora imediatamente, à produção de determinadas obras. Nessa divisão, as coleções de materiais e as pesquisas históricas de Aristóteles não têm nenhum lugar próprio.

Coloca-se a pergunta de como alguém melhor se aproxima dessa obra, de uma obra filosófico-científica de caráter universal. Por séculos, procura-se nela um sistema tanto verdadeiro quanto abrangente e, em princípio, dedutivamente construído de doutrinas filosóficas. Muito embora a obra origine-se de uma situação histórica bem-definida, foi-se da opinião de que as suas perguntas são relevantes ao longo de todos os tempos, e as respostas poderiam resolver praticamente todos os enigmas da filosofia e, além disso, a maior parte dos problemas das ciências particulares. Aqui, lê-se a obra de Aristóteles como um sistema de definições e de distinções, de argumentos e das suas conexões silogísticas, ou seja, como um edifício doutrinal que se pode resumir em manuais, até mesmo em catecismos filosóficos, para então ensiná-lo escolarmente ("escolasticamente").

Quem escolhe esse acesso paga um preço elevado, porque, nesse caso, os pensamentos de Aristóteles não são abertos a partir de dentro, colocando-se com demasiada freqüência acentos estranhos. Se alguém fica fixado num estado certamente elevado, porém anterior de pesquisa científica, fica fechado a tudo o que é novo, e um filosofar vivo confunde-se com uma doutrina morta. A reação é compreensível. Filósofos conscientes de si desdobram o seu pensamento em crítica, até mesmo em rejeição frente a Aristóteles, de modo que ele, ao final, é tomado como representante da *via antiqua*,[1] a qual está simplesmente superada pela *via moderna*.[2]

Em ambos os casos, não se precisa de nenhuma discussão com Aristóteles. Ali não se precisa dela porque ele deve presentear-nos com uma *philosophia perennis*, um tesouro de verdades eternas, que nós, em maravilhamento devoto, somente podemos ler, comentar e novamente comentar. Aqui podemos prescindir dela porque Aristóteles pertence a uma época que está há muito superada: nas ciências da natureza por Galilei, na filosofia política por Hobbes, na filosofia teórica e na lógica por Kant e

---

[1] N. de T. No sentido dado pelo autor, trata-se da Filosofia da Antigüidade vista meramente em sentido histórico.

[2] N. de T. No sentido dado pelo autor, trata-se da Filosofia da Modernidade, que acompanha paradigmas científicos que rompem com o saber da Antigüidade.

Frege. De resto, Aristóteles adere a um pensamento, à metafísica, cuja despedida pertence hoje ao *billet d'entrée* de toda filosofia a ser ainda levada a sério.

Na base da exposição que segue está uma outra expectativa, a de um pensamento exemplar, paradigmático. Quem espera da filosofia não apenas história do espírito, mas também um saber do mundo, que liga a experiência com a agudeza conceitual e uma soberania metódica com o poder especulativo, e ambos com a abertura intelectual, encontra em Aristóteles um modelo extraordinário. Adiciona-se a isso que não poucos dos seus conceitos foram, ao longo de muitos séculos, freqüentemente até hoje, um importante meio auxiliar da orientação de mundo. Pertence a isso a diferenciação entre coisas que existem independentemente, as substâncias, e coisas que se dão somente em ou nas coisas independentes, isto é, os acidentes. Soma-se a isso a diferença entre matéria e forma, a diferença entre realidade (ato) e possibilidade (potência), ou aquela entre teoria, práxis e *poiêsis* ("técnica"). Como para nós tais diferenciações já há muito se tornaram óbvias, tendemos a esquecer que devemos a Aristóteles em parte a sua elaboração, em parte o seu caráter preciso. Por isso mesmo, a sua filosofia tem mais do que um mero caráter exemplar. Não poucos dos conceitos e igualmente não poucas das investigações de métodos e estruturas mostram-se atuais até hoje.

Parte 2
Conhecimento e ciência

Ciência e filosofia tratam de tal forma de se colocar no ápice do saber que tudo o mais, quando se pode ainda em absoluto denominar "saber", perde em posição. Aristóteles vai fortemente de encontro a essa tendência. Também à retórica, mesmo à poesia, garante ele um lugar firme no mundo do saber. Nas ciências, ele introduz graus de posição, porém reconhece mais do que um único critério e, por conseguinte, mais do que uma única ordem de posição. Além disso, defende para as ciências mais do que apenas um método. O resultado dessa flexibilidade e tolerância epistêmica consiste num horizonte incomum, tanto amplo quanto multiestratificado. Sem cair numa arbitrariedade sem critério, num anarquismo teórico-científico, Aristóteles está aberto tanto para o procedimento estrito, para a lógica formal e para a demonstração científica quanto para a análise lingüística e para a dialética, para a história do espírito, para a retórica e para a poesia.

3
FENOMENOLOGIA DO CONHECIMENTO

PROPEDÊUTICA?

Na ordem em que foi transmitida, a obra de Aristóteles começa com seis tratados, que juntos foram chamados de "Organon", instrumento ou aparato. Segundo a visão tradicional, apresenta-se ali um todo orgânico, um manual sistemático de lógica e teoria da ciência, consistindo de uma lógica dedutiva, de uma teoria da indução, de uma lógica dialética e de uma doutrina de sofismas ou paralogismos. Em verdade, o manual não pertence à ciência e à filosofia mesma, mas forma, como pressuposição imprescindível delas, uma espécie de pré-filosofia, uma propedêutica lógico-metodológica.

Numa primeira e certamente apenas ligeira visão, os textos do Organon completam-se de fato numa unidade sistemática. As duas primeiras partes, as *Categorias* e a *Hermenêutica*, em latim *De interpretatione*,[1] tratam aparentemente dos elementos de uma sentença (capaz de verdade), dos conceitos ou termos e da ligação deles em sentenças simples e daí em proposições. A parte seguinte, os *Primeiros analíticos*, investiga a menor unidade de um argumento, a ligação de sentenças com silogismos ou conclusões. Como a ligação delas numa demonstração é tratada nos *Segundos analíticos*, resultam, na forma tradicional de leitura, as primeiras partes do Organon, progredindo do simples ao composto, numa lógica dedutiva quatripartida: a uma lógica do conceito (*Cat.*) seguem sucessivamente a lógica proposicional (*Int.*), a lógica da conclusão (*An. pr.*) e a lógica da demonstração ou da argumentação (*An. post.*). A quinta parte, que consis-

---
[1] N. de T. "Sobre a interpretação".

te seguramente apenas do capítulo conclusivo dos *Segundos analíticos*, é dedicada àquela teoria dos princípios de demonstrações, que se chama, em Aristóteles, *epagôgê*, indução. Ligada a isso, a *Tópica* desenvolve uma forma de argumentação ou alternativa ou complementar à dialética. E a sétima parte é formada pela teoria dos sofismas, que está contida no nono e último livro da *Tópica*, aparecendo também em separado como *Refutações sofísticas*.

Essa interpretação tradicional – de que Aristóteles foi o autor de um manual de lógica e o entendeu como mero Organon – desdobra um poder incomum de influência. Ainda no século XVII, ela é fortalecida pela famosa *Logique de Port Royal* (Paris, 1662), e em alguns lugares ela está na base do curso de lógica no âmbito da filosofia até o século XX. Fala contra isso, porém, uma grande quantidade de argumentos em parte filológicos, em parte filosóficos. Eles começam com a circunstância de que os tratados, com exceção dos dois *Analíticos*, não fazem remissão um ao outro em termos de um sistema de Organon e eles são completamente desproporcionais na sua extensão: a teoria alternativa de demonstração ou de argumentação, a *Tópica*, é quase tão extensa quanto as demais partes do Organon juntas. Ademais, aqueles conceitos que o primeiro tratado nomeia no título, as categorias, não emergem em absoluto nos silogismos de Aristóteles, enquanto os tratados jamais são mencionados como uma unidade. Aristóteles também não declara – como mais tarde alguns peripatéticos e, então, em oposição aos estóicos e a alguns platônicos – que a lógica não pertence à verdadeira filosofia, mas que forma apenas o seu instrumento. Em vez disso, a *Tópica* (I 14, 105b20s.) apresenta as sentenças lógicas como um domínio próprio, ao lado da ética e da física. Finalmente, levantam-se também objeções temáticas. Assim, trata-se na *Hermenêutica* também de gramática, por certo exclusivamente com o objetivo de contemplar questões lógicas; e as *Categorias* ocupam-se com questões de ontologia e de teoria da linguagem, por conseqüência – caso já se encontre essa diferenciação – não com o instrumento, mas com a própria filosofia. As expressões "lógica do conceito" e "lógica proposicional" são, entretanto, inadequadas.

Mesmo quando se retiram as *Categorias* do Organon, atribui-se à *Hermenêutica* uma posição especial e trata-se as *Refutações sofísticas* somente como anexo; portanto, segundo uma correção fundamental, falam ainda contra a visão tradicional dois motivos. Por um lado, os textos restantes, ambos os *Analíticos* e a *Tópica*, apresentam dois tratados fechados em si, "autárquicos" em termos de conteúdo. Nem pressupõem uma lógica do conceito e uma lógica proposicional própria, nem remetem ao outro texto respectivo. Nos *Analíticos* e na *Tópica*, existem duas lógicas "paralelas", não exatamente de tipo diferente, mas, sem dúvida, diferentemente direcionadas. Por outro lado, as reflexões lógico-metodológicas espalham-se pela obra toda. No discurso do Organon, declama-se o motivo condutor da edição de Andrônico: Aristóteles como um pensador sistemático. Além disso, ele pertence àquele aristotelismo que surge na Idade Média e que se estende até o século XX. Para um estudo de Aristóteles segundo as origens, falta-lhe, porém, qualquer caráter obrigatório.

Nas discussões lógico-metodológicas espalhadas pela obra, quatro formas podem ser diferenciadas: *em primeiro lugar*, nas reflexões de conteúdo (sobre a filosofia da natureza, sobre a ética, sobre a política, etc.) são inseridos excursos metódicos, contribuições para uma teoria especial da ciência, os quais "aplicam" princípios teórico-científicos gerais ao objeto respectivo (por exemplo, *EN* I 1, I 2, I 7 e II 2; *An.* I 1, 402a1-403a2).

Em segundo lugar, encontramos reflexões sobre uma teoria geral da ciência na *Física* (I 1) e, de modo especialmente rico, na *Ética*. Uma observação resumida, mas instrutiva, está no início do tratado sobre a fraqueza da vontade (*EN* VII 1, 1145b2-7). E o sexto livro da *Ética* apresenta não apenas o saber próprio ao agir moral, isto é, a prudência junto com as competências a isso relacionadas. Uma vez que a *Ética* vê o Logos como a operação característica do ser humano, ela declina justamente de modo enciclopédico todos os seus modos de atuação, as cinco formas fundamentais: a arte (*technê*) e a ciência (*epistêmê*), a prudência (*phronêsis*), a sabedoria (*sophia*) e o espírito (*noûs*), além de algumas formas secundárias. No segundo grupo, pode-se classificar também aqueles textos originalmente independentes, que mais tarde são integrados num escrito maior, possuindo, porém, tomados em si mesmos, o valor de uma introdução independente na ciência e na filosofia:

a) o capítulo introdutório das *Partes dos animais* tange uma diferenciação que o primeiro excurso metódico da *Ética* (I 1) aproveita, isto é, a diferença entre formação (geral) e ciência.
b) Os capítulos introdutórios da *Metafísica* (I 1-2) contêm uma seqüência gradual de possibilidades epistêmicas, que procede de uma fenomenologia do saber.
c) O segundo livro da *Metafísica* oferece uma breve introdução ao estudo da filosofia e da ciência (da natureza).
d) O capítulo introdutório do Livro VI da *Metafísica* divide o mundo das ciências em três áreas (ver Capítulo 2).

Em terceiro lugar, Aristóteles trabalha – agora na *Retórica* e na *Poética* – com formas extracientíficas do saber. *Em quarto lugar*, há os assim chamados textos sobre lógica e sobre teoria da ciência que são transmitidos como tratados independentes e reunidos no Organon.

Uma vez que, a partir dos motivos mencionados, melhor é que se retire as *Categorias*, e uma vez que a *Hermenêutica* investiga não somente questões lógicas (tem, no entanto, apenas essas como objetivo), restam sobretudo as duas *Analíticas* e a *Tópica*, incluindo as *Refutações sofísticas*. Cada uma delas trata de um domínio de pesquisa próprio – a lógica formal, a teoria da demonstração, a teoria do discurso e a teoria dos sofismas –, às quais Aristóteles volta-se com a mesma curiosidade e profundidade como à ontologia, física, ética e política. Portanto, como essas investigações não estão somente, como reza o termo "Organon", a serviço alheio, mas também são realizadas por causa de si mesmas, não se pode nivelá-las como uma mera propedêutica. A lógica e a teoria da ciência são ambas instrumento da filosofia e, ao mesmo tempo, seu objeto.

A avaliação de valor antes praticamente incólume do Organon cinde-se no decorrer da modernidade. Enquanto *La Logique de Port Royal* ainda se baseia em Aristóteles, procura-se em outros lugares, como diz o título de Bacon, por um *Novo Organon* (*Novum organum*, 1620). Dirigido contra uma escolástica que se tornara estéril, que se dá por satisfeita com uma arte de demonstração, com uma *ars demonstrandi*, a alternativa, a *ars inveniendi*, acompanha a grande irrupção de pesquisa da primeira modernidade. De Bacon, passando por Descartes e Leibniz, até Vico, Wolff e Lambert, a filosofia procura de maneira geral por um novo "instrumento". O desagrado que se enuncia nisso é contra uma lógica que oferece ao silogismo o maior respeito – desagrado, pois, inteiramente justificado, mas não contra o próprio Aristóteles. Uma parte da sua lógica, a dialética, vale – sem dúvida somente entre outros aspectos – como uma arte da pesquisa ou da prova (*exetastikê*: *Top.* I 2, 101*b*3). Acima de tudo, Aristóteles dispõe de um arsenal muito maior de meios argumentativos do que apenas o silogismo. Em seus tratados, fica evidente algo que entre filósofos, sobretudo hoje, não se pode encontrar tão freqüentemente, um *esprit de finesse*[2] que tem conhecimento da pluralidade de possibilidades epistêmicas e consegue aplicá-las soberanamente. No mais, uma verdadeira técnica de descoberta, aquela que se pode ensinar e aprender, também a modernidade jamais descobriu. Da riqueza incomum das reflexões aristotélicas, escolhemos algumas partes a título de exemplo. No Capítulo 12, acrescenta-se ainda uma discussão sobre a ética.

UMA HIERARQUIA EPISTÊMICA

A *Metafísica* (I 1-2; cf. *An. post.* II 19) começa com uma seqüência gradual de capacidades epistêmicas que, bem delimitadas para cima e para

---

[2] N. de T. "Um espírito de discernimento".

baixo, lembra a *Fenomenologia do espírito*, de Hegel. A seqüência parte de um saber simplesmente primeiro, a percepção do singular, e tem o ápice num saber simplesmente superior, a filosofia, entendida como conhecimento dos primeiros princípios. Como Hegel, também Aristóteles consegue alargar a riqueza das possibilidades epistêmicas, sem se perder em mera multiplicidade. Diferentemente de Hegel, ele ergue, porém, uma reivindicação mais modesta; ao final, ele se reporta somente ao âmbito do teórico e desconsidera o conhecimento prático da prudência, da retórica e da poética, não na sua obra como um todo, mas sem dúvida nessa parte da *Metafísica*. Além disso, ele liga a diferença normativa de formas de saber inferiores e superiores com uma medida de tolerância epistêmica que raramente pode ser encontrada e que, por exemplo, falta também em Hegel.

Enquanto desde Platão, passando por Hegel até Husserl e o Círculo de Viena, a primazia da ciência e da filosofia (estritamente científica) tira o valor de outras formas de saber, Aristóteles permite a cada nível do saber um direito próprio maior. Em oposição ao modelo dominante da cobrança epistêmica, segundo o qual o nível de saber inferior a cada vez é ultrapassado ou compreendido ("inclusão") pelo nível de saber superior, com freqüência até mesmo explicado como o relativamente não-verdadeiro ("superação"), Aristóteles defende um modelo de crescimento epistêmico. O que, por exemplo, a percepção obtém (*aisthêsis*, cf. *An.* II 5 – III 2 e 8), o "decisivo conhecimento do singular" (*Met.* I 1, 981b10s.), não é nem expandido pelos níveis mais elevados nem diminuído em estatuto epistêmico. Porém, graças a desempenhos epistêmicos novos, chega-se sucessivamente a um enriquecimento estrutural, e apenas por causa dele é que Aristóteles fala de um saber mais elevado (*mallon eidenai*) e, finalmente, do mais elevado saber (*hê malista epistêmê*: *Met.* I 1, 982a32s., também 981a31s.).

Depois que a percepção já conhece o singular, as percepções são guardadas na memória (*mnêmê*) e enriquecidas por meio da experiência (*empeiria*) de relações de causa e efeito. Os primeiros níveis encontram-se, a propósito, também nos animais, e somente o terceiro nível é reservado ao ser humano. Quem, com base em rica experiência, não meramente sabe que (*hoti*), mas também por que (*dihoti*) se dão as relações de causa e efeito, alcança – e isso caracteriza (habilidade de) arte e ciência – aquele conhecimento de um universal, que tem conhecimento do conceito de uma coisa e dos seus motivos. Mesmo que com esse quarto nível a forma mais elevada do saber ainda não seja alcançada, já é preenchida aquela reivindicação elevada, que se chama, nos *Segundos analíticos* (I 2, 71b9s.), *epistasthai haplôs*. Porque se conhece a razão da coisa, sabe-se que ela pode comportar-se apenas assim, e não diferentemente; não se sabe de modo meramente casual (*kata symbebêkos*), mas pura e simplesmente.

No âmbito do quarto nível, há diferenças de estatuto, para as quais Aristóteles introduz critérios diferentes, parcialmente concorrentes. Segundo o critério "exato" (*akribes*, daí *akribeia*) em termos de "próximo aos princípios" ou "pobre em pressuposições", a matemática está no ápice da hierarquia, e um pouco abaixo se encontram tanto a pesquisa empírica da natureza quanto a ética e a política. Na matemática, novamente, a matemática pura é classificada acima da matemática por assim dizer física (óptica, mecânica, harmônica e astronomia), e dentro da matemática pura a aritmética é classificada acima da geometria; finalmente, a astronomia matemática é de estatuto superior à astronomia náutica (*An. post.* I 27; II 13, 78*b*39-79*a*13; *Met.* I 2, 982*a*25-28). De acordo com um segundo critério, o critério da dignidade do objeto (*Part. an.* I 5, 644*b*22-645*a*4; *An.* I 1, 402*a*1-4; *Met.* I 2, 983*a*5ss.; VI 1, 1026*a*19-22), dentro da pesquisa da natureza a astronomia goza da primazia – e em absoluto, porém, a teologia (ver Capítulo 10). Contra o conseqüente perigo de subvalorizar a biologia, com a sua riqueza de conhecimentos, Aristóteles introduz uma medida posterior, a abundância do saber, e acrescenta que toda realidade natural tem em si algo maravilhoso (*Part. an.* I 5, 645*a*15ss.). E na *Ética* ele defende um princípio de exatidão condizente com o objeto, o qual revaloriza as disciplinas práticas.

O saber de conceitos e razões pode ainda elevar-se ao saber das primeiras razões e dos primeiros princípios (*Met.* I 1, 981*b*28s.; cf. *An. post.* I 9, 76*a*18-25). Aqui, onde o conhecimento do universal é potencializado, Aristóteles fala da sabedoria (*sophia*: *Met.* I 1, 981*b*28), alhures da Primeira Filosofia ou da ciência diretiva e, entendida como atividade, da *theôria*. Devido ao caráter superlativo – "primeiras" razões –, o nível não se deixa ser ainda outra vez sobrepujado; o saber (teórico) alcançou a plenitude que lhe é imanente.

A seqüência gradual esquematizada até aqui é construída de modo teleológico (orientada ao fim) e, apesar do ceticismo moderno frente à teleologia, pode ser absolutamente convincente. Quem busca meramente percepções, mas não a sua permanência; quem se contenta com conteúdos de memória, sem conhecer as suas relações; quem coleciona experiências, sem se interessar pelas universalidades competentes (conceitos e razões), ou quem se dá por satisfeito com simples generalidades, desperdiça a cada vez possibilidades epistêmicas. As generalidades superlativas, em contrapartida, não permitem mais nenhum crescimento posterior. Em favor dos dois níveis mais elevados, pode-se ainda inserir a propósito um argumento lateral: quem conhece as razões possui uma soberania epistêmica e também entende o assunto a ponto de ensiná-lo (*Met.* I 1, 981*b*5-10).

Aristóteles volta-se, pois, contra a desvalorização do saber pré-científico pelo fato de que concede aos dois níveis de saber mais elevados somente um sentido dominante. O saber prévio não é necessariamente compreendido como no modelo de aproveitabilidade; os níveis mais baixos não são, em sentido hegeliano, suprimidos nos níveis mais elevados. Como a experiência confirma, quem tem conhecimento do universal não conhece simultaneamente todo particular abrangido por isso. Nesse sentido, o de que pode faltar a um cientista conhecimento do singular, é que, por exemplo, aquele que dispõe do saber científico-natural e, em adição, de técnicas de diagnose e terapia não é *eo ipso* um médico experiente (cf. *Met.* I 1, 981a18s.; sobre o valor da *empeiria* cf. também *EN* VI 8, 1141b18). De modo semelhante, a competência filosófica não inclui quaisquer competências científicas específicas. E essa situação, a de que a filosofia não tem para o saber o mesmo estatuto que, por assim dizer, a felicidade tem para com a práxis, a situação de que ela não é um saber ao qual nada falta, contribui para a emancipação das ciências particulares.

Dito de modo simplificado, a história da filosofia conhece o antagonismo teórico-cognitivo de subvalorização "empirista" e sobrevalorização "idealista" do universal. A teoria aristotélica do crescimento epistêmico atinge, em ambas as posições, um caminho intermediário promissor. Ainda que o saber mais elevado dirija-se a algo universal e mostre nisso uma superioridade, resta aos níveis inferiores um valor próprio; e esse último recomenda aos níveis mais elevados mais modéstia. Enquanto no modelo de aproveitabilidade (inclusão, daí superação) nada falta ao saber do universal, tal que em termos epistêmicos é suficiente ser filósofo meramente, segundo o modelo do crescimento (mera dominância) é necessário aquilo que o próprio Aristóteles pratica: um interesse pela riqueza do singular, o qual só se pode pesquisar empiricamente.

A favor de Aristóteles fala também um argumento duplo, tanto político-científico quanto histórico-científico: onde a filosofia dá excessivo valor à sua capacidade de desempenho, surge nas ciências a necessidade de se emancipar da filosofia, talvez até mesmo negar-lhe todo significado, com o que a equivocada avaliação epistêmica prova-se contraproducente. Ao contrário, caso seja reconhecido o valor das ciências particulares, então essas não têm de se colocar, como talvez após Hegel, contra a filosofia ou, como na Idade Média Tardia e na Primeira Modernidade, contra a teologia; em lugar disso, oferece-se uma cooperação produtiva. Em favor da acepção aristotélica fala, portanto, um duplo argumento: político-científico e histórico-científico.

Pode-se percorrer a seqüência gradual do saber em duas direções. Não no início da *Metafísica*, mas certamente no secundo excurso metódico da *Ética* (I 2, 1095a30ss.) e semelhantemente no começo da *Física* (I 1), Aristóteles diferencia, em remissão a Platão, a via "indutiva" que conduz aos princípios (*epi tas archas*) da via "dedutiva", que parte dos princípios (*apo tôn archôn*; cf. *An. pr.* I 2, 71b21s.; *Top.* VI 4, 141b3ss.; *Met.* VII 3, 1029b3-5). Aqui, no tratamento "lógico", começa-se naquele "conhecido em si" (*gnôrimon tê physei*), no universal ou nas razões, o qual é conhecível na mais elevada medida, e desce-se então num procedimento *top down*[3] ao individual. Ali, no tratamento "genético", começa-se junto ao que é próximo, no "conhecido para nós" (*gnôrimon hêmin*), em especial na percepção, e, num procedimento *bottom up*,[4] consegue-se chegar ao universal: "Tal como se comportam os olhos dos morcegos diante da luz do dia, assim se comporta o espírito na nossa alma para com aquilo que por natureza é o mais manifesto de todos" (*Met.* II 1, 993*b*9-11).

LIBERDADE E AUTO-REALIZAÇÃO

A fenomenologia de Aristóteles começa de modo não-teleológico, mas com a citada tese antropológica: "Todos os seres humanos desejam por natureza conhecer". Apesar do costumeiro ceticismo de hoje frente à antropologia, a tese pode convencer. Ela não parte, a saber, de uma antropologia ideal, de uma plenitude do ser humano, mas de uma antropologia mínima, de um elemento da estrutura fundamental de cada ser humano. Além disso, há uma prova clara: a favor de uma curiosidade inata ao ser humano e de uma alegria de descoberta fala o amor (*agapêsis*) às percepções sensíveis (*Met.* I 1, 980*a*21s.). É possível declíná-lo em todos os cinco sentidos; há um prazer na audição, um outro no tato, um terceiro no paladar, um quarto no olfato; e sobretudo, diz Aristóteles, há a alegria na visão, o prazer dos olhos. Nesse sentido, "por natureza" significa duas coisas: tanto o assentimento interno – o apetite por saber vem do próprio ser humano – quanto a circunstância de que ele caracteriza o ser humano como tal.

Ambos os aspectos podem ser confirmados sem dificuldade pela pesquisa atual: a psicologia do desenvolvimento para os primeiros passos do indivíduo e a etnologia para os primeiros passos da história do gênero. Seguramente, num primeiro momento, é confirmada somente a forma elementar, o prazer na percepção, que o ser humano ainda partilha com os animais. Porém, para as formas de saber mais elevadas, especificamente humanas, há também um assentimento interno. Em alusão ao *Teeteto* (155d) de Platão, Aristóteles invoca o ficar admirado (*thaumazein*: *Met.* I 2, 982*b*12-17), querendo dizer com isso não exatamente um grande respeito diante da harmonia no universo, mas um admirar-se diante das desarmonias, um impressionar-se cético diante de dados ainda não explicáveis. Então, quem

---

[3] N. de T. "De cima para baixo".
[4] N. de T. "De baixo para cima".

procura por causas ou motivos prova pela ação mesma o seu prazer no saber de nível superior.

Em ambos os casos – do apetite pelo saber simples, inocente, e do apetite pelo saber de nível superior, refletido – ganha-se informação sobre o mundo *chôris tês chreias* (*Met.* I 1, 980a22) e *mê pros chrêsin* (981b19s.; cf. I 2, 982b21). Livre de todas as necessidades e utilidades, procura-se o saber puramente como tal. Contudo, o olhar para a aproveitabilidade permanece possível, tal que se configuram dentro de cada nível do saber duas opções: o saber como autofinalidade e o saber a serviço de. No entanto, Aristóteles introduz a diferença correspondente apenas para o quarto nível; apenas aqui ele situa a ciência pura, a *epistêmê*, em contraposição àquela *technê*, a qual entra, como a palavra estrangeira "técnica", em todas as línguas européias. Os termos correspondentes podem ser lidos, em verdade, somente na *Ética* (VI 3-4), mas a *Metafísica* (I 1, 982a1) já fala de ciências "teóricas" e "poiéticas" (produtivas). A *epistêmê* preenche, pois, o critério de "autofinalidade"; a *technê*, e por conseguinte a ciência poiética, não o preenche.

No caso do nível elementar, Aristóteles vê o apetite de saber livre de utilidade em todos os seres humanos; no caso da ciência e da filosofia, vê como dado apenas em poucos. Para essa restrição, a *Metafísica* menciona um motivo histórico-econômico e histórico-social e, com isso, antecipa notavelmente uma nova direção de pesquisa, a ligação de teoria da ciência com história da ciência e com sociologia da ciência: como disposição e interesse, a curiosidade livre de utilidade já pertence à estrutura humana fundamental; porém, ela se converte em plena realidade de ciência e filosofia somente junto àquele desenvolvimento econômico relativamente alto, no qual já se cuidou das necessidades e dos aspectos prazerosos da vida (*Met.* I 1, 981b20-25; cf. já em Platão, *Crítias* 110a). Aristóteles não aponta mais para uma condição adicional, ou seja, a de que os critérios sejam interpretados estritamente, e os seres humanos, portanto, tenham de ser relativamente simples. Do contrário, mesmo civilizações ricas e, nelas, mesmo ricos indivíduos são muito pobres para a ciência e a filosofia. Uma condição posterior é em geral suplantada pela Antigüidade: que para as necessidades da vida, as quais cientistas também têm, os outros tenham de se preocupar; a ciência sem utilidade é também, na perspectiva econômica, um empreendimento aristocrático.

Com um saber como autofinalidade, a modernidade, desde Bacon (*Novum Organum*, Prefácio com Afor. I 81) e Descartes (*Discours de la méthode*, Parte VI), tem dificuldades. No novo teorema dos interesses diretivos do conhecimento, chega-se mesmo a ordenar um interesse a cada ciência: aos cientistas da natureza o interesse em domínio, às ciências do espírito o interesse em entendimento e orientação e às ciências críticas o interesse em emancipação e esclarecimento. Com a diferenciação entre reflexões teóricas, poiéticas ("técnicas") e práticas, Aristóteles reconhece, sim, a possibilidade de interesses condutores do conhecimento; recusa, porém, a reivindicação de exclusividade. E nos tratados correspondentes – da *Física* (como teoria do movimento, espaço, tempo e contínuo) passando pelo *De anima* (como teoria das capacidades cognitivas e não-cognitivas do ser humano e dos animais) até a ontologia e a teologia filosófica – aquilo que significa um saber *chôris tês chreias* é de fato praticado. Em todos esses casos, o conhecimento fica num nível de generalidade no qual não se pode pensar nem em domínio nem em orientação ou emancipação, a não ser naquela emancipação das necessidades e comodidades da vida, a qual caracteriza a ciência livre de utilidade como um todo.

A apreciação de valor de uma curiosidade meramente intelectual pode fazer com que a nova ética da ciência lembre-se de uma forma de legitimação com prazer esquecida por ela, de uma legitimação independente da utilidade, puramente interna à ciência. Ela encontra em Aristóteles dois argumentos e, caso se adicione o estatuto antropológico da curiosidade, até mesmo três argumentos. O primeiro argumento, também político – baseia-se na característica do cidadão de plenos direitos –, emerge surpreendentemente na *Metafísica* (I 2, 982b26s.): somente uma ciência que não está a serviço alheio é *eleutheros*, livre. Hoje, entende-se por liberdade científica o direito de escolher por si os temas, os métodos e as hipóteses; em Aristóteles, encontramos um outro significado. Na perspectiva epistêmica, livre é aquela ciência (desacreditada, porém, desde Bacon e também Descartes) que rejeita toda servidão e justamente nisso, na ausência de toda tarefa externa, encontra o seu sentido e a sua finalidade.

O segundo argumento de Aristóteles, transmitido nos capítulos finais da *Ética* (X 6-7), opera com o seu princípio da felicidade, a ser entendido como auto-realização num sentido objetivo, antropológico: seres humanos que buscam a ciência por causa dela mesma realizam a capacidade que lhes é própria, o logos. O que o saber de orientação e o saber de esclarecimento ainda têm de buscar já se encontra aqui, a atualidade do humano. E, finalmente, reside aqui o valor de uma pesquisa livre de utilidade; ela não é meramente um meio para a dignidade humana, mas uma expressão atual dessa própria dignidade. (Na sua autobiografia, *Le premier homme/ O primeiro homem*, Albert Camus mostra que algo assim já é possível no nível elementar: "Na turma do Sr. Germain", da escola pública, "eles sentiam pela primeira vez que existiam e eram objeto de máximo respeito: eram tomados como dignos de descobrir o mundo").

4

FORMAS DE RACIONALIDADE

Silogística, dialética aristotélica, retórica e poética parecem ser, num primeiro momento, apenas temas disparatados. Contudo, apesar de diferenças profundas, eles têm algo em comum: são modos nos quais se apresenta o saber humano, ou seja, formas de racionalidade.

SILOGÍSTICA

No âmbito de uma história de influência absolutamente impressionante, a lógica de Aristóteles assume uma posição especial. Na época em que outras partes já haviam revertido para a crítica, ela ainda é afamada por Kant (*Crítica da razão pura*, Prefácio, 2.ed.) e por Hegel (*Lógica*, Werke 6, p. 269) de modo inconteste. Mesmo após a reorientação da lógica através de Boole, Morgan e Frege para o seu tema, a doutrina do argumento conclusivo que opera com três conceitos, isto é, a silogística, ela permanece válida. Ela também se destaca por notável originalidade. Na base de poucos trabalhados antecedentes, Aristóteles constrói a lógica como ciência própria: clara, fundamental, praticamente impecável e, pela primeira vez, com elementos de uma linguagem lógica artificial. O desapreço de Russell (1975, 8.ed., p. 212) foi há muito substituído pela percepção de que se apresenta aqui uma obra de "rigor exemplar e de pureza lógica" (Patzig, 1969, 3.ed., p. 199). O texto abalizado, os *Primeiros analíticos*, deixa de lado todos os pontos de vista psicológicos, antropológicos e metafísicos. Em sua disposição rígida e soberana concentração no essencial, ele apresenta um dos melhores textos na obra transmitida.

Provavelmente, é concebido um método que foi pré-formado na prática de disputa da Academia e, além disso, podia ser praticado já nos debates diários, sendo aperfeiçoado nas ciências, em especial na geometria.

Aristóteles descobre como elemento fundamental dele a conclusão (*syllogismos*) e como a sua pedra fundamental a sentença de que algo é afirmado ou negado de algo e, por isso mesmo, pode ser verdadeiro ou falso (cf. *Int.* 4): a proposição (*An. pr.* I 1, 24a16s.). Proposições simples aparecem em quatro modos: segundo a qualidade, como proposições afirmativas (*kataphatikê*: afirmativas) ou negativas (*apophatikê*: negativas); segundo a quantidade, como proposições universais (*katholou*) ou particulares (*en merei*).

Uma conclusão (*syllogismos*) compõe-se, pois, de tal forma de proposições que "a partir de determinadas colocações segue-se com necessidade (*ex anankês*) algo diferente disso" (*An. pr.* I 1, 24b18-20, I 4, 25b37-39, entre outras passagens). Segundo o seu cerne lógico, ela é um tipo de dedução de uma proposição conclusiva (conclusão), a partir de proposições antecedentes (premissas), em que a verdade eventual da proposição conclusiva depende somente da verdade das proposições antecedentes: trata-se de uma conclusão puramente formal.

Essa conclusão, em sentido amplo, já se encontra (pré-silogisticamente) na *Tópica* (I 1, 100a25; cf. *Rhet.* I 2, 1356b16-18; *Soph. El.* 1, 164b27-165a2). Nos *Primeiros analíticos*, ela se torna, através de condições adicionais, o conjunto parcial de conclusões em sentido estrito. O silogismo que nos é desde então familiar é uma conclusão qualificada que aparece com duas premissas e três conceitos. A sua formulação padrão reza: "Se A é dito de todo B, e B de todo C, então necessariamente A é dito de todo C". Para tornar evidente que se trata não do conteúdo, mas somente da estrutura formal, Aristóteles opera, nas conclusões válidas, com variáveis conceituais (A, B, C,...); somente em conclusões inválidas ele utiliza exemplos concretos, como, por exemplo, animal, ser humano, pedra (tal como em *An. pr.* I 4, 26a9). (Sobre a silogística, ver também Corcoran, 1974.)

O propósito da silogística é mostrar em que medida as conclusões válidas são válidas e quais estruturas descritíveis em geral – aqui formalmente – as indicam.

A escolástica medieval designa as conclusões válidas com palavras trissilábicas. Aqui, as vogais retiradas de *affirmo* ("eu afirmo") e *nego* ("eu nego") mostram os *modi*: a = proposição universal afirmativa; i = particular afirmativa, e = universal negativa, o = particular negativa. A conclusão de longe mais importante, *Barbara*, consiste de três proposições universais positivas; a conclusão seguinte mais importante, *Celarent*, consiste de uma premissa universal negativa (e) e de uma universal positiva (a), das quais se segue uma proposição universal negativa (e).

De reflexões meramente lógicas teme-se que não traçam nada de novo. De fato, chega-se com elas não a uma novidade material, mas sim formal. A ligação de dois conceitos (*horoi*), primeiramente apenas assumida, como, por exemplo, "mortalidade" (= A) e "ateniense" (= C), é erguida, pela indicação de um termo médio de ligação, o ser humano (= B), da esfera do mero opinar para o estatuto do saber seguro: mortais são todos (= a) os atenienses, porque a mortalidade é verdadeira para todos os seres humanos e o ser humano é verdadeiro para todos os atenienses. Escrito como fórmula (conclusão *Barbara*): AaB & BaC → AaC.

Enquanto desde a Antigüidade Tardia a conclusão (qualificada) consiste de três proposições – "Todos os seres humanos são mortais. Sócrates é um ser humano. Portanto, Sócrates é mortal" –, tem predomínio em Aristóteles uma forma que torna a estrutura lógica mais evidente. Trata-se de uma única proposição condicional de três membros, consistindo de duas premissas (*protaseis*: antecedentes) e de conclusão (*symperasma*: proposição conclusiva). A cópula ("é") é evitada; Aristóteles diz que algo está contido "num outro como um todo" (*en holô einai heteron heterô*) – aqui, a forma conclusiva pode ser interpretada em termos de teoria dos conjuntos –, ou algo "é afirmado de todo outro" (*kata pantos katêgoreisthai*: *An. pr.* I 1, 24b26-30; I 4, 25b39). Fala-se também de "atribuir" ou "ser verdadeiro para" (*hyparchein*: por exemplo, *An. pr.* I 2, 25a1s.), ocasionalmente de "é dito de" (*legesthai kata*: por exemplo, *An. pr.* II 15, 64a14s.).

Em Aristóteles, entram em questão para os silogismos qualificados somente aqueles conceitos de universalidade intermediária que, por um lado, são predicáveis de conceitos específicos e que, por outro lado, deles podem ser ditos conceitos mais universais. Nesse sentido, não são utilizados nem conceitos singulares, nomes próprios como, por exemplo, Cálias ou Sócrates (cf. *An. pr.* I 27, 43b12s.), nem categorias. Pode-se explicar ambos os passos com a tarefa de assegurar um saber relativo à ciência específica. As categorias falham, porque são indiferentes diante dos aspectos particulares de cada ciência específica, assim como os conceitos singulares, porque o singular como tal, segundo Aristóteles, não é conhecível. (Quanto ao silogismo prático, ver Capítulo 13, "Fraqueza da vontade".)

Sempre de acordo com a posição do termo médio, são diferenciadas três figuras (*schêmata*):

   Figura I: AxB & BxC → AxC;
   Figura II: BxA & BxC → AxC;
   Figura III: AxB & CxB → AxC.

Ou também:

I.	II.	III.	IV.
AxB	BxA	AxB	BxA
BxC	BxC	CxB	CxB
AxC	AxC	AxC	AxC

Enquanto Aristóteles reivindica completude para o seu "sistema" (*An. pr.* I 23, 41*b*1-3), falta a *Figura IV*: BxA & CxB → AxC. Lukasiewicz (1958, 3.ed., p. 27) toma isso como um erro de imprecisão; segundo Prantl (1955, 3.ed., I, p. 367), a figura IV, em termos científicos, é "absolutamente sem valor"; Kant a denomina "inatural" (Akad. Ausg. II 53; semelhantemente a Ross, 1949, p. 34s.), enquanto Patzig (1969, 3.ed., § 25) defende que a figura IV no âmbito do método aristotélico não pode ser diferenciada da figura I. Na formulação padrão de *An. pr.* I 4 (25*b*37-39), ela ainda é, porém, definível; no restante, Aristóteles reconhece todos os silogismos da figura IV que são equivalente indiretos (conversos).

Nas fórmulas das figuras, "x" está pelos modos. A partir da ligação de três figuras com os quatro modos em cada uma das três proposições parciais, resultam $3 \times 4^3 = 192$ possibilidades, das quais $4 \times 6 = 24$ mostram-se como silogismos válidos. Como Aristóteles expressamente não conta junto com isso as conclusões válidas *a fortiori*, ou seja, aquelas com proposição conclusiva particular, ele conhece de fato somente 14 modos (I = 4, II = 4, III = 6 modos; *An. pr.* I 4-6), o que não obstante é completo para as figuras I-III: perfeitas são apenas as conclusões válidas de primeira figura, pois a validade das outras conclusões tem de ser mostrada através da redução a conclusões perfeitas (cf. *An. pr.* I 1). Para tanto, três modos de demonstração encontram-se à disposição: a *conversão* dos conceitos numa das premissas (por exemplo, "AeB" converte-se em "BeA"), a *reductio ad impossibile*, respectivamente, *ad absurdum* (comprovação de uma contradição por acepção contrária) e a raramente utilizada, requerida somente em lógica modal, *ekthesis* (resolução, por exemplo, a inserção de um conceito inferior). Dado que somente na figura I há conclusões perfeitas, e como somente nelas podem ser deduzidos todos os quatro modos (a, e, i, o), deve-se a ela a primazia; na figura II, há somente proposições conclusivas a- e e-; na figura III, somente i- e o-. Caso se introduza para os quatro modos adicionalmente os seus conversos, nesse caso a silogística se entende, a propósito, com uma única figura.

Do modo como um conceito é atribuído ao outro, ou seja, visto a partir da modalidade, há proposições apodíticas (necessárias: *ex anankês*), assertóricas (fáticas: *hyparchein*) e problemáticas (possíveis: *endechesthai*). Como aqui se fala pela segunda vez de necessidade, Aristóteles diferencia dois tipos (*An. pr.* I 10, 30*b*32-40). A necessidade silogística, relativa (*toutôn ontôn anankaion*: *An. pr.* I 10, 30*b*38s.), aquela conseqüencialidade de uma relação Se-então, a qual se atribui também ao silogismo em sentido lato, caracteriza a ligação sintática de diversas proposições (parciais): "É necessário: Se AaB e BaC, *então* AaC". Em contrapartida, a necessidade modal, irrestrita ou absoluta (*haplôs anankaion*: *An. pr.* I 10, 30*b*40), diz respeito, em uma única proposição (parcial), à ligação semântica de sujeito e predicado: "A é atribuído a B com necessidade".

Além da lógica assertórica, Aristóteles trata também e de novo muito detalhadamente da lógica modal silogística, respectivamente, da silogística modal (*An. pr.* I 2 e 8-22; sobre a questão das proposições contingentes futuras, ver *Int.* 9). Dos seus 256 silogismos válidos, ele introduz não menos que 111, respectivamente 148 (cf. Ross, 1949, p. 286s.). Ele chama atenção, entre outros aspectos, para o fato de que as proposições apodíticas podem ser obtidas não somente a partir de proposições apodíticas, mas também de uma ligação com proposições assertóricas. Sobretudo, ele mostra que de proposições assertóricas não se seguem quaisquer proposições apodíticas, o que incorre no mesmo que o axioma da ciência experimental moderna, de que não se obtém quaisquer leis meramente com o auxílio de proposições empíricas. Porém, e isso corresponde a um outro axioma, com o auxílio de leis conhecidas pode-se deduzir, a partir de proposições empíricas, novas leis (cf. Wieland, 1992, 3.ed.).

Uma reconstrução da silogística modal aristotélica com recentes meios da lógica de predicados permite apresentar a alta diferenciação de fato existente, para a qual o próprio Aristóteles ainda não dispõe do adequado instrumentário de descrição. Nesse aspecto, as afirmações de validade aristotélicas, como um todo, podem ser verificadas em uma medida surpreendentemente elevada (Nortmann, 1996).

Aristóteles crê que demonstrações matemáticas teriam de se servir do silogismo, mais exatamente da sua primeira figura. Barnes (1994, 2.ed., p. 155) toma essa concepção como simplesmente falsa. No exemplo de uma reconstrução da proposição de Tales (*An. post.* II 1, 94*a*28-34), Detel (1993, I, p. 177-182), em contraposição, chega a uma avaliação mais diferenciada. De acordo com ela, o desempenho geométrico criativo realiza-se de fato somente numa indução matemática; contudo, os passos lógicos essenciais para a demonstração podem ser esquematizados com o auxílio de silogismos.

Tendemos a ler o silogismo de cima (das premissas) para baixo (para a proposição conclusiva), ou seja, dedutivamente. Porém, a utilização correspondente encontra-se tão raramente na obra aristotélica que ele parece desrespeitar a própria lógica. Visto de modo puramente lógico, o silogismo admite dois modos de leitura, tanto o dedutivo (de cima para baixo) quanto a leitura explicativa (de baixo para cima). Nesse sentido, o próprio Aristóteles atribui à silogística uma dupla tarefa: em termos de teoria da argumentação, ela deve ajudar a reconhecer a validade das conclusões e, em termos de prática de argumentação, deve ajudar a construir tais conclusões (*poiein*: *An. pr.* I 27, 43*a*22-24), de modo que devem ser procurados, para um estado de coisas já conhecido, as premissas capazes de explicação (ver Capítulo 5, "Crítica da razão demonstrativa"). E nessa segunda função, de explicação e respectivamente de fundamentação, o silogismo faz jus ao estilo de argumentação orientado em problemas, de fato praticado por Aristóteles. A propósito, quem é capaz, sem grande reflexão, da descoberta do termo médio correspondente destaca-se pela agudeza (*An. post.* I 34, 89*b*10-20).

DIALÉTICA (TÓPICA)

A expressão "dialética" desperta grandes expectativas nos filósofos. Desde Platão, como também desde Hegel e Marx, conta-se com um conhecimento que excede as possibilidades limitadas das ciências particulares e permite apreender os fundamentos da realidade (empírica) como um todo. Sob remissão ao significado original, não-especulativo de *dialegesthai*, "conversar", Aristóteles expande o domínio de aplicação e ao mesmo tempo nivela para baixo o estatuto epistêmico. A dialética ocupa-se de um determinado tipo de debates intelectuais. Não sendo competente nem para uma verdade de nível supremo nem para a filosofia e a ciência "costumeira", mas seguramente para a arte, para atacar a tese de um oponente ou para defender as próprias teses, a dialética dá continuidade com meios intelectuais ao *Agon* (disputa) característico para os gregos, incluindo o encobrimento (*krypsis*), que deixa o oponente em obscuridade sobre o objetivo de demonstração (*Top.* VIII 1). Para a filosofia, ela é importante, mas somente como um tipo de ciência auxiliar; afinal, ela "faz tentativas naquilo que a filosofia conhece" (*Met.* IV 2, 1004*b*25s.).

Tal como a demonstração científica, a dialética também se serve do silogismo; o texto abalizado, a *Tópica* (I 1, 100*a*25-27), não o define de modo diferente que os *Primeiros analíticos*. A diferença reside não no caráter lógico-formal estrito – na *Tópica* não se trata de uma lógica mais leve, menos obrigatória –, mas sim na forma ainda não-qualificada, respectivamente não-padronizada (ver Capítulo 4, "Silogística"), e no estatuto epistêmico das premissas. A demonstração científica repousa em proposições verdadeiras e primeiras, a conclusão dialética nas assim chamadas *endoxa* (*Top.* I 1, 100*a*27ss.). Por essas Aristóteles entende proposições que, diferentemente dos princípios de uma ciência, não são críveis por si mesmas e consistem em parte, como na *Retórica*, totalmente em opiniões comuns, nas concepções da maioria, e em parte, sobretudo nos debates filosóficos intra-acadêmicos, em opiniões qualificadas, bem-fundamentadas. As *endoxa*, como acentua a famosa definição no início da *Tópica*, são tomadas por verdadeiras por todos, ou pela maioria, ou pelos especialistas, e junto aos especialistas novamente por todos, pela maioria ou pelos mais conhecidos (*Top.* I 1, 100*b*18-23; ver Smith, 1993; cf. I 10, 104*a*8ss.; I 14, 105*a*34ss.). *Endoxa* qualificadas dessa maneira são opiniões respeitáveis.

Há uma tendência em traduzir *endoxa* por "proposições prováveis". *Endoxa*, porém, nada têm a ver com a probabilidade (*probabilitas*) objetiva (estatística), nem com a probabilidade apriorística dos dados nem com a probabilidade empírica, relacionada à freqüência relativa de um evento. O que se quer dizer também não é uma certeza limitada subjetivamente (*verisimilitudo*), nem é a circunstância epistemológica na qual Aristóteles atribui para algumas proposições, em vez de razões suficientes, somente razões manifestas. Essa expressão não é pensada como enfraquecedora, mas como fortalecedora; trata-se de proposições que, por tudo o que o círculo de endereçados sabe – a maioria ou os especialistas –, são corretas.

Aristóteles, portanto, não reivindica nem um conceito de verdade mais modesto nem uma alternativa para a racionalidade cientificista para uma forma colada em contextos de vida e situações de discurso. Com efeito, ele desenvolve na *Retórica*, com determinadas restrições, uma "teoria mundano-vivente de racionalidade" (Bubner, *Dialektik als Topik*, 1990). Na *Tópica*, porém, isso não ocorre já pelo fato de que utiliza as *endoxa* como premissas de uma argumentação, não como o resultado delas. A dialética não decorre também de uma teoria consensual da verdade. Afinal, as *endoxa* valem não como critério para a verdade, mas certamente como uma pressuposição, com base na qual se prova a verdade de proposições. Todo debate é dialético na medida em que, visto em termos da prática de argumentação, não da lógica de validade, tem de começar com pontos de vista que os debatedores partilham uns com os outros. De resto, muitos dos exemplos aristotélicos são verdadeiros. Em parte, existem lugares-comuns, em parte pontos de vista reconhecidos por especialistas e, em todo caso, premissas cuja aceitação todo aquele que quer ser levado a sério num debate não pode recusar teimosamente.

Uma vez que a dialética não mais vai atrás das suas premissas, as *endoxa*, ela não pode desempenhar mais do que o contexto interno de um conjunto de teses, do que a sua concordância: comprovar a sua consistência e coerência. Caso Aristóteles ainda não tivesse obtido na *Tópica* inicial, mas mais tarde também os primeiros princípios com uma dialética (agora ambiciosa) (já *An. post.* I 11, 77a26-35 aponta nessa direção; cf. Irwin, 1989), nesse caso ele se contentaria com uma teoria coerentista da verdade e, conseqüentemente, com um entendimento coerentista da ciência e da filosofia (contra isso, porém, Bolton, apud Devereux e Pellegrin, 1990; Smith, 1993). Para entender, por exemplo, a argumentação de Aristóteles em defesa do princípio de não-contradição (ver Capítulo 5, "Axiomas e outros princípios") como coerentista, ele seguramente precisa daquele conceito bastante amplo de coerência que não se limita a um conjunto ainda tão grande de teses, mas inclui a totalidade da condução da vida, ou seja, o mínimo sempre reivindicado pela razão teórica e prática.

A dialética é tomada como útil para três motivos: para o exercício, para a troca de idéias e para a filosofia (*Top.* I 2, 101a26-28). Comum é a relação com um outro (VIII I, 155b10s.); argumentações dialéticas realizam-se, via de regra, no enfrentamento de tentativas de refutação e fundamentação. Contudo, há também o debate consigo mesmo (VIII 14, 163b3s.; cf. VIII 1, 155b5s.), de modo que existem ao todo quatro maneiras. Todas elas seguem a mesma lógica de argumentação: em debates de exercício conduzidos academicamente (VIII 2, 158a16s.), alguém lança uma pergunta alternativa, um problema. Por exemplo: "É 'animal que caminha ereto, bípede' a definição de ser humano ou não?" (I 4, 101b28-31). Quanto a isso, o defensor (o respondente) apropria-se de uma ou de ambas as teses, enquanto o atacante (o questionador, oponente) tenta confundir o outro em paradoxos ou contradições, de modo que ele tem de retirar a sua tese. A instituição correspondente segue viva nas disputas da universidade medieval.

No discurso agonístico de treinamento não se chega, porém, só à vitória, em absoluto não a uma vitória conquistada deslealmente. Uma vez que, para Aristóteles, a dialética está a serviço da verdade, ele a coloca, não diferentemente do que propõem Sócrates e Platão, contra aquela sabedoria aparente dos sofistas (*Met.* IV 2, 1004b26), que fazem da arte do debater um ofício que busca, com o auxílio da chamada conclusão erística (conclusão de conflito), a própria vitória às custas da verdade (*Top.* I 1, 100b23ss. e *Soph. el.* 11). Uma vez, porém, que o compromisso com a verdade não pode ser assegurado pela lógica interna da argumentação, dado que, ao contrário, pode-se abusar da dialética como mera técnica, ela precisa, em adição à habilidade intelectual, de uma boa disposição (moral) (*euphyia*). O "dialético" tem de trazer consigo a prontidão a escolher o verdadeiro e a evitar o falso (*Top.* VIII 14, 163b12-16).

Os outros dois tipos de debates dialéticos não decorrem de modo tão formalizado. Na troca de idéias e na discussão casual, discute-se com pessoas não-escoladas com base na própria opinião delas. E na discussão filosófica ou científica primeiramente se desdobra a riqueza de todas os pontos de vista e só depois são debatidos os seus prós e contras. Aqui, a dialética serve para uma cultura intelectual da disputa, cujo modelo é dado pelo processo forense (*Met.* III 1, 995b2-4). Para o juízo conclusivo, está mais bem-equipado quem pesa os argumentos cuidadosamente um em contraposição ao outro, depois que eles são estendidos do modo mais completo possível.

Finalmente, também faz uso da dialética aquele a quem hoje em muitos lugares se descreditaria como "pensador solitário": quem não tem nenhum parceiro para debater exercita para si mesmo (*Top.* VIII 14, 163b3s.). Em todos os quatro casos, a função crítica poderia estar em primeiro plano:

proposições são refutadas, tomadas de posição revogadas, posições declaradas inválidas. Indiretamente, a dialética é também afirmativa: proposições que resistem às tentativas críticas permanecem como confirmadas.

Quem quer debater bem mantém os pontos de vista decisivos sempre prontos, conhecendo-os de cor (*Top.* VIII 14, 163*b*17-23). Na medida em que a *Tópica* em grande medida é justamente dedicada a essa finalidade, ela serve à parte hoje negligenciada de uma lógica do discurso, já que a sua parte descritiva compõe-se como um todo de duas partes independentes: da doutrina do uso das premissas não-científicas, mas "endoxásticas", e do descobrimento ou da construção de argumentos orientada pelos *Topoi* (literalmente: "lugares"). Surpreendentemente, o conceito fundamental da *Tópica* não é em lugar algum definido por ela, nem por si nem na relação com as *endoxa*: segundo a *Retórica* (I 2, 1358*a*12-14), trata-se de pontos de vista gerais (*koinoi*), que valem simultaneamente para o direito, a justiça, a natureza, a política e muitos outros. De acordo com os *Topoi* difundidos na *Tópica*, trata-se de esquemas de argumentação que, na sua forma plena (seguramente nem sempre dada), consistem em quatro elementos: uma instrução de procedimento, uma regularidade universal, uma indicação sobre o âmbito de aplicação e um exemplo. O *topos* oferece para uma dada proposição conclusiva a premissa apropriada. Quando ela consiste num *endoxon*, pode ser apresentada ao oponente. E se ele a admite, assim é possível, novamente com o auxílio do *topos*, (do procedimento mencionado nele), deduzir a conclusão.

Enquanto o Livro I da *Tópica* discute os fundamentos correspondentes – a tarefa, o modo de procedimento, o proveito e os instrumentos (*prothesis, methodos, chrêsimon, organa*) – e o Livro VIII dá conselhos práticos, a parte principal da *Tópica*, os Livros II a VII, consiste num catálogo ou obra de consulta daqueles esquemas de argumentação que permitem ao defensor planejar a sua defesa e ao oponente planejar o seu ataque. A *Retórica*, a propósito não somente em II 23-25, completa a coleção de *Topoi* para entimemas reais e aparentes (ver Capítulo 4, "Retórica") e para refutações. (Sobre os *Topoi* da *Retórica*, cf. Sprute, 1982, Parte III.)

Para o propósito de uma coleção o mais abrangente possível, a *Tópica* segue os quatro meta pontos de vista, em tornos dos quais giram as proposições e os problemas, os chamados predicamentos. Ela começa com *topoi* de acidentes (Livros II-III) e de gênero (IV), aos quais se ligam aqueles das propriedades (*propria*: (V)) e da definição (VI-VII). Para compreender um único âmbito parcial: na pergunta qual de diversas coisas é mais desejável, Aristóteles reúne fundamentos para uma teoria de juízo comparativos de valor (Livro III; cf. *Rhet.* I 7), que poderiam ser interessantes ainda hoje para uma teoria científico-econômica e científico-social de preferência. Assim são tomados como mais desejáveis: o mais durável, o desejável em si, a causa em detrimento da ocorrência do bem, o desejável em geral, e não apenas em casos particulares, entre dois meios aquele que se encontra mais próximo ao fim, etc.

Uma vez que muitos *topoi* poderiam proceder do repertório da Academia, a *Tópica* oferece um rápido olhar sobre a competência vasta que se esperava, então, de bons aprendizes. Como texto mais antigo sobre a lógica (assim já afirmara Brandis, 1835), ela desvela, além disso, o seu "lugar vivencial".[1] A lógica ocidental surge não do interesse (interno à lógica) de preparar as estruturas formais do pensamento puramente por si, distantes da aplicação, mas do interesse de prática de argumentação de classificar de tal modo todos os argumentos somente possíveis em determinados tipos que eles sejam aplicáveis puramente segundo a sua forma, independentemente dos seus conteúdos. Nesse sentido, pode-se dizer que a sua origem reside no diálogo conduzido em conformidade com a técnica, na discussão científica (Kapp, 1920). Como esse diálogo "de sua natureza" não se restringe a determinadas áreas, lança-se ceticismo contra a acepção de que a tópica, e respectivamente a dialética, seja uma lógica de área, competente para a ciência do direito (Ch. Perelman, Th. Viehweg) ou a política e a filosofia prática (W. Hennis). Na verdade, ela é adequada para toda – e não só para uma – ciência especial (claramente: *Rhet.* I 1, 1354a1-3).

RETÓRICA

Com freqüência, entende-se por retórica somente a arte do discurso bem-formulado, ocasionalmente até mesmo aquela mera técnica do convencimento que se intromete em argumentos que fogem à matéria, inclusive numa orientação cínica meramente no sentimento. Aristóteles compromete o discurso em perspectiva prática ao fim último do ser humano, a felicidade (*Rhet.* I 5, 1360b4ss.), e em perspectiva cognitiva ao verossímil a cada vez (*pithana peri hekaston*: I 1, 1355b11; II 1, 1355b25s.); o primeiro, porém, somente no sentido temático de que ela trata do mesmo objeto, não no sentido normativo de um comprometimento com uma vida virtuosa e uma pólis justa. Afinal, a felicidade é pensada aqui em termos do fim último "empírico", geralmente reconhecido, não no sentido "normativo" de um critério para bom e ruim (seja de um indivíduo, seja de uma pólis). Ao invés disso, Aristóteles tem noção da neutralidade de valor da retórica: que pode envolver-se tanto com o bem quanto com o mal. Contra a noção de um autor como Cícero (*Do orador* II 85) e como Quintiliano (*A forma-*

---

[1] N. de T. No original, *Sitz im Leben*.

ção do orador XII 2), de que haveria um mecanismo imanente à retórica que poderia impedir seres humanos ruins de utilizar meios retóricos. E, pelo contrário, ele não defende a opinião de que discursos somente (*logoi*) poderiam tornar melhor a multidão, que, de fato, segue as paixões (*EN* X 10, 1179*b*4ss.). Seguramente, ele toma uma utilização moralmente boa do retórico por desejável (I 1, 1355*a*31) e, no caso de seres humanos nobres, confia a ela um poder de fortalecer a virtude (*EN* X 10, 1179*b*7-9).

Com base em seu primeiro comprometimento, a retórica pertence à ética e à política; com base em seu segundo comprometimento, ela obtém um lugar firme na multiescalonada teoria aristotélica do conhecimento. A retórica é competente por aqueles domínios temáticos nos quais não são possíveis proposições necessárias, mas apenas proposições válidas na maioria dos casos, e nos quais, dado que não há competências (*technai*) profissionais, entra-se em conselho consigo e com outros (cf. *Rhet.* I 2, 1357*a*2ss.). Nesse sentido, Aristóteles assume que o verdadeiro e o justo são por natureza mais fortes do que o seu contrário e mais fáceis de demonstrar. Em resumo: são mais verossímeis; afinal, já seria algo especial se o ser humano fosse de tal modo "construído" que o corpo soubesse ajudar a si mesmo, porém o Logos não (I 1, 1355*a*21s. e *a*37ss.). Nesse aspecto, a verdade com a qual a retórica está comprometida diz respeito não a estados de coisas necessários – por eles respondem as ciências demonstrativas –, mas àqueles que também podem comportar-se diferentemente e sobre os quais são possíveis somente proposições válidas na maioria das vezes (*hôs epi to poly*). Esse domínio contém exatamente as coisas sobre as quais se tem de entrar em conselho consigo mesmo ou com os outros (I 2, 1357*a*2ss.).

Devido ao seu comprometimento com o verossímil, pode-se classificar a retórica como uma "teoria de racionalidade do mundo da vida", pressupondo-se que se introduzem três qualificações. Em primeiro lugar, falta à *Retórica* de Aristóteles toda alusão anticientífica. Em segundo lugar, ela não atribui valor somente à parte racional, o logos. Também são importantes os dois elementos pré-racionais, o caráter (*êthos*), a saber, prudência, virtude e bem-querer, através dos quais o orador torna-se verossímil (II 1, 1378*a*8), e aquelas paixões (*pathê*: II 2-11) de baixa estima, o amor e o ódio, bem como o temor incluindo o seu contrário, o excesso de confiança, as quais ele tem de entender estimular nos ouvintes. Em terceiro lugar, a *Retórica* ocupa-se não com o mundo da vida como um todo, mas somente com um corte bem-delimitado, com o discurso público nos três gêneros do discurso político ou de conselho, com o discurso festivo e com o discurso de tribunal, enquanto um âmbito tão importante da vida, como as negociações econômicas e políticas, está ausente.

O corte correspondente é discutido, contudo, de modo incomumente rico em facetas. Assim, Aristóteles já se dedica àquilo que hoje se chama "pragmática lingüística". Em sua parte geral, ele investiga tanto a relação fundamental tripartida de orador, objeto do discurso e ouvinte (*Rhet.* I 3, 1358a37ss.), quanto os chamados três meios de convencimento (*pisteis*: I 2, 1356a1ss.), *ethos*, *pathos* e *logos*. Em sua parte específica, ele aborda o objeto dos três gêneros de discurso público, com o seu lugar na vida pública e com o seu fim último (I 4-15, I 3, 1358b20ss.). Além disso, Aristóteles analisa as condições psicológicas, éticas e políticas, com cujo auxílio um orador pode despertar a capacidade de juízo dos ouvintes e ganhar a sua aprovação. Com temas como felicidade e virtude, bens externos, prazer e amizade, os Capítulos I 5-7 (ver também I 9) contêm o esboço de uma ética; no Capítulo I 8, vemos o esboço de uma teoria constitucional; os Capítulos I 10-12 contêm fundamentos de uma doutrina da imputação (psicologia criminal), a saber, observações perspicazes sobre a diferença entre ações não-intencionais e voluntárias, bem como apontamentos sobre tipos de motivo e sobre a psicologia do agir injusto; os Capítulos II 12-14 desdobram uma psicologia rica em nuances das idades de vida, dos seus afetos e das suas índoles. E dado que os conhecimentos de um bom orador são difundidos de passagem, dá-se um rápido olhar nas relações políticas, jurídicas e sociais de então; para uma história social da Grécia, a *Retórica* apresenta-se como uma verdadeira mina.

O Livro III, na sua origem decerto independente, contém nos primeiros doze capítulos elementos de uma arte de estilo – um manual de tipos de estilo é primeiramente Teofrasto quem escreve (*Peri lexeôs*) – e trata, em seguida, sobre a estruturação de um discurso (III 13-19). Aristóteles exige clareza, amabilidade e também originalidade; ele fala sobre erros de estilo, pureza de linguagem (*hellênismos*), espírito (*asteia*) e acentua a diferença entre exposição oral e escrita. Dedica uma atenção especial ao uso transferido da palavra, à metáfora (por exemplo, *Rhet.* III 2, 4, 6 e 10-11; ver também *Poet.* 21). Na metáfora, trata-se de uma comparação encurtada e refinada até a identificação. Aristóteles salienta o poder de produção de conhecimento. Quem, por exemplo, chama a maturidade de toco, ou seja, de um caule podado, opera um processo de aprendizado. Ele torna estranha a coisa e a traz claramente diante dos olhos. Algo semelhante ocorre na piada e no enigma: a busca das evidências causa alegria e, ao mesmo tempo, garante ensinamento (*Rhet.* III 11, 1412a26ss. e b22ss.). Começando com Cícero, o terceiro livro da *Retórica* ganhou, junto com a *Poética*, por um tempo incomumente longo, até bem além da época do Barroco, um peso francamente canônico na literatura e nas suas ciências (cf. Lausberg, 1973, 2.ed.). Contudo, o conceito ciceroniano de bom homem (*vir bonus*) e de orador perfeito (*orator perfectus*) é estranho a Aristóteles.

No fato de que uma obra de tal forma pretensiosa permaneça por longo tempo às sombras da pesquisa – as contribuições maiores provêm ainda de Spengel (1851), Cope (1877/1970), F. Marx (1900) e Solmsen (1921) – e de que apenas recentemente ela encontre de novo atenção (ver Kennedy, 1991; Furley e Nehamas, 1994; Rorty, 1996, antes já Grimaldi, 1980) reflete-se uma preferência da filosofia atual por cientificidade estrita, talvez também um pré-juízo "platônico" contra a retórica. Na Grécia, em contrapartida, ambos são objeto de elevada estima: tanto a argumentação estritamente científica quanto a argumentação retórica (sobre a retórica grega, ver Kennedy, 1963; Cole, 1991).

Devido à sua amplitude temática e à sua intenção filosófica, a *Retórica* de Aristóteles está de longe acima das obras de seus predecessores, dos sofistas Górgias de Leontinoi, Lísias e Trasímaco da Calcedônia e do autor de uma retórica estilístico-formal, Isócrates. Mesmo a depois tão famosa *Ars rhetorica* de um Cícero não pode ser filosoficamente comparada a ela. Enquanto os seus predecessores – afirma Aristóteles (*Rhet.* I 1, 1355a19s.) – preferem o discurso forense, ele trata adicionalmente do discurso político e do discurso festivo. E enquanto os seus predecessores concentram-se na introdução virtuosa de meios capazes de estimular emoções, ele atribui um valor maior ao Logos e reivindica ter descoberto o elemento específico para a retórica, o entimema, em seu elevado valor (I 1, 1354a11ss.). Por outro lado, ele não supervaloriza a retórica. Somente um intelectual que, como Cícero, é em primeira instância um retórico pode tomar como um sinal de filosofia perfeita falar sobre as questões mais importantes com riqueza de palavras e de modo belo ("*copiose... ornateque dicere*": *Diálogos em Túsculo* I 7).

Sobre os motivos pelos quais a conhecida crítica de Platão à retórica realiza-se tão agudamente, pode-se colocar algumas suposições: talvez nem Platão nem Sócrates, o seu exemplo, possam negar uma determinada proximidade para com a retórica dos sofistas; como é compreensível entre concorrentes, Platão, no diálogo *Górgias* (462bss., 480ass.), põe-se contra o adversário de modo claríssimo. Também é o caso em que uma parte da crítica só pode ser proposta por alguém que não tem de se preocupar com o seu sustento. Por outro lado, a agudeza de Platão talvez resulte também da convicção de que a recusa de uma arte de discurso superficial por parte de Sócrates é responsável pelo seu infortúnio diante do tribunal (que termina de modo fatal). Além disso, a delimitação em face dos sofistas e da retórica pertencia então, muito tempo antes da *Retórica* de Aristóteles, à fundação de identidade da filosofia, caso ela queira ser totalmente outra coisa que uma habilidade baseada em mera rotina a serviço de fins tais como desejo de poder e obtenção de lucro. Mesmo assim, em outros diálogos, em lugar de uma rejeição sumária, aparece a exigência de uma melhor forma, ou seja, de uma retórica que está fundamentada no saber e que conhece, por intermédio da dialética (platônica), a verdade das coisas (*Fedro* 266bs., 276es., entre outras passagens).

Aristóteles leva a sério as objeções do *Górgias*. Além disso, procura preencher exigências a partir do *Fedro*, seguramente apenas em parte. Afinal, como um todo, elas incorrem no postulado de que verdadeiros oradores têm de se tornar filósofos. Fiel à sua crítica a uma ciência unitária, Aristóteles rejeita essa estratégia de construção de unidade. Em vez disso, ele procura uma capacidade específica à retórica, a qual pode ser aprendida por cada cidadão em termos de uma democratização. Em oposição a Platão, os temas não são tratados "desde o fundamento", mas sempre com respeito ao tipo de situação de discurso. (Para a relação com Platão, cf. Hellwig, 1973.) Ali onde Aristóteles ocupa-se com ética ou com psicologia, ele realiza não "pesquisa de fundamentos", mas antes "ética aplicada" e "psicologia aplicada".

Vista em termos sistemático-científicos, a retórica tem de ser localizada entre dialética e filosofia prática (*Rhet.* I 2, 1356*a*26s.). Tal como a dialética, ela remete a uma reserva de pontos de vista que, sem serem auto-evidentes, podem não obstante contar com aprovação. Também o orador apresenta contra-argumentos, e isso pode ser comparado com a disputa dialética, aos pontos de vista e argumentos a serem esperados do ouvinte. Nesse aspecto, o ouvinte opera ao mesmo tempo como juiz; afinal, a decisão sobre se os argumentos são enfraquecidos é ele exclusivamente quem toma (*Rhet.* II 18, 1391*b*11ss.). A outra concordância, de que a retórica igualmente como a dialética investiga um objeto comum a toda ciência (*Rhet.* I 1, 1354*a*1ss.), é em contrapartida verdadeira somente em sentido limitado. Na dialética *qua* disciplina científica, trata-se do universal, na retórica mais do específico (I 2, 1358*a*23ss.), razão pela qual somente ela, e não também a tópica, ocupa-se com a psicologia dos ouvintes, com as suas inclinações e tendências. A retórica o faz "naturalmente" também pelo fato de que se dirige a multidões maiores, talvez até mesmo a massas, com as quais não é possível entrar numa conversação.

A retórica, por sua vez, aproxima-se da ética e da política porque o orador quer influenciar decisões e, nesse sentido, ela perfaz uma parte da práxis política. Além disso, ela não quer convencer, mas servir ao fim último tanto da práxis ética quanto da política, a felicidade, mas no conceito neutro em termos de valor daquela. Somente nesse sentido fraco, e não porque ela *eo ipso* serve ao bem, a retórica perde em questionabilidade moral, de maneira que Aristóteles pode avaliá-la positivamente e superar a alternativa antes encontrada de "sofistas contra Platão".

Para uma retórica comprometida com o verossímil, contam, além do caráter do orador e da capacidade de despertar paixões, os seus argumentos (*logoi*: II 18-26; cf. também I). Nesse caso, estão à disposição da retórica em princípio os dois meios argumentativos que estão à disposição da ciência demonstrativa: a indução e a dedução. Ambas, porém, são talhadas às finalidades específicas da retórica, por um lado à pregnância e à brevidade (cf. II 22, 1395*b*23ss.; III 18, 1419*a*20ss.), por outro lado ao apenas provavelmente verdadeiro (*eikos*: por exemplo, I 24, 1402*a*9, entre outras passagens). Pelos dois motivos, o orador utiliza, em vez da indução costumeira, um exemplo apropriado (*paradeigma*; cf. II 20). Ele deve ter o estatuto de um caso precedente análogo e aparecer em três formas: como relato mítico ou histórico, como comparação e como fábula animal. Característica para essa indução retórica é a utilização tácita apenas de uma proposição universal, já que ela é válida de modo demasiado óbvio ou, porém, não realmente para todos os casos. Com a finalidade de deduzir a partir de casos particulares um conselho válido, o meio de argumentação é questionado sobretudo no discurso de aconselhamento; afinal, "a partir do acontecido julgamos o futuro antecipadamente" (I 9, 1368*a*30s.).

O segundo meio retórico, do ponto de vista argumentativo mais estrito e praticamente livre das afeições, o entimema, respectivamente o silogismo retórico, deve formar o elemento central da argumentação retórica (*sôma tês pisteôs*: I 1, 1354*a*15). De fato, o que oferece razões e demonstrações é questionado especialmente diante do tribunal; afinal, o estado de coisas ocorrido aqui ainda não está esclarecido (*a*32s.). De acordo com a descrição clássica, no entimema – literalmente: idéia, pensamento – uma parte da conclusão pode ficar não-pronunciada (*en thymô*: no coração). Isso certamente não significa que o orador "joga com cartas escondidas"; antes ele deixa de fora uma premissa, dado que a pode pressupor como conhecida ou, em função de um melhor resultado, ele permite aos próprios ouvintes tirar a conclusão com respeito ao caso particular existente de todo modo, fica não-pronunciado aquilo que se entende por si mesmo. A explanação *en thymô*, contudo, Aristóteles não fornece. De acordo com os critérios da retórica, pregnância e brevidade, o entimema também pode consistir naquilo que é deduzido "não a partir de longe": nem com muitos passos intermediários nem com argumentos buscados de muito longe. Além disso, o entimema trata de estados de coisas que não têm validade necessariamente e, a partir daí, necessitam de um aconselhar-se. (Sobre o problema do entimema, ver Sprute, 1982, Parte II; Burnyeat, apud Furley e Nehamas, 1994; Rapp, 1996.)

Como uma teoria do aconselhar-se, a retórica permite uma atualização que se estende às atualizações aproximadas no âmbito das ciências sociais, da comunicação e midiáticas. A teoria do discurso atual entende debates públicos de acordo com o modelo de discursos filosóficos internos que se dirigem aos últimos fundamentos do assunto. Na verdade, comprometimentos elementares já são previamente dados, como, por exemplo, os direitos fundamentais e humanos. Em debates públicos, esses dados via de regra não são disputáveis, mas sim a pergunta referente a como eles, a cada vez, devem ser concretizados e como devem ser mutuamente pesados no caso de reivindicações concorrentes. Nesse aspecto, os debates têm lugar sob condições não-ideais, uma vez que nenhum lado em sentido estrito é neutro. Como Aristóteles tematiza exatamente essa situação, o debate entre participantes interessados e cunhados em conjunto por paixões, ele oferece uma correção à teoria do discurso, até mesmo uma alternativa. A sua *Retórica* contém fundamentos para uma teoria de um "discurso civil", isto é, para uma teoria do discurso e do contradiscurso entre cidadãos (com os mesmos direitos).

POESIA: TRAGÉDIA

O filósofo, que é tido como poeta entre os grandes pensadores e na realidade liga a sua filosofia a uma reivindicação artística, vê na poesia uma rival que ele rejeita. Platão, apesar de todo o amor pela poesia e de uma veneração por Homero (*República* X 595b-c; ver Capítulo 1, "A pessoa") condenou a poesia "imitativa" tanto por razões morais quanto por motivos políticos e ontológicos (*República* II-III e X; *Sofista* 235ess.; *Leis* VII 816d-817e). Ela gera falsas representações sobre os deuses e sobre o justo e o injusto. Além disso, na medida em que aumenta os desejos e as paixões, obscurece o entendimento claro. Segundo o sofista Górgias (Diels e Kranz, 82 B 11 e 23), a poesia deve até mesmo enganar e operar como feitiçaria e magia.

Aristóteles distancia-se aqui mais uma vez de Platão e, ao mesmo tempo, dos sofistas. Em concordância com a tradição grega, para ele os poetas pertencem aos melhores mestres do povo: levar a efeitos emocionais fortes é até mesmo a sua tarefa. A tolerância epistemológica que aprendemos a apreciar na fenomenologia de Aristóteles aparece na dialética, na retórica e mais uma vez na poética. Como já fora o caso do debate intelectual e do discurso público, assim também a poesia não é medida numa compreensão unidimensional de racionalidade, mas nos seus próprios critérios. Por conseguinte, Aristóteles não tem quaisquer dificuldades em reconhecer que através da poesia também se chega a um saber. Sem relativizar o estatuto especial da filosofia, ele confirma o verso de Ésquilo *pathei mathos*, "aprender a partir do sofrimento" (*Agamemnon* V. 177). A partir da experiência de conflitos, até mesmo das catástrofes dos sentimentos, pode-se de fato aprender, certamente menos num sentido intelectual do que num sentido afetivo (cf. Höffe, 2001).

À semelhança da *Retórica*, a *Poética* ("arte da poesia"), de Aristóteles, pertence às obras do seu tipo até hoje de maior influência. Para o período do Esclarecimento, basta mencionar Lessing, que na *Dramaturgia hamburguesa* critica o novo teatro francês, sob remissão a Aristóteles. Mesmo Brecht

(*Schriften zum Theater*, Vol. 3, 1963) desdobra a sua dramática, muito embora a denomine "não-aristotélica", "em essência segundo o plano aristotélico" (Flashar, 1974, p. 35). De resto, o interesse de Aristóteles pela poesia estende-se para muito além da *Poética*. O filósofo escreve também um diálogo *Sobre os poetas* (*Peri poiêtôn*); ele reúne sistematicamente material, como os *Ensinamentos*; e nas *Aporêmata Homêrika*, nas *Questões disputadas sobre Homero*, ele se dedica a questões da filologia de Homero. Contudo, em termos de influência histórica, importante é apenas a *Poética*. (Da literatura, ver Lucas, 1968; Fuhrmann, 1992, 2.ed.; Halliwell, 1986; Rorty, 1992).

De acordo com o significado literal do título, Aristóteles procura uma contribuição para a arte produtiva (*poiêtikê*). Nesse sentido, não se trata primeiramente de critérios de julgamento para obras de arte literárias, de crítica literária, nem de uma teoria da literatura de validade geral, ainda que se encontrem ali elementos notáveis para ambas. Antes, Aristóteles quer mostrar aos seus contemporâneos como se "prepara" uma boa literatura (cf. *Poet.* 1, 1447*a*8ss.). Com certeza, ele se mantém – aqui numa determinação de fim geral, talvez de modo sábio – com uma definição inequívoca. Para essa finalidade, ele trata – em seguimento a uma fundamentação detalhada (Capítulos 1-5) – dos gêneros literários então mais importantes. Aristóteles apresenta uma poética de gênero, que discute de modo mais detalhado a tragédia (Capítulos 6-22), depois o épico (Capítulos 23-25), enquanto o capítulo final compara épico e tragédia entre si. O terceiro gênero, mais de uma vez mencionado na fundamentação, a comédia, poderia em contraposição ter sido tratado em partes que foram perdidas (cf. *Poet.* 6, 1450*a*21s.). A parte dedicada à tragédia expõe ao final (Capítulos 20-21) ainda reflexões gerais sobre a forma lingüística (*lexis*), que incorre numa gramática elementar que se ocupa com conjunção, artigo, substantivo, verbo, caso e proposição.

Um conceito, que com prazer tomamos como tipicamente moderno, o de estranhamento (*xenikon*), emerge no capítulo final sobre a tragédia pela primeira vez num contexto de teoria literária (22, 1458*a*22; cf., entre outras passagens, *Rhet.* III 2, 1404*b*36). Aristóteles o relaciona, contudo, apenas aos meios lingüísticos (em vez de expressões costumeiras, utilizam-se glosas, metáforas, expansões, etc.), ainda não à técnica do drama. Segundo o conteúdo, porém, também ela é atual sob a deixa *para tên doxan* (contra a expectativa: *Poet.* 9, 1452*a*4): acontecimentos inesperados, impressionantes, resultam em belas histórias (*mythoi*).

Todavia, o conceito estético fundamental da *Poética* chama-se mimese e soa antes, segundo uma teoria literária pré-moderna, primeiramente na tradução com "imitação". Ora, aquilo que pode ser possível para a pintura – pintar uvas tão iludivelmente verdadeiras, que até mesmo pássaros debicam na volta – não devem tentar nem o épico, a tragédia e a comédia, nem a música, para a qual a exigência de mimese é igualmente erguida (*Poet.* 1, 1447*a*13-16; cf. *Pol.* VIII 5, 1340*a*39). A mimese aristotélica, a ser traduzida talvez como "cópia" ou "representação", não exige do artista nem, como mais tarde a *Ars poetica* de Horácio (V. 268s.), rivalizar com exemplos clássicos nem refletir, como no teatro de ilusões naturalista, a realidade. Dirigida contra invenções demasiado fantásticas, a mimese significa toda forma de cópia ou produção do semelhante, da realidade seja como ela foi ou é (para a tragédia: Eurípedes), seja como se diz ou crê que ela é, seja também como ela deve ser (Sófocles; 25, 1460*b*10s e 33s.). Em todos os três casos, não compete à poesia copiar traços superficiais da realidade, mas representar cursos de ações e caracteres concordantes em si. Trata-se na tragédia de seres humanos mais nobres, na comédia de seres humanos mais comuns, como nós os encontramos na realidade (*Poet.* 2, 1448*a*16-18). E nessas artes dramáticas, diferentemente do que, por exemplo, ocorre na pintura e na mera narrativa, fala um segundo significado de mimese, o pôr em cena, um papel. (Já na *República*, de Platão, encontram-se ambos os significados: em III 392d-394c a imitação dramática e em X 597c a representação geral do semelhante.)

A mimese característica da poesia tem a sua causa na mimese usual: numa inclinação inata do ser humano desde a infância à imitação, relacionada com um sentido para harmonia e ritmo (4, 1448*b*5ss. com *b*20s.). Fundada no prazer de aprender (*b*12s.), uma poesia comprometida com a mimese tem parte na determinação do ser humano para o conhecimento. Aristóteles considera a poesia até mesmo por mais filosófica do que a escrita histórica, porque o poeta, através da representação modelar das possibilidades humanas, entende tornar visível algo de validade universal, enquanto a escrita histórica permanece presa à esfera do particular (9, 1451*b*1ss.).

Como "alma da tragédia" (6, 1450*a*38) vale o mito. Profundamente despojado do seu poder religioso, ele não significa, com certeza, muito mais do que a fábula: a história e, respectivamente, o "plot"[2]. O poeta obtém o material correspondente a partir de três fontes: não somente (1) da vida real, mas também, o que confirma a ficcionalidade da poesia, (2) a partir do convencimento de como as coisas deveriam ser e (3) da tradição oral ou escrita, em que os mitos transmitidos não podem ser violados (14, 1453*b*22s.). Deve advir daí uma ação em si tão fechada e, diferentemente do épico, tão livre de episódios desviantes, ou todo se modifica se uma

---

[2] N. de R.Termo inglês usado na literatura como sinônimo de enredo, de argumento ou de ação épica ou dramática. O conceito é aplicável tanto a um texto dramático quanto a um texto narrativo.

única parte é deslocada (8, 1451*a*32-35). Nesse sentido, deve-se à ação a primazia diante do caráter (6, 1450*a*26); a existência de protagonistas, a sua sorte e desventura, são decididos com base em fatos individuais.

Dificilmente algo que Aristóteles diga em todos os seus escritos provocou, desde a Renascença, uma literatura tão notável como o (embora não tenha sido explicitado em mais detalhes) conceito de prazer trágico (*tragôdias hêdonê*: 13, 1453*a*35s., cf. 14, 1453*b*12). Com ele, o autor interessa-se, no âmbito da sua poética de gênero, por uma estética de recepção e nela, por sua vez, quando se introduz a alternativa tardia "teatro didático ou de entretenimento" (cf. Horácio, *Ars poetica*, V. 333: *aut prodesse volunt aut delectare poetae*), pela segunda opção. De imediato, o espectador não deve tirar disso nem um ganho moral nem um intelectual, mas antes um prazer (*hêdonê*) estético. Com a ajuda de compaixão e de temor (*di' eleou kai phobou*: *Poet.* 6, 1449*b*27; 14, 1453*b*12s.), deve ocorrer uma purificação (*katharsis*), e por causa dela Aristóteles entende a tragédia, à diferença de Platão, como moralmente não-prejudicial.

Nas afeições, trata-se não de algo como sentimentos superficiais, mas de sentimentos que alcançam o cerne da existência humana, em certa medida substanciais. No exemplo de pessoas notáveis, tanto afamadas quanto abençoadas com uma boa ventura e justamente por isso especialmente ameaçadas, a tragédia mostra o que pode acontecer contra todo homem comum: uma catástrofe, na qual se incorre não através da natureza ou do arbítrio estranho, mas, ao menos em parte, através de si mesmo. Na verdade, amamos uma outra interpretação; na *Antígona*, por exemplo, uma pintura moralizante preto-e-branco, segundo a qual a figura de título moralmente exemplar exerce heróica resistência a um tirano imoral. De acordo com Aristóteles, trata-se de seres humanos que não são nem plenamente virtuosos nem completamente maus, os quais, portanto, não são nem santos nem criminosos. A respeito deles a tragédia mostra de que modo, a partir de um estreitamente apaixonado dos seus sentidos e aspirações, eles cometem um delito (*hamartia*: *Poet.* 13, 1453*a*8-10). Também em Sófocles podiam ambos os heróis, cegados por justiça própria, perceber uma situação complexa de modo simplificado e, nesse sentido, cometer um erro. Creonte tem de fato a tarefa de punir o traidor da pátria Polyneikes, irmão de Antígona, mas isso não tem de acontecer através de uma proibição de sepultamento. Antígona, por sua vez, reivindica com razão o enterro do irmão; faz-se, porém, culpada de intransigência.

Pertence à "teoria" da tragédia, tão influente para a história do drama europeu, também este elemento: Aristóteles destaca como ideal uma determinada fase da tragédia grega, a saber, Sófocles e sobretudo a obra deste, *Rei Édipo*. Que Édipo, "o mais excelente dos mortais" (*Rei Édipo*, V. 46), ao final se torne "o pior dos homens" (V. 1433), demonstra, na realidade, numa agudeza que não pode ser excedida, a debilidade de consideração e felicidade característica para a tragédia; de um instante ao outro, o herói cai do cume da fama ao abismo da mais profunda ignomínia. Por outro lado, Eurípedes é tido como "mais trágico do que os demais poetas" (13, 1453a29s.).

O destino de Édipo, a terminar no mais extremo sofrimento, apesar de uma culpa apenas limitada – o assassinato do pai e o casamento da mãe ocorrem em desconhecimento –, leva a existência humana para perto do absurdo. Seja ele fundado religiosamente ou não: a tragédia, entendida por Nietzsche como a obra de arte do pessimismo (*A origem da tragédia*, 1872), mostra que não se pode falar de um sentido agradável ou consolador do todo. Por meio da consciência de não entender realmente o decurso do mundo – a não ser na perspectiva de que se submeta a uma vontade de Deus (inescrutável) –, a tragédia desenvolve uma linguagem da não-compreensão, consistindo de queixa, prece, lamento, gemido e assombro. Aqui se ressalta a função terapêutica que não é explanada na *Poética* que foi transmitida, tal como se diz na *Política* (VIII 7, 1341b39s.).

O conceito decisivo de catarse tem, antes de Aristóteles, dois significados: na medicina, ele caracteriza o efeito de vomitivos e laxativos; na vida religiosa, a purificação ritual de pessoas "infectadas". Entendida em analogia com a medicina, a catarse da tragédia significa que ela excita os afetos, tanto a compaixão com um sofrimento merecido apenas em limites quanto o temor diante de um fracasso, apesar das melhores intenções – e de fato através da construção da ação, não, por exemplo, através da encenação (14, 1453b3ss.), tal como uma doença física vêm primeiramente à irrupção e, então, à diminuição, de sorte que o equilíbrio interno reobtido ao final é percebido como alívio – e exatamente nisso consiste o prazer trágico.

Para manter afastado um suposto entendimento humanístico e cristão de compaixão, os afetos, segundo Schadewaldt (1955, apud Luserke, 1991, p. 254), devem ser excitados de tal modo que a dor ao espectador "amolece o coração e provoca lágrimas nos olhos". Essa interpretação não pode receber apoio apenas com os conceitos aristotélicos de temor e compaixão (*Rhet.* II 5 e II 8), mas certamente com a história representada (*mythos*): tanto com os afetos extremamente elevados dos protagonistas quanto com a ação excepcional, mas atentada por desventura, e sobretudo com a medida extrema de desventura – que, por exemplo, o irmão assassine ao irmão (Eteócles e Polinices) ou o filho ao pai (Édipo) ou a mãe ao filho (Medéia) ou o filho à mãe (Orestes), ou que conceba fazê-lo (14, 1453b20s.).

Segundo outras e não tão plausíveis interpretações, a tragédia deve ensinar o espectador, através de exemplos aterrorizantes, a reprimir, ao contrário dos heróis trágicos, os próprios sentimentos. Essa interpretação didático-moralista, predominante na Renascença italiana e no Classicismo francês, é rejeitada por Lessing em favor da tarefa de transformar, através da catarse, os afetos em qualidades virtuosas. E, de acordo com Goethe (*Suplemento à Poética de Aristóteles*), a catarse não é nenhum efeito possível, mas um traço estruturante da tragédia (cf. também Bernays, 1880; Flashar e Pohlenz, apud Luserke, 1991; Halliwell, 1986, Apêndice). Seria possível objetar contra a teoria da tragédia de Aristóteles que os afetos suscitados no ouvinte não poderiam ser determinados pelo poeta trágico de antemão. A tentativa correspondente é tomada, porém, tanto pelo autor quanto pelo diretor; e o profundo sucesso vale como sinal de qualidade. Dificilmente é também digna de crítica a circunstância de que Aristóteles não adentra naquelas partes não-espetaculares, para tanto "racionais" da tragédia, que seguem à sua própria ética. É de fato verdade que a *Poética* não leva em consideração nem a prudência de figuras secundárias como Ismena, em *Antígona*, e Creonte, em *Rei Édipo*, nem a conclusão de *Oréstia*: Atena entende amenizar, através do conselho racional, as Eríneas que exigem vingança. Elementos desse tipo dificilmente pertencem, porém, ao que importa a Aristóteles, ao cerne inalienável da tragédia. Notável é, antes, que a tragédia não ocupa papel nenhum na *Ética*. Ela não aparece em absoluto nos tratados sobre o prazer, e na discussão da voluntariedade apenas numa forma – segundo Aristóteles – não-conseqüente; o motivo a partir do qual o Alkmeon de Eurípedes pode instigar-se ao assassinato da mãe é "risível" (*EN* III 1, 1110*a*27-29).

Existem bons motivos para a acepção de que os dois conceitos principais da poética aristotélica, a mimese e a catarse, até hoje não perderam a sua validade. Afinal, seja encenação ou filme, nos seus grandes exemplos eles trazem à representação possibilidades de vida exemplares. Nesse sentido, não se contentam nem com simples conversação nem pretendem intermediar uma mensagem moral. Antes, eles levam muito mais a grande paixões, forçam-nos a sofrer junto e garantem na compaixão correspondente, ao final, um alívio. Talvez a tragédia possa servir como exemplo até mesmo para uma tarefa importante das sociedades dinâmicas, para uma "cultura do tempo certo" frente a novas disposições de problemas (cf. Höffe, 1993, Capítulo 16). A *Antígona*, de Sófocles, mostra *e contrario* do que se trata primeiramente em tarefas novas. Apenas quem se defronta com o perigo ao qual Creonte e Antígona sucumbem, a um desvairamento conseqüente da justiça própria, pode abrir-se à complexidade da nova situação. E onde se encontra a abertura, ali é preciso "somente ainda" pôr a funcionar reflexões fundamentais – e orientar os seus interesses de acordo com isso.

5

DEMONSTRAÇÕES E PRINCÍPIOS

CRÍTICA DA RAZÃO DEMONSTRATIVA

A filosofia tem o seu início nos filósofos da natureza jônicos, enquanto a teoria da ciência começa como disciplina própria somente dois séculos mais tarde. No entanto, ela então se introduz, com os *Segundos analíticos*, num tal nível elevado que a sua história coincide em grande parte por muito séculos com a história da interpretação desse texto. Seguramente, não há aqui uma criação a partir do nada. Aristóteles discute com as mais importantes perspectivas já então defendidas e concorrentes entre si, como com a doutrina da reminiscência de Platão, a *anamnêsis*, com o método diairético (*An. pr.* I 31 e *An. post.* II 5), com o ceticismo de Antístenes contra a possibilidade da ciência e com a perspectiva de Xenócrates de que ela existe apenas na forma de uma demonstração circular. Antes de tudo está o objeto altamente desenvolvido e ricamente representado nos exemplos, a saber, a matemática; nos Capítulos II 11 e 13, acrescentam-se biologia, medicina, ciência da história e ética. A uma pormenorizada prática da ciência segue-se, portanto, a metaciência.

Hoje, uma metaciência desse tipo procede via de regra de modo empírico-reconstrutivo; ela leva a práxis das ciências, os seus objetivos, métodos e pressuposições, ao conceito. A teoria crítica, alternativa, procura os interesses de conhecimento de diferentes tipos para, então, avaliá-los. Aristóteles retrocede um passo em relação a ambas as possibilidades. Ele pergunta por um saber na íntegra, por aquele "saber pura e simplesmente" (*epistasthai haplôs*: *An. post.* I 2, 71*b*9) que não quer outra coisa além de preencher sem restrições as reivindicações científicas sempre suscitadas. De um ideal desse tipo não se pode prescindir nem em nome de outros interesses de conhecimento nem por modéstia.

Nos *Segundos analíticos*, um saber que busca realizar o ideal, a ciência, obtém uma legitimação fundamental. Somente ali onde os critérios denominados por Aristóteles são preenchidos, e se conhece primeiramente sobre o estado de coisas também as *aitiai*, as causas, daí as razões, que, em segundo lugar, são capazes de explanação e de fundamentação, ali, portanto, onde se sabe do estado de coisas afirmado que ele pode comportar-se assim e não diferentemente (*An. post.* I 2, 71b9-12), o desejo de conhecimento experimenta a plenitude imanente a ele. A partir daí, não é surpreendente que o ideal de Aristóteles e os seus critérios sejam ainda sempre reconhecidos, de fato dificilmente na teoria da ciência, mas na práxis epistêmica. Até hoje, tomamos como um déficit de saber quando as razões faltam ou não têm realmente poder explanatório. No mais, segundo Aristóteles há provas não apenas do que é necessário, mas também do que é válido na maioria das vezes, embora não do que é contingente (*An. post.* I 30; cf. *Phys.* II 4 e *Met.* VI 2).

Na retomada contemporânea de Aristóteles, falta, admiravelmente, a teoria da ciência. Ao lado da literatura de pesquisa – como McKirahan (1992) e Detel (1993), antes Barnes (1975, 1994, 2.ed.), ainda antes Ross (1949) –, não há nenhum interesse sistemático que pudesse comparar-se com a "reabilitação" da ontologia e da filosofia prática de Aristóteles ou com a estima da sua lógica. Anscombe e Geach (1973, p. 6) explicam até mesmo: "His theory of 'scientific proof' is something needing the 'pardon' he asks for".[1] A crítica relaciona-se via de regra a uma interpretação padrão em três partes. Uma ciência aristotélica deve:

1. Poder comprimir o seu conteúdo em poucas e não mais dedutíveis proposições fundamentais, em axiomas, que são apreendidos através de indução (*epagôgê*) e intuição (*noûs*) e são infalíveis.
2. Graças aos axiomas e a outros princípios, é possível uma assim chamada fundamentação última.
3. As ciências dirigem-se a essências ontológicas e a relações de mundo causal-nomológicas.

Característicos, assim se diz, são a *A*xiomática, o *F*undamentalismo e o *E*ssencialismo ou resumidamente: um "ideal AFE" (sobre isso, ver Detel, 1993, II, p. 263ss.).

Manifestamente, de tal ideal parte fascinação; ainda assim, ele antecipa o racionalismo moderno, os sistemas *more geometrico* de autores como Descartes, Hobbes e Spinoza. Contudo, do ponto de vista da práxis da ciência, pode-se polemizar: que pode ser axiomática em sentido estrito apenas uma ciência cujos axiomas não suscitam nenhuma reivindicação

---

[1] N. de T. "A sua teoria da 'prova científica' é algo que precisa do 'perdão' pelo qual ele está pedindo".

de verdade, ou seja, a matemática; que, através da indução, não se obtém quaisquer verdades necessárias; que enunciados científicos, falíveis como são, têm sempre validade apenas provisória e que o essencialismo, porque metafísico, está ultrapassado. Na realidade, quem força o ideal AFE força as ciências a um espartilho estranho a elas. Por outro lado, o ideal obsoleto alivia uma auto-encenação dramática: ele permite à teoria da ciência até aqui um colapso e permite atestar, no entanto, à contribuição própria um novo começo.

Num primeiro olhar aos *Segundos analíticos*, encontra-se para a interpretação padrão alguma confirmação, como, por exemplo em face de uma axiomática no sentido moderno, nos Capítulos II 3-7. Uma leitura mais atenta descobre, porém, uma teoria conceitualmente mais rica, absolutamente esclarecida e certamente sutil. De fato, nem sempre ela resiste às perspectivas, mas seguramente às medidas de hoje sem dificuldade. Digno de nota já é o começo, o passo de volta para trás de uma teoria empírico-reconstrutiva e de uma teoria crítica.

Também é impressionante como Aristóteles faz frente – em parte expressamente, em parte tacitamente – a ingenuidades teórico-científicas, como, por exemplo, a uma lógica da indução que crê proceder sem antecipação a um universal. Em absoluto se podem ler amplas partes do texto como indicação para evitar determinados equívocos metodológicos. Além disso, pode-se superar a lenda histórico-científica de que o trilema do pensamento de fundamentação ("o trilema de Münchhausen") é conhecido somente no século XIX, através de Fries, e redescoberto na escola de Popper do século XX. Além disso, Aristóteles sugere para o fundamentalismo ambicionado no racionalismo moderno, embora hoje obsoleto, uma alternativa digna de consideração. Que proposições universais podem ser falíveis, isso ele já sabe desde a *Tópica* (II 3, 110a32-37 e VIII 2, 157a34-b33). Além disso, os *Segundos analíticos* oferecem um modelo para a prosa científica; o autor argumenta de modo breve, sóbrio e, conforme toda a aparência, de modo justo contra os predecessores.

O texto começa com uma proposição programática, com a tese de que todo saber, excetuando-se a percepção, repousa num saber prévio (semelhantemente *Met.* I 9, 992b30ss. e *EN* VI 3, 1139b26-36). Segundo Barnes (1994, 2.ed. Introdução), está-se em busca de uma teoria da apresentação à maneira de um manual de todo saber. A partir da circunstância de que se fala não somente da matemática e de outras ciências, mas também da dialética (aqui: *logoi*, disputas) e da retórica (*An. post.* I 1, 71a3-11), resulta um ponto de interrogação: Aristóteles não se interessa exclusivamente por uma enciclopédia de todas as ciências. Também não se trata, para ele, meramente de uma questão pedagógica, de como se medeia o saber. Diante do pano de fundo da aporia, a partir do *Menon*, de Platão

(80d*ss*.; cf. *Fédon* 72e-77b), de que "ou bem não se aprende nada ou então aquilo que se sabe" (*An. post.* I 1, 71*a*29s.), trata-se para Aristóteles dos elementos necessários para pesquisa e ensino, ou seja para a produção de saber de todo tipo.

Também se poderia entender o conhecimento prévio exigível para tanto em sentido heurístico, ou biográfico, de que aprender é sempre aprender *além*. Em lugar algum ele ocorre a partir do nada, pois preenche ou corrige apenas o que já se sabe. Contudo, Aristóteles levanta uma questão de lógica de argumentação e responde a isso com um conhecimento prévio pura e simplesmente primeiro ou absoluto; o início sistemático forma proposições verdadeiras e irrestritamente primeiras, os princípios. Por causa deles, a ciência constitui-se do concurso de dois elementos fundamentalmente diferentes: do demonstrar silogístico ("dedutivo") e da percepção (indutiva) dos princípios não mais demonstráveis.

Entende-se sob uma demonstração (*apodeixis*, em latim *demonstratio*) via de regra um "procedimento *top down*", aquela adução ou dedução de proposições a partir de outras proposições, que conhecemos como caminho a partir dos princípios (Capítulo 3, "Uma hierarquia epistêmica"). Procura-se praticamente em vão um procedimento desse tipo, o "método geométrico", na própria filosofia de Aristóteles. Mesmo quando são encontrados silogismos, eles não se juntam num sistema do saber protegido por princípios, nem num sistema total, nem num sistema parcial. Há, portanto, entre o ideal da ciência dos *Segundos analíticos* e a práxis real de Aristóteles um abismo, a tal ponto que se deve tomar a teoria da ciência de Aristóteles ou a sua filosofia por equivocada?

Num olhar mais atento, essa discordância dissolve-se. Assim como o elemento da demonstração, o silogismo (qualificado), também a própria demonstração deve ser lida de cima para baixo, e vice-versa: para afirmações possíveis, são procuradas as causas e os motivos, e esses são perseguidos até se chegar aos princípios. Que também esse processo seja chamado "demonstração", isso corresponde à pergunta em parte científica, em parte extracientífica: "Você também pode provar isso?". A resposta segue, primeiramente, o "processo *bottom up*". Ela busca, para uma proposição já tomada como verdadeira, as razões explicativas, por exemplo, para a proposição "Atribui-se ao ângulo no semicírculo a retangularidade" (formalmente: "AaC") ou à afirmação de que há eclipses lunares. Uma ciência aristotélica interessa-se primeiro por uma explicação, respectivamente por uma fundamentação, e somente em sentido secundário, no sentido de uma amostra, por uma dedução. Na pedra fundamental de demonstrações, no silogismo, as razões têm uma tarefa exatamente determinada. Como a proposição a ser demonstrada tem a forma "AaC", cabe-lhes, com a ajuda do conceito médio, provar a ligação de ambos os conceitos A e C: a "retangularidade" (A) é atribuída a "todos" (a) os "ângulos no semicírculo" (C) pelo fato de que "a metade de um círculo completo" corresponde "à retangularidade" (B) (*An. post.* II 11, 94*a*28-36).

Popper vê o pensamento de fundamentação envolvido numa aporia, mais exatamente no trilema, de que todos os três recusam somente possibilidades de pensamento: o regresso ao infinito e o círculo lógico não oferecem nenhuma fundamentação e, na interrupção do processo, chega-se meramente a opiniões dogmáticas. Aristóteles conhece o trilema, ao menos de modo rudimentar, a partir da discussão com Antístenes e Xenócrates (cf. *An. post.* I 3, 13*e*19-22; sobre o regresso ao infinito, ver também *Met.* IV 7, 1012*a*12-15). Como ele se junta à crítica de Antístenes ao regresso ao infinito e à interrupção do procedimento, ele discute, porém, somente a terceira opção. Contra ela, a demonstração circular, que deduz AC de AB e BC, AB por sua vez de AC e do contrário de BC, portanto de CB (cf. *An. pr.* II 5), falam três argumentos (*An. post.* I 3). Uma demonstração circular, segundo um dos argumentos (73*a*6-20), é totalmente possível, mas apenas naquelas proposições convertíveis (BC → CB), cujos conceitos designam propriedades (*propria*) de algo (*An. post.* I 3, 73*a*7) e portanto – no ser humano, por exemplo, "capaz de gramática" e "capaz de rir" – dispõem da mesma extensão conceitual. Mais importante é a outra objeção, de que aqui é ferida a condição de uma demonstração, de partir pura e simplesmente do anterior e mais conhecido (72*b*25-32). Segundo a terceira objeção, uma demonstração circular conduz, ao final, à trivialidade: "Se A, então A". Nesse sentido, pode-se, com o círculo, realmente demonstrar tudo – e, por conseguinte, nada (72*b*32-73*a*6).

Aristóteles encara a crítica do pensamento de fundamentação com a relativização do mesmo. Pode-se falar aqui, em termos kantianos, de uma crítica da razão demonstrativa. A parte maior dos *Segundos analíticos* é de tal maneira uma "analítica da razão demonstrativa" que ela, junto com as condições, desdobra também o direito e as tarefas do demonstrar. A isso pertence a visão de que os conceitos utilizados na demonstração – tanto os sujeitos quanto os seus predicados – ordenam-se numa hierarquia que está bem delimitada tanto para baixo, na direção do particular, quanto para cima, na direção do universal (*An. post.* I 22). Nessa perspectiva, Aristóteles crê poder escapar ao regresso. Para os sujeitos da ciência, a sua essência ou uma parte da sua essência, vê ele, de modo absolutamente convincente, a fronteira para baixo no particular – na biologia, por exemplo, o indivíduo de uma espécie natural – e a fronteira para cima no gênero mais elevado da definição essencial – no animal. Também para os predicados possíveis, as propriedades e os atributos, ele nota uma dupla fronteira: para baixo, eles não podem ter nenhuma medida maior em particularidade do que os indivíduos, dos quais são propriedades, nem para cima, porque eles ao final conduzem para uma das (limitadamente muitas) categorias. Para a questão adjacente, da qual resultam as categorias, Aristóteles não busca nenhuma fundamentação última, antes detém pragmaticamente o regresso (ver Capítulo 11, "Categorias").

No entanto, Aristóteles também se opõe às presunções de um demonstrar que se estabelece absolutamente. A sua "dialética da razão demonstrativa" consiste de duas partes: do conhecimento de princípios como complemento necessário do demonstrar (*An. post.* I 18, 31, II 19) e das indicações de erros metodológicos, a saber, do regresso ao infinito e da demonstração circular (I 2), do modo sofístico de demonstrar (I 5) e da confusão de demonstrações reais com fundamentações somente a partir de sintomas (I 13), da renúncia à percepção e à indução (I 18) ou da supervalorização delas (I 31; sobre ambos também II 19), bem como do equívoco de poder demonstrar a essência (*ti estin*) através de divisões conceituais (*dihairesen*) (II 5).

AXIOMAS E OUTROS PRINCÍPIOS

O conhecimento prévio requerido para a demonstração consiste de pressuposições, que não são nem demonstráveis nem carentes de uma demonstração, dos princípios (*archai*, literalmente: inícios; sobre o significado plural da expressão ver *Met.* V 1). Na medida em que os princípios dão a todo saber um fundamento – Kant traduz com correção por "razões de princípio"[2] –, a teoria da ciência de Aristóteles tem de fato um caráter "fundamentalista". Contudo, os três tipos aludidos podem, com boas razões, ser reencontrados até hoje nas ciências. Princípios são (1) os poucos axiomas que, como o princípio de não-contradição, são pressupostos por todo saber, até mesmo por todo agir; (2) as hipóteses e (3) as definições – ambos juntos são também chamados de teses (*An. post.* I 2, 72a14-24) –, as quais são exigidas a cada vez para determinados âmbitos do saber (*ta idia*; cf. I 30). Enquanto Aristóteles deposita grande importância nos princípios próprios à ciência respectiva, distancia-se, sem abandonar uma filosofia fundamental, do projeto de uma ciência de unidade. A autonomia dos diferentes âmbitos de pesquisa é, portanto, defendida a partir de uma percepção de teoria da ciência.

1. *Hipóteses e definições*. Sob uma "hipótese" Aristóteles não entende nenhuma afirmação provisória, mas uma acepção de existência com respeito àqueles objetos elementares cuja essência é apre-

---

[2] N. de T. No original, *Anfangsgründe*.

endida nas definições. A hipótese da aritmética diz que há números, a da geometria que há pontos, linhas, superfícies, a da biologia que há animais. As hipóteses são de fato pressupostas em cadeias de demonstrações, mas não utilizadas como princípios delas.

Diferentemente se dá com as definições (*horismoi*). Elas aparecem como premissas de demonstrações, mas não no sentido de que se as coloca no topo em fixação arbitrária ou convencional. Definições provisórias reproduzem opiniões difundidas; definições de plena validade têm poder explicativo e são o resultado de reflexões correspondentes. Devido à sua importância, Aristóteles dedica à teoria da definição mais do que a metade dos capítulos do segundo Livro (II 1-10; sobre a interpretação dos textos parcialmente difíceis, ver Detel, 1993, I 324ss. e II 542ss.). Logo após uma discussão detalhada de dificuldades (II 3-7), ele trata de quatro tipos de definição, os quais correspondem às respostas em mesmo número à pergunta "O que é?" (*ti esti*: *An. post.* II 10, 93*b*29). O primeiro tipo, a definição nominal, tal como ela se chama desde Mill, meramente afirma o que um nome (triângulo) ou uma expressão que lhe é equivalente designa (*ti sêmainei*: *An. post.* II 10, 93*b*30). Como lhe falta qualquer fundamentação, ela tem um caráter científico provisório e já não surge mais na enumeração final (II 10, 94*a*11ss.).

À pergunta que, na definição nominal, fica em aberto, "Por que é?" (93*b*32), o segundo tipo de definição responde com um motivo que tem poder de explicação. Ele tem relação com uma "demonstração" em termos de fundamentação, respectivamente de explicação (cf. 94*a*12s.), e diferencia-se da demonstração apenas através da disposição exterior. No exemplo de Aristóteles, do trovão, a prova reza o seguinte: "Troveja porque o fogo se extinguiu nas nuvens", e a definição explanatória é ao mesmo tempo plenamente válida: "Trovão é um barulho que surge com o extinguir-se do fogo nas nuvens". A conexão afirmada com uma demonstração poderia, tirando-se a matemática, ser correta até hoje. As definições que formam o início sistemático, não-heurístico, de uma ciência não são simplesmente postuladas, mas são reduzidos a conhecimentos. O terceiro tipo de definição é, na verdade, somente um subtipo do segundo; ele corresponde à proposição conclusiva de uma demonstração: "O trovão é um barulho nas nuvens" (*An. post.* II 10, 94*a*7s.).

Enquanto se definem, com os tipos segundo e terceiro, objetos posteriores, trata-se no quarto tipo dos objetos fundamentais de uma ciência. Eles são obtidos através de uma reunião especial de propriedades, que é ilustrada no exemplo de um número natural (II 13, 96*a*24-*b*1), o qual, a propósito, nenhum matemático grego propõe-se a definir, mas sim, começando com os pitagóricos, algum filósofo. De acordo com a "teoria do feixe" de Aristóteles, procura-se um feixe de propriedades – no três, por exemplo, "número", "ímpar" e "primeiro de uma determinada forma" – que de fato se estendem, cada uma por si, mais longe do que a coisa a ser definida, mas que juntas se aplicam somente a esse um elemento.

Uma teoria da definição adicional, que não é teórico-científica, mas sim ontológica, contém *Met.* VIII 2 (1043a14ss.). Voltando-se ao par conceitual ontológico de matéria e forma, pode-se definir sobre a matéria, aqui pedras, tijolos e pedaços de madeiras, uma casa possível, enquanto se precisa, para a casa real, da forma. Num artefato, a forma consiste na função da coisa; a casa é um edifício (literalmente: receptáculo), que oferece teto a coisas e animais. (Para a teoria da definição, ver também *Met.* VII 5, 10-12 e VIII 6, assim como *Top.* VI-VII).

As definições pertencem ao conhecimento prévio necessário de uma maneira dupla. Nos objetos fundamentais, é preciso saber previamente o que eles significam e que eles existem. Nas propriedades, que se atribuem ou não a um objeto, basta, por sua vez, o significado. (O exemplo de Aristóteles, o triângulo, é equivocado, porque se gostaria de concebê-lo como objeto, mas se quer dizer uma propriedade de pontos e linhas.) Somente quem preenche a tríplice pressuposição (cf. *An. post.* I 10) e, no caso da geometria, conhece (1) as definições dos sujeitos fundamentais (ponto, linha, superfícies, etc.) e (2) a existência deles, bem como (3) a definição das propriedades possíveis (reto, circular, triangular, etc.), e quem além disso, assim reza uma quarta pressuposição – agora, porém, geral – tem conhecimento dos princípios universais do pensamento pode proceder com demonstrações.

2. *Axiomas*. A expressão para os princípios que se estendem a todas as disciplinas provém da arte de disputação da Antigüidade. Ela designa proposições cuja aceitação pode ser exigida já no início de uma disputa. A raiz *axioun* significa: julgar digno; axiomas são proposições que, isoladas de toda dúvida razoável, são verossímeis num sentido estrito. Essa condição pode ser aplicada a determinado tema; nesse caso, dá-se um *a priori* correspondentemente limitado. Nos *Segundos analíticos* (I 10, 76b14), tal como na *Metafísica* (IV 3-4 e 7; cf. III 3, 997a5-15; XI 4, 1061b17-33), a expressão perde essa relatividade e designa meramente pressuposições que são feitas em todo debate, até mesmo em toda práxis. Axiomas desse tipo são, além disso, os princípios mais seguros – não é possível enganar-se sobre eles – e conhecíveis no mais alto grau. Em resumo: eles têm o estatuto de um *a priori* absoluto.

Uma vez que todas as coisas são quantificáveis sob determinados aspectos, segundo Aristóteles, as proposições matemáticas universais, por exemplo, que números pares diminuídos de números pares resultam números pares, valem não somente para a matemática, mas para todo saber. Apesar disso, ele não chama a proposição correspondente de um axioma (*An. post.* I 10, 76*a*41 e *b*21; I 11, 77*a*30), já que ela não tem validade pura e simplesmente, porém apenas num determinado aspecto, qual seja, o da quantificação (cf. *Cat.* 6, 6*a*26ss.; *Met.* V 15, 1021*a*12).

O primeiro axioma em termos de conteúdo, o princípio de não-contradição, afirma que é impossível que algo (por exemplo, a designação "homem") seja e não seja atribuído ao mesmo tempo (aqui, em sentido lógico, e não temporal) e na mesma relação à mesma coisa. De acordo com o segundo axioma, o princípio do terceiro excluído, em afirmações contraditórias não há nenhum intermediário; antes, algo deve ser ou afirmado a respeito de algo, ou então deve ser negado. Em ambos os casos, hoje se falaria de teoremas lógicos e talvez se acrescentaria que eles são evidentes de modo imediato. O princípio do terceiro excluído parece ser ultrapassado por lógicas trivalentes (Lukasiewicz, recentemente U. Blau, entre outros); com o seu terceiro valor de verdade – ao lado de "verdadeiro" e "falso" também "indeterminado" – elas formalizam problemas que se colocam, por exemplo, em proposições futuras contingentes. Aristóteles, no entanto, aplica o princípio somente àqueles pares de proposições contraditórios nos quais a indeterminação é excluída; a pergunta sobre quando esse é o caso ele discute em *Int.* 6-9.

Embora os axiomas não possam ser demonstrados, a sua validade não é pura e simplesmente afirmada. Aristóteles encena um jogo de demonstração dialógico na forma de uma refutação (*elenchos*: *Met.* IV 4; cf. Cassin e Narcy, 1989; Rapp, 1993). O oponente do princípio de não-contradição é exortado a um desempenho epistêmico mínimo e então ensinado sobre o fato de que nisso ele já pressupõe o princípio de não-contradição. O desempenho exigido poderia consistir numa determinada afirmação, como, por exemplo, a de que o princípio de não-contradição não tem validade universal. Aristóteles vê nisso, com razão, uma *petitio principii*[3], pois quem afirma um estado de coisas já toma o princípio de não-contradição como válido (1006*a*18-21). Uma refutação fundamental ocorre epistemicamente antes, a saber, ali onde o oponente apenas fala (*a*12s.) e *eo ipso* designa algo que deve valer para ambos os lados da discussão (*a*21). Na medida em que há no designar uma obviedade – esta porção delimitável da realidade é o que se quer dizer, e não aquela –, o

---

[3] N. de R. Segundo Aristóteles, *petição de princípio* é a falha lógica que consiste em considerar, involuntária ou artificialmente, como o ponto de partida de uma demonstração, o mesmo argumento que será provado, de forma pretensamente dedutiva, no final desse processo argumentativo (*Dicionário Houaiss*, 2001, 1.ed., p. 2202).

oponente já reivindica de fato o axioma posto em disputa. O princípio de não-contradição, portanto, já é reivindicado nos mais ínfimos desempenhos epistêmicos e justo ali numa comunicação lingüística mínima. Hoje, talvez se diga que, como condição de possibilidade do conhecimento e da comunicação lingüística, o princípio de não-contradição tem um caráter transcendental apenas em termos de um critério negativo.

Na argumentação tanto sutil quanto aguçada de Aristóteles, o princípio de não-contradição obtém aquele que é certamente o seu mais fundamental significado. De acordo com Kant, ele é meramente o princípio de todos os juízos analíticos (*Kritik der reinen Vernunft*, B, p. 189ss.). Porque ele, segundo Aristóteles, é até mesmo responsável por toda designação correta, ao oponente resta apenas a saída de não dizer nada. Nesse caso, ele não pode se dar a conhecer como oponente; excluído de todo tipo de *logos*, retira-se, como afirma Aristóteles explicitamente, como ser humano e iguala-se a uma planta (*Met.* IV 4, 1006*a*14s. e 1008*b*10-12). Contudo, mesmo essa possibilidade contradiz a sua práxis de vida. Se o oponente crê que deve ir para algum lugar qualquer, ele também o faz, em vez de comportar-se silenciosamente; ele se envolve, portanto, com algo determinado. Ele também não se precipita logo de manhã cedo num poço, muito menos num abismo, só porque, casualmente, este se encontra no caminho reto (*Met.* IV 4, 1008*b*14-17). Portanto, reivindicamos a proposição também na vida pré-teórica do dia-a-dia – e novamente acontece naquele mínimo verdadeiro de determinação própria e circunspecção que já começa no âmbito sub-humano. Quando entendemos sob a razão teórica, em sentido amplo, a capacidade de desempenhos epistêmicos e, correspondentemente, sob a razão prática a capacidade de determinação própria, o princípio de não-contradição mostra-se como a condição de possibilidade tanto de toda razão teórica quanto de toda razão prática. Num conceito amplo de coerência, essa argumentação pode ser tomada como coerentista (ver Capítulo 4, "Dialética (Tópica)").

Desde D. Hilbert, a lógica e a matemática servem-se do chamado método axiomático, o qual outras ciências formais assumirão. Aqui, os axiomas relacionam-se com ciências especiais delimitáveis e têm duas propriedades: são não-contraditórios e são independentes uns dos outros; do contrário, pode-se assentá-los livremente. Os axiomas são cambiáveis: eles determinam um sistema de proposições diferente a cada vez e têm, como, por exemplo, o axioma das paralelas da geometria euclidiana, um caráter convencional e decisionista. Diferentemente disso, os axiomas aristotélicos têm validade para toda ciência e até mesmo para todo agir. Tal como aquelas proposições anteriores a todas e não-cambiáveis, ou seja, sem alternativas, cuja validade, com legitimidade da práxis vivida do conhecer e do agir, é admitida universalmente, eles não são investigados por cientistas específicos (*Met.* IV 3, 1005*a*29ss.), mas por filósofos (1005*a*21).

Com vistas à interpretação AFE, tiremos um balanço: competente também pelo agir, um axioma é, como o princípio de não-contradição, não somente um teorema lógico, mas também um teorema, ou mais precisamente: metateorema tanto da razão teórica quanto da razão prática. Nisso não reside nenhum axioma em termos do modelo AFE; dos axiomas aristotélicos não se pode derivar nem conhecimentos nem princípios de ação. Na medida em que se verificam na realização, eles têm caráter de desempenho. A sua certeza consiste não num saber proposicional, imprescindível, mas na circunstância de que todo falar, todo agir, tem sucedimento somente em concordância com axiomas. Um saber nesse sentido maximamente certo ocupa o lugar de fundamentação última, sem estar de lado à costumeira crítica feita hoje a ela. Aristóteles alcança, com a sua teoria dos axiomas, ao menos no caso do princípio de não-contradição, um fundamentalismo modesto e, ao mesmo tempo, bem-fundamentado. Ele obtém uma proposição última, sem declará-la o fundamento de um sistema teórico ou prático. Não menos convincente é o essencialismo desse axioma, denominando ele, sem dúvida, para conhecimento e ação um núcleo essencial imprescindível seguramente apenas mínimo: seja o que for que se designe e faça ou permita, reconhece-se – tendo em vista que nisso acontece algo distinto – o princípio de não-contradição.

As definições elementares reivindicam um essencialismo persistente. Não na explanação de expressões lingüísticas (definições nominais), mas certamente em conceitos de plena validade (definições reais) os cientistas querem anunciar algo essencial para a coisa em questão. Por exemplo, um conceito da vida animal quer dizer o que diferencia a vida correspondente em relação a outras espécies e o que ela é como tal. O essencialismo de Aristóteles certamente também não mostra estado crítico quando tenta determinar, na zoologia, o caráter específico das espécies animais individuais numa exatidão suficiente para a definição delas. Mesmo assim, não se precisa aqui daquelas leis que são características para a ciência da natureza na modernidade, tal como a física.

Em resumo: excetuando-se algumas críticas quanto a detalhes, o fundamentalismo de Aristóteles não deve ser rejeitado por motivos de teoria de argumentação ou de teoria da ciência, e o seu essencialismo não contém premissas metafísicas questionáveis em todos os aspectos.

INDUÇÃO E ESPÍRITO

O capítulo final dos *Segundos analíticos* explana como se conhecem as pressuposições não mais demonstráveis (*An. post.* II 19, sobre isso Horn e Rapp, 2005, p. 27-45). Aristóteles condena o pensamento de Platão, de um saber inato de princípios, com o argumento de que ninguém tem conhecimento disso desde o nascimento (cf. *Met.* I 9, 993a1ss.). Recorrendo à tese de introdução – sem conhecimento prévio não há aprendizado –, ele também condena a perspectiva oposta, a de que o conhecimento dos princípios não é inato. Ao invés disso, ele desdobra uma posição que ao mesmo tempo reconhece e relativiza as posições desqualificadas como momentos abstratos. Toma-se o saber de princípios como inato apenas no sentido de possibilidade (*dynamei*). Na realidade, carece-se em contrapartida de uma combinação de três elementos: de *aisthêsis*, percepção, de *epagôgê*, indução, e de *noûs*, que ora é traduzido ora como intelecto, ora como espírito (Hegel) ou inteligência, ocasionalmente também como razão. Para a *Ética* (I 7, 1098b3s.; cf. I 2, 1095b4), precisa-se adicionalmente de uma forma prática de *epagôgê*, o *ethismos*, a habituação.

Aristóteles não vai atrás da pergunta sobre como os três elementos cooperam. A relação de *epagôgê* e de *noûs* não é sequer tematizada; ambos os elementos são considerados apenas separadamente (sobre *epagôgê*, ver *An. pr.* II 24; *An. post.* I 18; II 19, 100a1-b5; *Top.* I 12; VIII 14, 164a12-15; *EN* VI 3, 1139b27ss.; sobre *noûs*, ver *An. post.* II 19, 100b5-17; *An.* III 4-8 e *EN* VI 6 e 12). Além disso, fica à vista que os *Segundos analíticos* denominam no início três tipos de princípios, mas deixam a discussão dos axiomas para a *Metafísica* (III 2, 997a4ss. e IV 3-4). A argumentação de *An. post.* II 19 também pode ser mais facilmente compreendida, caso não seja relacionada aos axiomas, mas apenas aos outros dois princípios, isto é, aos conceitos universais específicos para uma ciência e às acepções de existência correspondentes a eles.

Como o conhecimento de princípios correspondente é aplicado na percepção, inclina-se à interpretação empirista de que, em seguimento a isso, os conceitos universais são obtidos a partir da percepção por meio de mera abstração. A percepção, porém, pode também ser somente aquele momento no qual o conhecimento dos princípios é atualizado. (Sobre a percepção, cf. *An. post.* I 18 e I 31, *An.* II 5 – III 2, 6 e 8; além disso, *Met.* IV 5-6 e *Peri aisthêseôs/Sobre a percepção*; cf. Modrak, 1987; Welsch, 1987; Detel, 1993, I, p. 233ss.). Segundo a leitura não-empirista, a percepção diz respeito na verdade a um indivíduo – por exemplo, Sócrates –, mas não se dirige ao seu caráter particular, e sim ao universal – o ser humano. A percepção permanece imprescindível para o conhecimento; porém, o universal é dado a ela somente *potentialiter*. Chega-se à realidade somente com ajuda do espírito, ou seja, através de um desempenho próprio maior, certamente não "a um só golpe", mas num processo de conhecimento, o qual, chamado de indução, leva da percepção, passando pela memória e pela experiência, finalmente para o conhecimento dos princípios.

Aristóteles não desenvolve uma teoria mais próxima da indução. No começo da *Metafísica*, fala-se apenas da percepção, não também da indução, e nos capítulos programáticos dos *Segundos analíticos* (I 1-6), ao contrário, fala-se da indução, de fato, mas não da percepção. Para a pergunta sobre como são obtidos proposições universais empíricas a partir de observações, a indução é tida desde Popper como epistemicamente inferior. Aristóteles não é tolo a ponto de pretender, para aquelas sentenças às quais as reflexões de Popper são mais claramente válidas, uma indução para sentenças singulares negativas de existência (por exemplo, "Não há nenhum unicórnio"); ele alega somente aquelas sentenças universais positivas que também poderiam, para Popper, ser o caso problemático real. Ao contrário dele, apenas poucos exemplos são oriundos, porém, de uma pesquisa da natureza, a qual apresenta leis ou afirmações semelhantes a elas. A indução não surge na coletânea de fatos zoológicos, da *ciência dos animais*, mas certamente na discussão de princípios filosóficos de natureza universal (por exemplo, *Phys.* I 2, 185a14; V 1, 224b30; V 5, 229b3; *Cael.* I 7, 276a14s.), em teoremas filosóficos muito gerais (por exemplo, *An. post.* II 7, 92a37s.; *Top.* I 8, 103b3; *Met.* X 3, 1054b33; X 4, 1055b17) e no âmbito da retórica, embora somente para poucos casos (*Rhet.* II 20, 1394a11-14).

A indução consiste, segundo a *Tópica* (I 12), numa ascensão (*ephodos*) do particular para o universal, para o qual alguns casos já são suficientes: "Se o melhor condutor é aquele que entende o seu assunto, e o mesmo vale para o carroceiro, então universalmente é o melhor aquele que entende do assunto respectivo". Quem falar aqui de "indução incompleta" passa por cima do essencial, de que se poderia ter o suficiente com poucos casos sentenciosos. Aristóteles introduz algo como uma "indução exemplar", porém não reflete para qual fim e sob quais condições ela funciona, e quando não, por exemplo, não num dado contexto de longevidade e bílis ausente (*An. pr.* II 23, 68b15ss.). No exemplo da *Tópica*, a sentença universal poderia ter uma propriedade que não é válida para a relação de longevidade e bílis ausente, pois ela é analítica: "ter entendimento num domínio" (= A) significa "ser muito bom no domínio" (= B). Não obstante isso, há um ganho de conhecimento; afinal, a indução leva do já conhecido, o particular, para o ainda desconhecido, o universal, ou seja, para a igualdade de significado de A e B. No mais, Aristóteles não atribui nenhum grande significado científico à generalização de casos particulares para uma realidade geral. Os escritos lógicos a mencionam apenas ocasionalmente e como um tipo de demonstração de segundo nível (*An. pr.* II 23, 68b35-37). Ela não oferece nenhuma fundamentação (universal), mas somente identifica um estado de coisas (geral).

Como a indução exemplar se dá por satisfeita com poucos casos, ela tem semelhança com o exemplo (*paradeigma*) (cf. *Rhet.* II 20 1393a26s. e 1394a9ss.; também *An. pr.* II 24 e *An. post.* I 1, 71a10s.). Um exemplo apropriado, a indução elíptica, resumida para fins retóricos, também tem o seu lugar no debate científico. Pela introdução de casos particulares, o oponente deve ser forçado ao reconhecimento da proposição universal; afinal, quem, apesar de contraprova ausente, recusa o reconhecimento aparece como "poltrão". Bem sabendo que uma indução (exemplar) "tem mais poder de convencimento, é mais evidente, mais conhecida à percepção e familiar à multidão, e o silogismo (em contrapartida) é mais cogente e mais eficiente para a refutação" (*Top.* I 12, 105a16-19), um debatedor versado se servirá, em debates profissionais, preferentemente da conclusão; na discussão do dia-a-dia, em contrapartida, optará pela indução.

No começo dos *Segundos analíticos*, Aristóteles pratica uma outra espécie de indução, mais familiar à teoria da ciência de hoje, a saber, a indução geral ou enumerativa. Nas provas para a necessidade de pré-conhecimento, ele ambiciona a completitude (*An. post.* I 1, 71a3-11). A propósito, Aristóteles adota, como de costume, como "movimento de abertura", as proposições universais. Tal como os *Segundos analíticos*, assim começam também a *Física*, o escrito *Sobre as partes dos animais*, a *Metafísica*, a *Ética* e a *Política*, com uma afirmação de validade universal, em cuja base sempre há uma indução. E, na continuação das discussões, ela desempenha em ambas as formas, como indução enumerativa e como indução exemplar, igualmente um importante papel.

Portanto, no conhecimento de princípios reside uma indução, na medida em que se chega pela observação do particular passo a passo ao universal. Nessa perspectiva, nem se chega a uma amostragem o mais abrangente possível de todos os casos particulares, nem se pode concluir o universal a partir de poucas observações. Nesse sentido, não há nem uma indução exemplar nem uma indução enumerativa, antes um terceiro elemento, o qual se pode denominar provisoriamente como uma percepção criadora, como uma indução intuitiva. Aristóteles a compara com um exército que se ordena de maneira nova na fuga, uma vez que, dos fugitivos, um fica parado, ao qual cada vez mais os outros se juntam até que que a ordem inicial seja reobtida (*An. post.* II 19, 100a11-13). O quadro não deve tornar visível de que modo a partir do movimento surge o repouso, mas de que modo a partir da mera pluralidade, da multidão de soldados, o seu princípio, a ordem do exército, chega à atualidade. Tal como os soldados em fuga representam meramente uma ordem potencial, a partir da qual pela persistência surge a formação original, assim também, pela persistência de percepções, traz-se à realidade o que já está sempre contido nelas potencialmente.

Abalizado para tanto é uma competência intelectual própria, o terceiro elemento, decisivo, após a percepção e a indução: o espírito (*noûs*). O conhecimento dos princípios começa, na verdade, com a percepção, embora não se origine dela. Ele é essencialmente conhecimento noético, repousando na capacidade de apreender o universal em particular, e não passo a passo, mas sem mediação. Ora, a indução procede passo a passo, de maneira que, em sentido estrito, não há nenhuma indução intuitiva, mas, com certeza, a indução preparatória da intuição (cf. Liske, 1994). A percepção coloca o particular; o espírito realiza a internalização pontual do universal; a indução – em parte como experimentação de possibilidades, em parte como realização de uma percepção – percorre discursivamente aquele caminho do particular para o universal, o qual chega ao espírito intuitivamente "a um só golpe".

6

QUATRO MÁXIMAS METÓDICAS

As visões metodológicas de Aristóteles encontram-se, como já dito, não só no Organon, mas igualmente em excursos ou anotações, as quais ele "entremeia" nos seus tratados. Característica é uma passagem da *Ética* (VII 1, 1145*b*2-7), a qual, porém, deve ser verdadeira também para outros temas. De acordo com isso, chega-se em geral a três aspectos: (1) é preciso assegurar-se dos fenômenos (*tithenai ta phainomena*), (2) trabalhar as dificuldades até o fim (*diaporêsai*) e (3) demonstrar (*deiknynai*) as opiniões verossímeis (*endoxa*), pelo menos quanto à maioria delas e às mais importantes. "Quando as dificuldades estão solucionadas e permanecem as opiniões verossímeis, provou-se suficientemente" (ver *Phys.* IV 4, 211*a*7-11 e *EE* VII 1s., 1235*a*4-1235*b*18). De acordo com *De anima* (I 1, 402*a*10-22), não há, na verdade, nenhum método unitário, indiferentemente igual para todas as ciências. No entanto, a passagem antes mencionada contradiz aquilo apenas aparentemente. Afinal, os três elementos não têm o significado de modos de procedimento exato, mas o significado de máximas metódicas. Além disso, eles não esgotam o instrumentário de Aristóteles; em especial, falta a análise da linguagem, que deve ser explanada adicionalmente, em certa medida como quarta máxima.

ASSEGURAR OS FENÔMENOS

Todos conhecemos a situação de que alguém está convencido de um determinado modo de tratamento e, apesar disso, não o segue. Falamos, então, da fraqueza de vontade ou da incontinência (*akrasia*). Na visão de Sócrates, segundo a qual não há tal coisa, Aristóteles vê uma contradição explícita diante dos fenômenos (*EN* VII 3, 1145*b*22-28). Para salvá-la, ele desdobra uma teoria que leva a sério a reflexão de Sócrates, sem negar a possibilidade de incontinência. Ele procede semelhantemente com a opinião de Parmênides, Melisso e Xenófanes, de que junto com um ente não pode existir nada mais (*Met.* I 5, 986*b*18ss.). Ele atribui contrariamente à tentativa deles, de estabelecer uma teoria contra uma base fenomênica clara, uma conseqüência insuficiente. De fato, segundo o conceito, Parmênides conhece somente o uno; porém, segundo a percepção admite mais do que isso, com o que se vê forçado a obedecer aos fenômenos, ou seja, às experiências do dia-a-dia. De resto, fala-se da "obediência" de Parmênides com maior clareza do que das "opiniões rudimentares" de Melisso e de Xenófanes.

Aristóteles também se relaciona com as experiências do dia-a-dia na teleologia, por exemplo, com a experiência de que de uma noz de carvalho provêm sempre carvalhos e da procriação de seres humanos provém sempre um ser humano. Fênomenos podem igualmente ser assegurados na astronomia, dado que aqui não se pode confiar em muitas observações (*An. pr.* I 30, 46*a*20; cf. *An. post.* I 13, 78*b*39 e 79*a*2-6; *Cael.* III 7, 306*a*5-17), e também na zoologia, uma vez que a descrição do mundo animal tem de ser empreendida com base no conteúdo dos fenômenos antes de qualquer classificação (*Part. an.* I 1, 639*b*5-10 com 640*a*13-15). Às vezes, Aristóteles segue a primeira máxima também tacitamente, como, por exemplo, na crítica à visão de que não há nenhuma ciência (*An. post.* I 3). E, de maneira geral, ele adverte sobre o desejo de moldar os fenômenos de acordo com uma teoria preconcebida, em vez de procurar uma teoria adequada a eles (*Cael.* II 13, 293*a*23-30).

Como já diz Owen (1961), nem sempre se trata do mesmo tipo de fenômenos. Astronomia, zoologia e outras ciências empíricas devem assegurar-se do fundamento da experiência, do que (*hoti*), antes que possam pesquisar o porquê (*dihoti*), as causas e os motivos. Nesse caso, fenômenos correspondem a dados empíricos. Na filosofia, em contrapartida, na teoria da ciência, na filosofia da natureza, na ética e na ontologia, os fenômenos apresentam-se como interpretações, como opiniões, de tal modo que a primeira máxima metódica passa para a segunda. Na primeira máxima, mostra-se, contudo, o que a segunda máxima não expressa conjuntamente: o receio de que um pensamento que se distancia demasiado de opiniões costumeiras conduza a uma tolice (*atopos*: por exemplo, *Phys.* I 2, 185*a*11). Diante de interpretações, "assegurar os fenômenos" significa proporcionar uma opinião intuitivamente plausível, embora somente vaga, para a fundamentação e a agudeza conceitual. Por intermédio da teoria que finalmente se impõe, os fenômenos tornam-se não apenas compreensíveis, mas também interpretados de um modo mais exato e não raro de um modo diferente, às vezes até mesmo de um modo fundamentalmente diferente.

OPINIÕES DOUTRINAIS

Aristóteles pressupõe junto ao seu público que ele propõe menos pensamentos sobre os textos do que pensamentos sobre o mundo: sobre o mundo do discutir e do conhecer, sobre o mundo da poesia e do discurso público e, principalmente, sobre o mundo natural e o social. Nessa base, ele via de regra começa, à diferença de muitos filósofos de hoje, imediatamente no assunto mesmo e raramente na história da discussão até então. Por outro lado, Aristóteles não é o primeiro a refletir sobre o mundo e também não quer transmitir a impressão de que é com ele que isso acontece pela primeira vez de modo fundamental. Ao contrário, dedica a opiniões doutrinais anteriores (*doxai*) um espaço manifestamente amplo. Na prática, não há nenhum tratado e, nos tratados, praticamente nenhum tema nos quais ele não venha a falar dos seus precursores. Nesse aspecto, ele jamais quer referir-se apenas ao estado do debate. À diferença de Teofrasto, que meramente coleciona as opiniões doutrinais dos filósofos da natureza (*physikoi*), ordenadas segundo problemas, no escrito *Physikôn*, Aristóteles mantém-se de preferência na máxima do livro das aporias: investigam-se os seus predecessores somente até o ponto em que eles – entre si e contra si mesmos – defendem concepções divergentes (*Met*. III 1, 995a24-27).

Na sua discussão com os predecessores, Aristóteles ajuda a perceber que muito do que se elaborou nos debates da Academia já pertence ao saber escolar vivo; uma série de opiniões já se tornou até mesmo condensada numa fórmula fixa. Além disso, ele prepara para si – especificados para os diferentes objetos – extratos de relatos escritos (*Top*. I 14, 105b12-15) e domina a capacidade de apresentar de modo expressivo posições alheias; notavelmente breve ele é, por exemplo, em *Met*. XII 1 (1069a34-36), onde, em três linhas, introduz três posições: Platão, Xenócrates e Espeusipo. Às vezes, apresenta as opiniões anteriores de modo quase pedantemente exato. Na pergunta pelo número e pelo tipo de princípios da natureza (*Met*. I 3-10 e *Phys*. I 2-9), ele dignifica em detalhes as contribuições de Tales, Anaxímenes e Diógenes de Apolônia; deixa Hipo de lado, mas toma Hipaso como digno de menção, juntamente com Heráclito, Empédocles e Anaxágoras; leva em consideração Hesíodo, Parmênides, Leucipo e Demócrito, e então os pitagóricos e Sócrates; e de modo especialmente detalhado ele discute Platão, inclusive as suas doutrinas não-escritas (*agrapha dogmata*).

Como as opiniões doutrinais são chamadas de *doxai* em grego, fala-se de um "método doxástico". Nesse sentido, Aristóteles reconhece os dois certamente mais importantes mandamentos ético-científicos, de que "nós por um lado pesquisamos as coisas mesmas, por outro lado nos permitimos instruir por outros pesquisadores e, dependendo do caso, temos de assumir as suas opiniões que divergem das nossas" (*Met.* XII 8, 1073*b*13-17; cf. *Cael.* III 7, 306*a*11ss.). Na medida em que Aristóteles discute as noções dos seus predecessores e nisso reconhece os seus resultados sem inveja; na medida em que procura neles opiniões contraditórias, dando a cada uma delas o seu mérito próprio (*EE* VII 2, 1235*b*16s.); na medida em que reinvidica originalidade somente onde em princípio isso é justificado; na medida em que supera visões estreitas e outros déficits, direcionando pensamentos próprios, ele satisfaz uma condição que, para Kant, pertence à cientificidade (*Crítica da razão pura*; Prefácio, 2.ed.): Aristóteles auxilia a filosofia a realizar progressos visíveis (cf. *Soph. el.* 34, 183*b*17ss. e 184*b*3-8).

Por vezes, parece como se Aristóteles fosse somente "coar" opiniões reconhecidas para separar o trigo da verdade do joio da falsidade. Porém, contra isso fala a exigência mencionada de pesquisar as coisas mesmas, sobretudo quando certas coisas são freqüentemente desconsideradas (*Met.* III 1, 995*a*27s.). Mesmo ali onde um tema já foi amplamente pré-discutido, Aristóteles obtém a sua posição só a partir de processos criativos de julgamento, muitas vezes por meio de uma determinada negação. No livro de introdução da *Metafísica* (I 3-9), trata-se da chamada doutrina das quatro causas, a qual evita tanto a teoria dos princípios "mais modesta" de muitos predecessores quanto a acepção contrária de Anaxágoras de princípios ilimitadamente numerosos. O autor procede de forma semelhante em *Cael.* I 10, 279*b*4ss. e III 1, 308*a*4ss.; em *An.* I 2-5; *Gen. corr.* I 1-2; *Met.* XIII; *EN* VII 3 e *Pol.* II.

Textos que transmitem a impressão de que antes deles ainda não se tem nenhuma filosofia a ser levada a sério permitem que o autor apareça como gênio excepcional, como um legislador intelectual que oferece às gerações futuras direção e medida. Aristóteles prescinde de uma auto-encenação desse tipo; com poucas e plenamente justificadas exceções – a silogística, a tópica e a maior parte da zoologia –, ele não reivindica nenhuma descoberta originária. Antes, ele se satisfaz com a riqueza maior do pensamento e com uma clareza conclusiva. Sobretudo na filosofia prática, as opiniões doutrinais científicas são ainda completadas com opiniões cotidianas (*legomena*; por exemplo, *EN* I 2, 1095*a*18ss.; I 8, 1098*b*10s. e I 9, 1098*b*27s.) ou imiscuídas com elas (por exemplo, *EN* I 9, 1098*b*22-29). E, ocasionalmente, as opiniões dos especialistas contradizem aquelas da maioria (*EN* I 3, 1095*b*19ss.). Para a então exigida escolha, Aristóteles aduz critérios que, até hoje, aparecem como plausíveis: a ampla divulgação, uma certa medida de fundamentação, a idade condigna e o suporte através de autoridades reconhecidas (por exemplo, *EN* I 8, 1098*b*16-18; 9, 1098*b*27s.).

Na maneira como ele se relaciona com os seus predecessores, declara-se mais do que a expectativa de que somente após o estudo fundamental da literatura é possível um progresso filosófico-científico. Quem se entende, de fato, como avanço, também como ápice de uma longa série de cientistas e filósofos, e contudo desmerece o pensamento de um progresso linear, na medida em que, por exemplo, introduz contra Platão pensadores mais antigos como testemunhas; quem reconhece que o início é a maior parte do todo (*Soph. el.* 34, 183*b*22s.) e, com isso, para a maioria das áreas de pesquisa concede aos predecessores o mérito maior; quem, finalmente, também se apóia em não-cientistas, como, por exemplo, em Sólon, o legislador, na literatura grega, na historiografia (por exemplo, Heródoto: *Poet.* 9, 1451*b*2) e nas sabedorias de provérbios (por exemplo, *Met.* I 2, 983*a*3), esse mostra um sentido refinado para a história do espírito. O *pathos* dos pensadores modernos, a pretensão de definir a filosofia de modo novo desde o seu fundamento, é em todos os casos algo estranho a Aristóteles.

Quanto mais Aristóteles relaciona-se com opiniões doutrinais ou visões correntes, tanto menos vê nelas um critério de verdade. A opiniões universalmente partilhadas ele atribui uma *suposição* de verdade, afinal todos os seres humanos trazem em si algo que está em relação com a verdade (*EE* I 6, 1216*b*30s.), e como totalidade elas não podem desviar-se da verdade (*Met.* II 1, 993*a*30ss.). Contudo, opiniões reconhecidas são, na melhor das hipóteses, verdadeiras e ainda não claras. Algumas opiniões são muito estreitas, outras demasiado amplas, e de novo outras superficiais ou confusas, de maneira que se obriga o filósofo a auxiliá-las (*EE* I 6, 1216*b*33s.) para a clareza (*to saphôs*). Na discussão do *sophos*, por exemplo, Aristóteles coleciona primeiramente as opiniões correntes (*hypolêpseis*) e denomina, em seguida, os traços que se seguem disso e que são ao mesmo tempo defensáveis (*Met.* I 2, 982*a*8-21). Ele procede de forma semelhante em muitas outras passagens.

Desde W. Hamilton, tende-se a interpretar a referência de Aristóteles a opiniões reconhecidas no sentido de uma filosofia do senso comum. E de H. Sidgwick, passando por G.E. Moore até J. Rawls, lê-se a ética de Aristóteles como expressão da moral de senso comum dos gregos. Na verdade, Aristóteles ergue uma pretensão de verdade maior. A predileção por alguns pré-socráticos, de formular as suas doutrinas como paradoxos, como opiniões que contradizem aquelas da multidão, partilha ele de fato tão pouco como o fervor pedagógico de Platão, a saber, o chamamento para a conversão da alma que tem lugar claramente na alegoria da caverna. Isso não o impede, porém, de em dada ocasião recusar simplesmente a opinião da maioria. Ao *common sense* que entende a felicidade como algo visível como prazer, riqueza ou honra (*EN* I 2, 1095*a*22s.) contrapõe-se um *uncommon sense* na defesa em favor da vida teórica. Também o tratado sobre o ilimitado chega ao oposto daquilo que normalmente se entende por ele (*Phys.* III 6, 206*b*33). Ainda assim, Aristóteles apóia-se em demais passagens meramente nos especialistas (*sophoi*). Além disso, ele não hesita em formar conceitos que são estranhos ao entendimento do dia-a-dia, por exemplo, o conceito de "movente imóvel" (ver Capítulo 10, "O conceito cosmológico de Deus"), o conceito de "fim finalíssimo" (ver Capítulo 14, "O princípio da felicidade") e a diferenciação de "intelecto passivo" e "ativo" (ver Capítulo 8, "A alma"). Não por último a sua ontologia encontra o seu ponto máximo em termos de conteúdo num pensamento que é sem dúvida estranho ao *common sense*, no pensar a si mesmo do espírito (ver Capítulo 10, "O conceito cosmológico de Deus"). Em poucas palavras: com o *common sense* e as opiniões correntes Aristóteles tem uma relação bastante diferente, em parte hermenêutica, em parte crítica, em parte afirmativa, para que possa ser classificado entre os filósofos do *common sense*. Na melhor das hipóteses, pode-se falar de um pensamento de senso comum qualificado, aberto à crítica (ver Capítulo 12, "O fim se chama práxis").

DIFICULDADES

Pelo fato de que os próprios tratados de Aristóteles não correspondem ao ideal de saber dos *Analíticos*, em geral se poderia negar a sua pretensão sistemática e falar de um pensamento somente aporético. Essa interpretação anti-sistemática de fato não é totalmente justa à filosofia de Aristóteles, mas atinge algo essencial. *Aporia* significa literalmente "caminho não-percorrível". Aporias são dificuldades ou problemas que residem na coisa mesma, que aparecem freqüentemente na forma de pergunta e, então, são apresentados "a modo escolar" em termos da dialética aristotélica: como possibilidades que estão antiteticamente umas para com as outras, como alternativas. A propósito, também essa circunstância, o grande peso das aporias (cf. *Top.* I 2, 101*a*34-36), depõe contra a mencionada interpretação em termos de *common sense*.

Um bom exemplo é oferecido pela doutrina da definição nos *Segundos analíticos*; somente após a discussão detalhada de dificuldades (II 3-7) segue a própria teoria (II 8-10). De modo semelhante procede Aristóteles na teoria do conhecimento dos princípios; antes que a esquematize, ele denomina e comenta três aporias (*An. post.* II 19, 99*b*20-32). Também a análise do tempo está ligada a uma exposição detalhada das suas aporias (*Phys.* IV 10; VI 1-8), assim como o tratado sobre a fraqueza da vontade (*EN* VII 3). A *Metafísica* dedica até mesmo um livro inteiro, o Livro III – dos problemas ou das aporias –, às dificuldades com as quais se vê confrontada a filosofia fundamental (cf. *Met.* XI 1-2). Em outras passagens, as aporias são costuradas na crítica dos predecessores (por exemplo, *An.* I 2-5) e, às vezes, elas servem como confirmação indireta da própria doutrina (por exemplo, *Met.* XII 10, 1075*a*25ss.).

Aristóteles não procura, por exemplo, solucionar as aporias o mais rapidamente possível; ao contrário, primeiro deixa que elas apareçam detalhadamente. Noções antes familiares – representações do dia-a-dia ou opiniões doutrinais comuns – são colocadas como questionáveis e então criticadas com aquilo que o uso freqüente *di-aporêsai* (por exemplo, *Phys.* IV 10, 2117*b*30; *Met.* I 9, 991*a*9; III 1, 995*a*28; *An. post.* II 19, 99*b*23) significa literalmente: com uma elaboração da sua questionabilidade. Dessa maneira, é possível co-experimentar em Aristóteles o surgimento das suas percepções científicas e filosóficas. O capítulo introdutório do Livro das Aporias (*Met.* III 1, 995*a*27-32) apóia-se para tanto numa determinada negação. Do conhecimento exato e o mais completo possível das aporias, dos "caminhos não-percorríveis" – diz-se ali –, resulta a eu-poria, o "caminho bom e fácil de percorrer". Portanto, a interpretação aporética pode basear-se na primeira parte da fundamentação; a filosofia de fato é questionada ali onde há impedimentos na forma de "problemas complicados". Na segunda parte, ela se depara, porém, com os seus limites. A filosofia não deve apenas apresentar os impedimentos, mas também eliminá-los, com o que ela se torna mais do que um mero estar a caminho, do que uma busca aberta sem fim. A partir daí, duas coisas pertencem ao filósofo: além de agudeza e consciência de problemas, uma elevada capacidade "construtiva".

Via de regra, as dificuldades resultam de opiniões ou teorias demasiado simples ou contraditórias. A discussão das aporias leva então a uma teoria mais complexa e livre de contradição. Nesse sentido, Aristóteles pratica um básico otimismo da razão, que representa o contrário de um falibilismo "dogmático": quem conhece as dificuldades sabe também eliminá-las; quem visualiza as dificuldades com exatidão é capaz de solucioná-las. Na *Ética* (VII 4, 1146*b*7s.), isso significa de modo direto que a solução da dificuldade é a descoberta (da verdade). Na realidade, ali onde as aporias relevantes estão eliminadas pode-se erguer uma pretensão de verdade. Essa, porém, não é pensada em sentido absoluto; tão logo se apresentem novas dificuldades, é preciso trabalhá-las novamente.

ANÁLISE DA LINGUAGEM

A análise da linguagem apresenta um dos procedimentos mais importantes na investigação das aporias e em absoluto no filosofar de Aristóteles. Um lado, a diferenciação conceitual, conta segundo a *Tópica* (I

13, 105*a*21-25) entre os quatro "instrumentos" (*organa*) que auxiliam a inventar o silogismo. Novamente, a *Metafísica* oferece uma prova clara. O Livro V, o primeiro léxico conceitual transmitido e até hoje digno de leitura, apresenta não menos do que trinta conceitos fundamentais em seu significado múltiplo (*pollachôs legetai*; cf. também *dichôs legetai*, o significado ambíguo: por exemplo, *An. post.* I 2, 71*b*33; *Phys.* I 8, 191*b*2; *Gen. corr.* I 7, 324*a*26ss.; *Met.* V 23, 1023*a*27; *EN* VII 13, 1152*b*27). Nos tratados, acrescenta-se uma série de conceitos posteriores, como, por exemplo, "ilimitado" (*Phys.* III 4-8), "vida" (*An.* II 1, 413*a*22) e "fazer" (*EN* 12, 1136*b*29s.). Com a diferenciação conceitual está relacionado o desmembramento daquilo que é dito, primeiramente, de modo indiferenciado (*Met.* VII 17, 1041*b*1ss.). Com esses e outros procedimentos, Aristóteles adianta-se à filosofia da modernidade. Que o verdadeiro deve ser separado do aparente (*Soph. el.* 1, 164*a*20ss.), isso lembra a dialética transcendental de Kant; e que a filosofia pode ser uma terapia contra o enfeitiçamento do entendimento, evocado, por exemplo, através das equivocidades ou da confusão de coisas com os seus sinais (*Soph. el.* 1, 165*a*6ss.) e outras armadilhas da linguagem, sobre isso adverte a filosofia analítica da linguagem do século XX. Em Aristóteles, a investigação filosófica de fundamentos lingüísticos permanece, contudo, um entre diversos métodos; a pretensão de exclusividade, com a qual na moderna análise da linguagem a filosofia não deve estar comprometida com nada mais do que a descrição de estruturas lingüísticas, é estranha a Aristóteles.

O procedimento todo é conduzido por uma confiança na conhecibilidade do mundo e, ao mesmo tempo, por um ceticismo contra a primeira aparência. Só essa conexão esclarece o grande poder de convencimento que, na maior parte dos casos, provém de Aristóteles. Por causa da confiança epistêmica, vale a pena tomar sobre si os esforços da pesquisa; por causa do ceticismo contra aquilo que é supostamente explítico, esse esforço é também necessário. Um ceticismo que duvida da capacidade de verdade não vem à tona (sobre a estratégia anticética de Aristóteles, *Met.* IV 5-6; ver Capítulo 5, "Axiomas e outros princípios"). E talvez todo filósofo deva, por sua vez, ser cético contra o ceticismo de princípio, quando se lhe é possível, como a Aristóteles, obter, a partir do conhecimento do estado da discussão, por meio da agudeza e do pensamento construtivo, uma grande quantidade de novos conhecimentos.

Parte 3
Física e metafísica

7
FILOSOFIA DA NATUREZA

A modernidade polemiza fortemente com Aristóteles como pesquisador da natureza. Começando com Bacon, que revoga dele o que atribui a Anáxagoras e Demócrito, a Parmênides e Empédocles, um "vestígio de conhecimento da natureza" (*Novum Organum* I, Aphor. 63), aproxima-se a crítica a várias vozes da acusação de que Aristóteles retardou o progresso científico por quase dois milênios. A acusação, no entanto, não é nem sequer justa com o aristotelismo de então. É de fato correto que, em alguns lugares, o aristotelismo, em função de um endurecimento dogmático, prejudicou a pesquisa da natureza. Em outros lugares, porém, essa pesquisa procede de uma escola cunhada por Aristóteles, a de Pádua (ver Capítulo 18, "Desligamento e retomada"). E contra o próprio Aristóteles uma boa parte da crítica mostra-se anacrônica, por exemplo, aquela à imagem de mundo geocêntrica, uma vez que, na época, todos os grandes matemáticos e astrônomos partiam dessa imagem de mundo. No restante, uma teoria tão moderna como, por exemplo, a doutrina da epigênese pode apoiar-se em Aristóteles (ver Capítulo 8, "Teleonomia: organismos, geração e hereditariedade"). Quem estuda Aristóteles aprende a conhecer uma pesquisa da natureza rica e não tão crassamente diferente daquela da modernidade.

A PESQUISA ARISTOTÉLICA DA NATUREZA

Diz-se que o experimento, segundo o entendimento moderno, é desconhecido de Aristóteles. De fato, ele se baseia muito mais em observações imediatas, em parte da própria natureza, em parte dos reflexos na linguagem aqui correspondentes, fazendo isso sem meios de auxílio como o telescópio e o microscópio. Ainda assim, conhece o experimento de modo incipiente. Assim, já se ocupa com as secções de animais, descreve por exemplo, na *Zoologia*, a dissecação dos olhos da toupeira (ver Capítulo 8, "O zoólogo"). Também observa em ovos de galinha de uma mesma postura o desenvolvimento de um embrião (*Hist. an.* VI 3, 561a6-562a20) e defende, com essa observação, a própria teoria contra uma concorrente. Além disso, assim veremos, para o seu tipo de pesquisa biológica o "método experimental" não é tão importante.

Com respeito à física, Aristóteles deve estar muito distante da tese de Galileu de que o livro da natureza está escrito na linguagem da matemática. Verdadeiro é que ele vê tanto diferenças quanto aspectos em comum entre matemática e física (*Phys.* II 2, 193b23-25) e que investiga temas, na *Física*, que dizem respeito em mesma medida à matemática e à física, tal como o infinito e o contínuo (ver Capítulo 7, "Contínuo, infinito, lugar e tempo"). Nessa perspectiva, ele esclarece para aqueles meios matemáticos do pensamento pressuposições com as quais a física moderna aprende a trabalhar os seus problemas de continuidade e de infinitesimais. Além disso, subordina as ciências da natureza à matemática aplicada, nas quais a matematização celebrará o seu triunfo: mecânica, óptica e astronomia. E lá onde oferece a maior contribuição para a pesquisa empírica da natureza, na biologia, mais especificamente na zoologia, também na modernidade as sentenças matemáticas são menos importantes do que a descrição de formas (morfologia) e de funções (fisiologia).

Um parte da crítica abrangida explica-se a partir da confusão de Aristóteles com o aristotelismo. Pertence a isso a crítica a uma teleologia universal em conseqüência da qual o cosmo inteiro é dominado por um caráter finalístico. A visão ainda hoje predominante entre biólogos "com formação filosófica" de que o mundo, para Aristóteles, é um complexo em si significativo, direcionado a valores, fins e objetivos e ontologicamente rico, uma *natura naturans* verdadeiramente inocente que brota de si mesma, não provém em absoluto de Aristóteles. Uma outra parte da crítica volta-se ao fato de que Aristóteles, em certa medida, é lido em perspectiva errada, menos a partir da biologia do que da física, e aqui pela "física costumeira" em vez de uma pesquisa de fundamentos que discute temas como o infinito ou o contínuo. Em certo sentido, aliás, Aristóteles não trabalha diferentemente de seus colegas modernos. À diferença de especulação excessiva de alguns platônicos, ele concede à busca de experiência um lugar seguro (cf. *Cael.* III 7, 306a5-17) e exige, para todo processo da natureza, uma explicação própria, claramente delineada e delimitada. E em oposição àquele "experimentar livre" sem teoria, o qual, de acordo com Bacon, produz "afirmações ainda muito menos formadas e muito mais incompreensíveis" do que as atitudes de Aristóteles (*Novum Organum* I, Aphor. 64), ele se deixa guiar por interesses teóricos.

Por outro lado, há diferenças claras. Enquanto a moderna pesquisa da natureza submete-se às finalidades humanas, trata-se em Aristóteles somente do conhecimento (*tou eidenai charin hê pragmateia*: *Phys.* II 3, 194*b*17s.). Esse interesse puramente teórico tem a bela conseqüência de que não se precisa de nenhuma ética especial da ciência, nem de uma ética que se dirige contra todas as formas de abuso, nem de uma ética de risco. Aristóteles pode dar-se por satisfeito com uma ética imanente à ciência: como uma atividade essencialmente livre, a pesquisa aristotélica da natureza traz em si a sua justificação moral. Os escritos correspondentes guardam, inclusive quantitativamente, grande importância, perfazendo mais do que a metade da obra transmitida por Aristóteles. Caso deixemos de lado os tratados biológicos e os psicológicos (ver Capítulo 8), restam assim quatro textos.

O escrito *Sobre o céu* trata a astronomia em termos de uma cosmologia. Baseado em trabalhos de Eudoxo e Calipo, Aristóteles defende a sua imagem de mundo geocêntrica. De acordo com ela, a terra relativamente pequena – "um mero nada por assim dizer em comparação com o universo ao redor" (*Meteor.* I 3, 340*a*6-8) – encontra-se na forma de esfera e imóvel no centro do mundo (*Cael.* II 14). Consistindo de camadas esféricas concêntricas, com a lua, o sol, os planetas e finalmente as estrelas fixas, o mundo é tomado, em oposição à tradição de Anaximandro até Platão, como não-gerado e incorruptível. Aristóteles considera o universo como espacialmente delimitado, mas temporalmente ilimitado.

São investigadas de forma especialmente detalhada as "coisas em suspensão no espaço", *ta meteôra*, os processos físicos entre terra e céu (cf. Strohm, 1984, 3.ed.). A meteorologia de Aristóteles, que em parte se constrói sobre observações próprias, mas em grande parte sobre aquelas dos seus predecessores, é muito mais do que uma mera ciência do tempo. Para um campo temático já em si desconcertante em muitos aspectos, principalmente sobre a hidrologia e a mineralogia, o filósofo oferece a obra autorizada para a Antigüidade. Teofrasto constrói com base nela, assim como o estóico Posidônio (135-51 a.C.). E, intermediada pelos sírios e árabes, ela tem influência para muito além da Antigüidade.

Aristóteles ocupa-se sobretudo com os fundamentos filosóficos da natureza e da pesquisa da natureza. A *Física* – de acordo com Heidegger (1958, p. 240), "o livro-base da filosofia ocidental jamais suficientemente refletido" – oferece no sentido literal do título uma doutrina geral da natureza ou filosofia da natureza. Em passagem correspondente, ela deve ser completada pelo escrito *Sobre a geração e a corrupção* (para uma introdução, ver Craemer-Ruegenberg, 1980; para um aprofundamento, ver o comentário de Wagner, 1989, 5. ed.; Wieland, 1992, 3. ed.; Judson, 1991; Gill e Lennox, 1994). Não estando restrita a uma classe limitada de objetos da natureza ou de processos da natureza, ela não é nem física experimental nem física teórica, mas antes uma protofísica. Menos ainda ela pretende ser uma física especulativa, que traz a totalidade dos fenômenos da natureza num conjunto sistemático. Ocupada não com uma natureza escrita em letra maiúscula, mas com o *physei on*, com o ente natural, ela questiona o que são coisas da natureza e como podem ser pesquisadas cientificamente. Nesse aspecto, manifesta-se um traço essencial da filosofia: que ela em primeira instância não se informa do desconhecido, mas, como afirma Hegel, daquilo "que de resto se toma por conhecido" (*Werke* 18, p. 39). Aristóteles fundamenta as reflexões correspondentes como uma ciência independente, conceitualmente separada tanto da matemática quanto da filosofia primeira. Na medida em que, excetuando-se os princípios mais gerais do pensamento, os axiomas, em lugar algum ele constrói sobre pressuposições da metafísica, ele mostra (como Buridano, um dos precursores da física moderna, exigirá) a independência da física com toda resolução.

Aristóteles não compôs a *Física* na forma atualmente existente. Os Livros I e II, sobre princípios e causas, poderiam cada um ter sido originalmente independentes. Também podem ser lidos, porém, como duas introduções separadas e com os mesmos direitos aos Livros III e VI, os quais se oferecem, mais uma vez, como um tratado relativamente fechado sobre processos da natureza. O Livro III trata do movimento e da infinitude, o Livro IV sobre o espaço, o vácuo e o tempo, o Livro V novamente sobre o movimento e o Livro VI sobre o contínuo. Os Livros VII e VIII aparecem cada um por si e poderiam originalmente não estar ligados aos outros livros da *Física*. A conclusão coroante da filosofia da natureza e ao mesmo tempo o elo de ligação com a primeira filosofia, o Livro VIII, trata mais uma vez do movimento. Elementos importantes do Livro XII da *Metafísica*, assim como a tese da eternidade do mundo (sobre isso também *Cael*. I 3-II 1) e o conceito de um movente imóvel primeiro (*to prôton kinoun akinêton*), surgem aqui. Digna de nota é a ausência de um componente teológico explícito, a equiparação do movente imóvel com o Deus (ver Capítulo 10).

MOVIMENTO

A filosofia da natureza do início da modernidade denomina o seu objeto como *matter in motion*, como matéria em movimento. Com isso, ela permanece na tradição de Aristóteles, de acordo com a qual os objetos da natureza estão sempre submetidos a movimentos quaisquer. Aquilo no que se realizam as mudanças chama-se matéria (*hylê*) e o que se realiza nela chama-se *kinêsis*: movimento, mudança, processo, ou *metabolê*: câmbio, troca. (Na medida em que ambas as expressões são terminologicamente aplicadas, a segunda oferece o supraconceito.) O movimento não apenas está no centro da filosofia aristotélica da natureza, como também desempenha um papel importante na *Ética* (ver Capítulo 13 sobre o conceito fundamental de desejo) e na *Política* (V-VI sobre decadência e estabilidade de constituições). Com efeito, ele não oferece o objeto imediato; nele, nas substâncias (*ousiai*), o movimento é o momento que provoca a filosofia à reação; o movimento é aquilo que é digno de questionar.

Na modernidade, trata-se primariamente de movimentos locais, ou seja, de movimentos que também podem ser produzidos de maneira planejada. A dinâmica competente para tanto distingue-se claramente da aristotélica. A título de exemplo, "a causalidade de contato" aristotélica – no lançamento, o meio, o ar, conserva o corpo movido em movimento (*Phys.* VIII 10, 266*b*25-267*a*12; cf. *Cael.* III 2, 301*b*22-30) – contradiz a lei de inércia. Um julgamento justo com o assunto não pode, porém, passar por cima do fato de que, na maior parte dos teoremas recriminados, misturam-se pensamentos paralelos deveras desconsideráveis com teses fundamentais. E, uma vez que muitos dos elementos são defendidos somente marginalmente, a dinâmica de Aristóteles criticada na física do início da modernidade é "menos um item doutrinal aristotélico do que um catálogo de erros e de vícios que os pensadores da 'imagem de mundo mecanicista' confrontam com a filosofia da natureza de Aristóteles" (Craemer-Ruegenberg, 1980, p. 107).

Decididamente mais amplo do que aquele da modernidade, o conceito aristotélico de movimento abrange quatro classes de movimentos (por exemplo, *Phys.* III 1, 201*a*9-15), que em seqüência invertida correspondem às quatro categorias: o que (substância), como (qualidade), quanto (quantidade) e onde (lugar) (*Met.* XII 2, 1069*b*9-14). Processos da natureza consistem (1) em movimentos locais (de seres humanos, animais, planetas, etc.) (*kinêsis kata topon/phora*), (2) em mudanças quantitativas: algo se torna menor ou maior (*auxêsis kai phthisis*), (3) em mudanças qualitativas: algo se torna quente ou frio, alguém se torna saudável ou doente (*alloiôsis*) e finalmente (4) em mudanças substanciais ou de essência, a geração e a corrupção, surge por exemplo um ser humano (*genesis kai phthora*).

A pesquisa empírica da natureza que nos é familiar visa a leis segundo as quais decorrem determinados processos da natureza. Aristóteles dá um passo para trás e pergunta pelos fatores que são igualmente verdadeiros para todo tipo de mudança. Ele os obtém em discussão com noções existentes (*Phys.* I 2-6). Caso se tome, como Parmênides, um único princípio e ao mesmo tempo nenhum tipo de mudança, então a natureza, em sua multiplicidade e mutabilidade, não é explicável. Caso se invoque, em vez disso, como Anaxágoras, muitos princípios ilimitadamente, então a natureza real tampouco será explicável, já que uma pluralidade ilimitada, por não ser conhecível, nada explica. Ockham, no comentário à *Física*, na *Expositio in libros Physicorum Aristotelis*, introduzirá em relação a essa passagem (*Phys.* I 4, 187*b*10-13) o seu princípio de economia, a chamada navalha de Ockham, de acordo com a qual filosofia e ciência devem satisfazer-se com o menor número possível de princípios. Aristóteles, em contrapartida, entende a acepção de muitos princípios ilimitadamente não como desnecessária, mas como equivocada, uma vez que torna impossível o conhecimento (ver Capítulo 7, "Contínuo, infinito, lugar e tempo").

A saída para as dificuldades dos predecessores indicadas é oferecida por uma posição intermediária, definida por alguns, mas não por ilimitadamente muitos princípios. Entre o nada absoluto, que Aristóteles rejeita assim como Parmênides, e o seu oposto contrário, o ente absoluto, ele localiza um meio-termo, um nada relativo e igualmente um ente relativo. Devido ao fato de que ele o entende em dois aspectos, como carência e como possibilidade, resultam dois pares de oposição: carência-não-carência e possibilidade-realidade, por conseguinte, potência-ato. Junto com o substrato, eles formam os dois grupos trinos característicos de princípios da natureza, os dois modelos triádicos de explanação.

De acordo com o primeiro modelo (*Phys.* I 6-7 e *Met.* XII 1-2), tem de haver (1) algo *a partir do que* resulta o movimento, um ponto de partida, (2) algo *para o que* ele se realiza, um ponto final, e (3) algo *em que* ele se realiza, um sujeito subjacente ou substrato (*hypokeimenon*) que sofre a mudança. Num primeiro momento, soa curioso que o ponto de partida seja determinado não de maneira neutra, mas negativa, como carência (*sterêsis*, literalmente: privação), e complementar, sendo o ponto final determinado positivamente como figura ou forma (*eidos, morphê*). O modo de falar, porém, torna-se visível tanto a partir do problema de Parmênides quanto a partir de exemplos. Para explicar o processo do tornar-se educado ou o de tornar-se saudável, parte-se do ponto final, atribui-se-lhe, o ser educado ou a saúde, como forma (a ser alcançada) e, por outro lado, o ponto de partida toma-se como déficit, como formação faltante, como doença. Por analogia, a semente de uma árvore é uma árvore crescida, ainda que no estado de "carência". Mesmo em passagens de frio para quente, ou de úmido para seco, o modo de falar é justificado num sentido relacional. Vendo-se a partir do resultado a ser explanado, falta algo ao ponto de partida; a partir da retrospectiva, ele é um ainda-não.

Para determinar a essência (o que é) da mudança (*ti esti kinêsis: Phys.* II 1, 200*b*14), Aristóteles introduz um par conceitual que caracteriza o pensamento ocidental de modo muito mais forte do que a contradição carência-forma. Trata-se da contradição de *dynamis*, possibilidade, capacidade ou potência, e *energeia*, realização, realidade e, por conseguinte, ato. Com o segundo conceito está relacionado aquele da *entelecheia*, a realização completada em termos de "ter chegado ao fim" (*telos*) (*Phys.* III 1-3; *Met.* I 3, 8, X 9). A partir do novo par de conceitos, o ser adquire um sentido duplo. A pedra ainda não talhada já "é" a estátua, a semente já "é" uma árvore, o aprendiz de escultor já "é" um escultor, seguramente apenas a partir da retrospectiva e no modo de possibilidade, enquanto a estátua pronta, a árvore crescida e o artifíce já formado "são" no modo de realidade. Como se preserva a capacidade também quanto se recolhe da atividade, a obra *De anima* – a cada dois níveis de realidade (II 1, 412*a*10ss.) e de possibilidade (II 5, 417*a*21ss.) – diferencia ao todo três níveis. Tem-se um saber ou (1) no sentido de uma criança, que somente dispõe da possibilidade, ou (2) no sentido de um adulto que adquiriu a capacidade, mas que não é atualizada, uma vez que ele está dormindo, e (3) no sentido de uma atualização. Com a ajuda do segundo par conceitual, Aristóteles define, pois, o movimento como realidade (*entelecheia*) do ente potencial (*dynamei*) (*Phys.* II 2, 201*a*10s.; sobre a interpretação, cf. Kosman, 1969).

Relacionados com os conceitos de possibilidade e de realidade estão os conceitos de matéria (*hylê*: contra uma interpretação "material" demasiadamente estreita, cf. Happ, 1971) e de forma, respectivamente também de figura e de conceito (*eidos, morphê*). Ambos os pares conceituais, a propósito, aparecem novamente na ontologia (ver Capítulo 11, "Substância"), ainda que em outro sentido. A *Física* introduz os conceitos para conceber os movimentos das coisas, a ontologia (*Met.* VII-IX) para conceber a constituição das mesmas. Uma outra diferença: a *Física* investiga meramente objetos que são compostos de matéria e forma, enquanto a Filosofia Primeira também se ocupa com uma forma independente, livre da matéria (*Phys.* II 2, 194*b*14s.).

Como o tijolo, por um lado, é a matéria da qual se constrói a casa e, por outro lado, a forma na qual se queima o barro, assim algo pode ser, em certo sentido, matéria e, em outro sentido, forma. Matéria e forma não são, como partes de uma estátua, dois objetos capazes de existência independentemente; elas designam, antes, os dois papéis ou as duas funções cuja interação explica o surgimento de um objeto. Assim surge uma estátua do mármore e do esboço de pensamento (*logos*) do escultor (ver também *Met.* VI 3, 1029*a*3-5); e um animal consiste de tecido (ossos, carne, sangue), que é "juntado" segundo um determinado plano de construção. Matéria e forma são "conceitos de reflexão" para dois pontos de vista de um único objeto, o qual *realiter*, claramente no exemplo aristotélico do nariz aquilino (*Phys.* I 2, 194*a*6 e outras passagens), aparece sempre somente em conexão com matéria e forma. Nesse aspecto, matéria e forma desempenham um duplo papel. O mármore é tanto a matéria, a partir da qual surge a estátua, como também aquilo do que ela consiste; ali ela é o precursor da estátua, aqui o permanentemente presente na estátua. De modo semelhante, "forma" significa tanto o esboço de pensamento, do qual surge a estátua, como também a forma realizada na estátua.

Se Aristóteles se relaciona com carência-forma, com possibilidade-realidade ou com matéria-forma, nas explicações de mudanças, de todo modo, em analogia à crítica a Demócrito, ele sempre rejeita o regresso ao infinito (*eis apeiron*: *Met.* XI 3, 1070a2-4; cf. VI 8, 1033b4ss. e *Phys.* II 4, 204a2-6). Chega-se com isso a dois pontos de vista. Por um lado, ali onde um pedaço de bronze é arredondado para uma esfera surge não o ser redondo, mas só a esfera de bronze. Por outro lado, basta uma explicação bem delimitada; no exemplo, pressupõe-se a matéria do bronze como dada. Ainda assim, pode-se também colocar a pergunta posterior de onde vem o bronze. Para isso, Aristóteles dá a resposta formalmente idêntica como hoje dão os cientistas da natureza: ele chama os elementos a partir dos quais se compõe o bronze finalmente de elementos fundamentais da matéria. (Sobre o suposto *horror infiniti*, ver Capítulo 7, "Contínuo, infinito, lugar e tempo")

Surpreendentemente, a *Física* trata não só de objetos da natureza, mas também das coisas provenientes da mão humana, dos produtos da arte manual (*technê*), os artefatos. Aristóteles tem dois motivos para tanto. O primeiro consiste numa analogia de estrutura: tanto o conceito diretivo, o movimento, quanto os dois pares conceituais de onde-para onde e possibilidade-realidade são igualmente compatíveis com natureza e técnica. Que nisso, como Aristóteles diz, a técnica imita a natureza (*hê technê mimeitai tên physin*: *Phys.* I 2, 194a21s.) não se deve entender num sentido normativo e restritivo, como se apenas se pudesse construir os constructos já conhecidos na natureza. Aristóteles também não advoga aquela técnica (pré-moderna) que ainda não se ergue à "senhora arrogante" da natureza (Zekl, 1987, p. 247); antes ele aponta para o fato de que tal estrutura encontra-se primeiramente na natureza.

O segundo motivo para o co-tratamento da técnica reside no fato de que através do contraste a natureza ganha um perfil mais exato. Como todos os conceitos filosóficos fundamentais, a *physis*, natureza, tem mais de um significado. A partir disso, assim se afirma no léxico conceitual (*Met.* V 4), natureza significa em sentido primeiro e próprio a essência das coisas que se movem segundo um princípio imanente; coisas da natureza portam o princípio de movimento e de repouso em si (*Phys.* I 1, 192b13s.; cf. *Cael.* II 2, 301b17ss.; *Gen. an.* I 1, 735a3s.; *Met.* XI 3, 1070a7s.). Além disso, "natureza" significa o material e, respectivamente, a matéria (*hylê*) de que surgem constructos no sentido do primeiro conceito de natureza, bem como o processo de surgimento e de crescimento desses tipos de constructos da natureza e a origem desses movimentos. Em contrapartida, uma natureza escrita em letras maiúsculas, tal como uma pessoa, que arranja o mundo em termos de visão e sabedoria, não aparece. "Natureza" é, para Aristóteles, meramente uma palavra coletiva, o conteúdo mesmo de todos os objetos e processos, inclusive das regularidades que os determinam, nas quais há automovimentos. Artefatos procedem, em contrapartida, de movimentos estranhos; deles parte um impulso imanente (*emphyton*) para a modificação (*Phys.* I 1, 192b18ss.). Na verdade, o germe traz em si o programa para que a partir dele surja primeiramente um jovem rebento, em seguida uma arvorezinha, finalmente uma árvore adulta. De modo semelhante, ocorrem num animal o crescimento, o movimento e a reprodução a partir dele mesmo. Em contrapartida, uma casa é formada a partir de tijolos e vigas, não de si mesma sozinha, mas primeiramente com o auxílio do arquiteto e dos trabalhadores.

Nas máquinas inteligentes de hoje, seria possível crer que a diferença em relação a organismos se dilui. Porém, nenhum computador tão inteligente possui as capacidades das quais uma alga já dispõe, de nutrir-se e de reproduzir-se. Com base no sofista Antífon, Aristóteles ilustra a diferença entre objetos da natureza e artefatos com um experimento de pensamento: enterra-se um cavalete de madeira e imagina-se que, no decurso, brote dele um rebento. A partir dele não surgiria o que as crianças esperam ao enterrar sementes de ameixa, uma "árvore de camas" ou uma nova cama, mas apenas madeira (*Phys.* I 1, 193*a*12-14).

Talvez se pudesse querer entender o automovimento de coisas da natureza num sentido absoluto. Platão conhece um automovimento puro desse tipo, seguramente relativo à alma (*Fedro* 245c-d), em última instância à alma do mundo, ou seja, à natureza como um todo. Via de regra, porém Aristóteles ocupa-se não com ela, mas com coisas da natureza particulares (cf. o *Index Aristotelicus*, de Bonitz, p. 835-839). E vê que elas são remetidas àquele ambiente (*periechon*: *Phys.* VI 3, 246*b*6; VII 2, 253*a*16s.) como concausa, para o qual ele introduz *pars pro toto* o sol (*Phys.* I 2, 194*b*13). Coisas naturais não são automoventes absolutos e plenos, mas somente relativos e parciais; mesmo em plantas e animais trata-se de automoventes movidos.

Surpreendentemente, Aristóteles fala de automovimento não só em organismos, mas também em instâncias nas quais isso soa como pura superstição, em processos não-orgânicos da natureza. Numa pedra, contudo, a sua queda não está programada no mesmo sentido em que num organismo o crescimento está programado. Por outro lado, para a queda são co-responsáveis propriedades que são imanentes à pedra – ela é mais pesada do que a atmosfera –, de maneira que de fato se dá um certo automovimento; quando pedras não são seguradas ou não repousam sobre algo, elas caem por si mesmas (cf. *Phys.* VIII 4).

Aristóteles dedica ao quarto tipo, ao tipo simples e completo, à mudança direcionada à substância (*ousia*), um escrito próprio: *Sobre a geração e a corrupção* (*Peri geneseôs kai phthoras*; cf. *Phys.* I 7 e *Met.* VI 7). Ele contém uma teoria dos primeiros elementos. Esta começa, em oposição à tradição, não com os conhecidos quatro materiais primordiais (fogo, ar, água e terra). Como eles podem transformar-se um no outro não podem ser os materiais realmente *fundamentais*. Para o material de fato elementar, Aristóteles constrói o conceito de uma matéria-prima, puramente sem forma (*prôtê hylê*). Essa pertence, juntamente com as quatro qualidades elementares (quente, frio, seco e úmido), às condições últimas e imutáveis para o surgimento e a corrupção.

A opinião de Aristóteles, de que os quatro materiais básicos surgem a partir da combinação das quatro qualidades elementares – a terra a partir do seco e frio, a água do frio e úmido, o ar do úmido e quente, o fogo do quente e seco –, podemos sem escrúpulos depositá-la num museu para a história das ciências da natureza. Permanece atual, porém, a pergunta se "há" uma matéria na qual se passam todas as mudanças, se "há" uma matéria absolutamente primeira. Como já antes respondida afirmativamente por Johnson (1958) e Robinson (1974), a pergunta é afirmada também por C.J.F. Williams (1982, p. 211ss.), mas é negada por Gill (1989, p. 243ss.). No debate correspondente, trata-se do entendimento exato do "há". Uma vez que a matéria primeira, como propriedade essencial, dispõe somente da carência de toda e qualquer propriedade, ela, dado que é absolutamente sem forma e pura possibilidade, não pode existir como um ente. O próprio Aristóteles afirma que não é possível conhecer tal matéria em si (*Met.* V 10, 1036a8s.). Com isso, ele não exclui, contudo, o conceito de uma *sterêsis* absoluta, de um substrato "deixado sozinho" (cf. *Met.* VI 3), no qual podem ganhar forma os quatro materiais primordiais mencionados. Nesse sentido, trata-se na matéria prima de um mero "conceito de reflexão". Ela não é nenhum elemento que aparece no mundo perceptível, mas sim um momento que tem de ser pressuposto necessariamente para explicar o surgimento de elementos e a possibilidade de passagens para outros elementos.

QUATRO PERGUNTAS DE EXPLANAÇÃO

A ciência (*epistêmê*), de acordo com Aristóteles, diferencia-se da mera experiência (*empeiria*) através da pergunta metódica pelo porquê.[1] Entre as respostas respectivas, as *aitiai*, que originalmente significa acusação ou queixa, devem ser entendidos todos os fatores que são "inculpáveis" para o surgimento daquilo que é dado. O latim – tal como o português – traduz por *causa*, o alemão por *Ursache*, às vezes, porém, encaixa-se melhor "motivo".[2] A modernidade entende por causalidade primeiramente um determinado tipo, a saber, a relação causadora de eventos. Um evento E1 é a

---

[1] N. de T. No original, *Vier Warum-Fragen*.
[2] N. de T. No original, *Grund*.

causa de um evento E2 quando E2 tem lugar não só "após", mas também "sob a influência de" E1. Talvez também Aristóteles conheça esse tipo (contra isso, contudo, Frede, 1987; Detel, 1993, I, p. 312-315). Contra os filósofos da natureza jônicos, contra Platão e a Academia, ele defende, porém, um pluralismo, o qual ele opõe às formas "mais arcaicas" da explanação da natureza.

Para o início da sua doutrina das causas, Aristóteles coloca a observação de uma ambigüidade elementar: *legetai aitia pollachôs* (*Phys.* II 3, 195a29). Na análise lingüística seguinte, ele diferencia quatro classes de causas (*ta aitia legetai tetrachôs*: *Met.* I 3, 983a26s.), que respondem igualmente a quatro classes de perguntas de explanação. As causas nomeiam as condições necessárias e, tomadas em conjunto, suficientes para toda mudança (natural ou técnica). Tal como as categorias, as causas também não podem ser reduzidas a um único gênero superior; há, de fato, muitas subclasses, mas nenhuma classe superior comum.

Aristóteles introduz na passagem correspondente um exemplo diferente para cada causa (*Phys.* II 3). Talvez ele queira indicar com isso o amplo domínio de aplicação. Comecemos com o seu primeiro e clássico exemplo, a estátua de bronze. Para explicar o seu surgimento, temos de conhecer primeiramente o *De onde* (*to ex hou gignetai*) e, respectivamente, o material (*hylê*): é o bronze. A filosofia escolástica falará de *causa materialis*, ou seja, de "causa material". Em segundo lugar, temos de conhecer a forma, o modelo ou o conceito essencial (*eidos, paradeigma, logos ho hou ti ên einai*); a filosofia escolástica diz: *causa formalis* ou "causa formal". No exemplo, trata-se do esboço que o escultor tem na mente e a medida segundo a qual ele dá forma ao material. O próprio Aristóteles alude à relação "2:1" e quer dizer, com isso, a forma do intervalo de oitava. Como terceiro item, temos de conhecer aquele princípio (origem) da mudança (*hothen hê archê tês metabolês/kinêseôs*) que se denomina *causa efficiens* ou "causa eficiente". No exemplo, trata-se do artista Policleto, que constrói a estátua. Aristóteles chama de conselheiro, cujo conselho, tão logo seja obedecido, explana a ação correspondente, e mais adiante de pai aquele que gera um ente do seu tipo. A quarta causa reside no por causa de que (*to hou heneka*) e, respectivamente, no fim (*telos*): na *causa finalis* ou "causa final". Na estátua, o fim consiste na função, por exemplo, na veneração cúltica ou na decoração; no caso do conselheiro, consiste na realização da ação, na geração na criança; e no próprio exemplo de Aristóteles o fim no caso do sair para passear consiste na saúde.

As quatro causas designam diferentes orientações da pesquisa científica, as quais também se diferenciam significativamente quando, diferentemente do que Aristóteles assume (por exemplo, *Phys.* II 7, 198a22), nem sempre se colocam todas as quatro causas. Em geral, os motivos dois até quatro podem coincidir (198a24s.; cf. II 3, 195a4-8): a forma essencial de um leão é simultaneamente a finalidade para a qual ocorre o desenvolvimento de um leão – desde o sêmen até o animal crescido; e o processo é acionado graças à geração que tem lugar por meio de um exemplar da mesma espécie de animal – leões geram somente leões, não coelhos ou corças.

Na modernidade, a quarta causa, a finalidade ou a teleologia, que deve agir na natureza toda (por exemplo, *Part. an.* I 1, 641*b*10-642*a*1; cf. Balme, 1972, p. 93-98), experimenta uma crítica cortante. Essa, porém, não costuma perceber o fato de que entre as perguntas comuns sobre o porquê já se encontra previamente a pergunta pelo fim ou pela finalidade. Além disso, poderes que estão escondidos, mas que operam com inclinação ao fim, têm para Aristóteles na melhor das hipóteses um significado metafórico. Além disso, ele se coloca contra a teleologia universal de Platão, no *Timeu*, e contra aquela "interpretação piedosa da natureza", que remete o caráter finalístico da natureza a um Deus. Contudo, em algumas passagens, ele denomina Deus e a natureza num só fôlego; o Deus e a natureza nada fazem sem finalidade, assim se diz, por exemplo, em *Cael.* I 4, 271*a*33.

Quando Aristóteles fala de "finalidade", parece que a pesquisa moderna da natureza aceita, freqüentemente, mero acaso. De maneira digna de nota, Aristóteles leva o próprio acaso em consideração, até mesmo em dois tipos (*Phys.* II 4-6, cf. *Met.* XII 3, 1070*a*4ss.), e só em conexão com a discussão desses tipos ele introduz o conceito de finalidade. Num dos tipos de acaso, *tychê*, a coincidência feliz ou infeliz, alguém, por exemplo, vai ao mercado para ouvir uma conversa e lá encontra um devedor que, nessa ocasião, paga de volta as dívidas (*Phys.* II 4, 196*a*3-5; II 5, 196*b*33ss.). Ou alguém cava o seu terreno e encontra ali um pote cheio de moedas de ouro (EN III 5, 1112*a*27). Dado que Aristóteles vê esse tipo de caso como próprio somente a seres que se envolvem com negócios, para processos da natureza entra em questão apenas o outro tipo: *automaton*, "a partir de si mesmo". Por exemplo, um cavalo corre, sem motivo especial, e escapa de um acidente infeliz (*Phys.* II 6, 197*b*15s.). Ao lado desse "bom acaso", também há seguramente o "acaso ruim", de que uma pedra que cai e acaba machucando alguém (II 6, 197*b*30-32).

Aristóteles relaciona ambas as formas de acaso a um fim que, contudo, ou é atingido ou não é alcançado de modo irregular, imprevisto e não-planejado. Portanto, considera uma teleologia do "como se", isto é, de modos deficientes – em que *automaton* está ordenado à *physis* e *tychê* à *technê*. Que esses remetem indiretamente a uma teleologia verdadeira, não-deficitária, é inquestionável no caso da *tychê*; pode-se, tal como Aristóteles afirma com razão, ir até o mercado também "com a intenção" de encontrar o devedor. Questionável é somente a pergunta se há em processos da natureza um caráter final próprio, verdadeiro. Mesmo quem permanece cético contra a resposta positiva de Aristóteles pode reconhecer duas coisas. Por um lado, a resposta tem lugar não de modo especulativo, mas sob indicação a finalidades que podem ser encontradas com regularidade na natureza: na mordida humana, por exemplo, os dentes posteriores capacitam para morder, enquanto os dentes moedores para moer o alimento (*Phys.* II 8, 198*b*23ss.). Por outro lado, Aristóteles abandona expressamente a visão antropomorfista de que a natureza dispõe da capacidade de desejar finalidades e de escolher os meios correspondentes a elas (*Phys.* II 8, 199*a*20s.). O caráter final extra-humano ocorre sem consciência de finalidade; ele é retrospectivo e inconsciente.

A pergunta seguinte, de que modo contextos teleológicos da natureza são controlados, o que, portanto, no lugar de um entendimento orientado à finalidade, capacita à atividade finalística, não é apresentada por Aristóteles. Em conseqüência, o pensamento de uma evolução determinada pelo acaso lhe é estranho, mas não está em oposição à sua teleologia. Fora da pergunta pela evolução, ela só encontra aplicação em quatro áreas: 1) na formação de organismos, na função de constructos e organismos, 2) na reprodução de espécies, 3) em processos inorgânicos, 4) na cosmologia. Em cada uma dessas áreas, o conceito em si analógico adquire uma outra coloração, razão pela qual a pergunta sobre quanto o conceito comporta não pode ser respondida de modo total. As duas primeiras áreas pertencem ao domínio no qual o pensamento aristotélico da finalidade sente-se sobretudo em casa, a saber, à biologia (ver Capítulo 8, "Teleonomia: organismos, geração e hereditariedade"); e aqui o pensamento teleológico permanece em princípio significativo até hoje. Na terceira área, na qual Aristóteles, aliás, apenas toca, não se pode, em contrapartida, obter convencimento. E quanto à quarta área ainda nos aprofundaremos (ver Capítulo 10, "O conceito cosmológico de Deus").

CONTÍNUO, INFINITO, LUGAR E TEMPO

Às melhores partes da obra de Aristóteles e da filosofia da natureza da Antigüidade como um todo pertencem quatro tratados que hoje, contudo – em parte por causa da sua dificuldade, em parte porque os seus problemas objetivos permanecem distantes do leitor normal de Aristóteles –, são estudados somente por poucas pessoas (ver, porém, Wieland, 1992, 3.ed., §§ 17-18). Na *Física*, eles se destacam pela máxima acribia e pelo tratamento exaustivo. São os tratados sobre o ilimitado ou infinito (*Phys.* III 4-8; cf. *Cael.* I 5-7), sobre o espaço (*Phys.* IV 1-5), sobre o tempo (*Phys.* IV 10-14), sobre a continuidade e, respectivamente, o contínuo (*Phys.* VI; cf. *An.* III 6, 430*b*6-20). Todos os quatro objetos podem ser discutidos do ponto de vista da matemática, mas Aristóteles trata-os como pontos de vista comuns e gerais da experiência da natureza (*Phys.* III 1, 200*b*22s.). No fundo disso se encontra a realidade do movimento. Seguramente, reside aí não só um certo ângulo de visão, mas também uma determinada concepção dos objetos matemáticos.

Enquanto até aqui a coisa da natureza é investigada na medida em que nela o movimento deve ser possível (*Phys.* I-III 3), a coisa da natureza agora é posta entre parênteses e pergunta-se pelas pressuposições internas do próprio movimento. Nesse sentido, lugar e tempo são pressuposições básicas da experiência da natureza, enquanto o ilimitado e o contínuo são necessários para conceber ambas as pressuposições. Para Aristóteles, o tempo é – assim como a série dos números naturais – ilimitado; e num outro entendimento também são ilimitados os processos da natureza no seu decurso contínuo. Aristóteles renovadamente se reporta aos seus predecessores. Em discussão com os famosos paradoxos de Zenão, com os atomistas, especialmente com Demócrito (cf. Furley, 1967), com os pitagóricos e com Platão, ele busca uma teoria que conceba sem contradição aquilo que sempre soubemos (cf., por exemplo, *Phys.* VI 2, 233*a*13ss.).

1. Deixando de lado as mudanças substanciais, os processos da natureza então conhecidos têm um começo e um fim. Porém, são ilimitadamente divisíveis; eles se passam num *contínuo* (*syneches*). Devido à sua divisibilidade ilimitada, Zenão pôde apresentar os quatro paradoxos que se intensificam a cada vez: (1) que um corredor não pode mover-se; (2) caso isso seja possível: que o rápido Aquiles, ele mesmo, jamais ultrapassa uma tartaruga; (3) se esse for o caso: que uma flecha voadora fica parada no ar e que, portanto, ninguém se move nem sequer por um instante; (4) se esse for o caso: que, numa corrida de carros, o carro à metade da velocidade percorre o seu caminho no mesmo tempo que aquele que anda no dobro da velocidade e, que, portanto, a metade do tempo é igual ao dobro. Apenas para explanar o segundo paradoxo: enquanto Aquiles consegue chegar ao lugar no qual a tartaruga se encontrava, ela já se moveu adiante, razão pela qual a sua vantagem realmente se torna cada vez menor, mas permanece sempre existente (*Phys.* VI 9, 239*b*5ss., também VI 2, 233*a*21ss. e VIII 8, 263*a*5ss.; cf. Salmon, 1970; Ferber, 1981).

Aristóteles não faz algo como empurrar os paradoxos para o lado, mas conduz plenamente para dentro do "labirinto do contínuo" – como dirão Fromondus (1631) e Leibniz (*Philosophische Schriften*, editado por C.I. Gerhardt, II, p. 268). Somente após uma exposição detalhada e minuciosa das dificuldades é que ele aponta o caminho para fora do labirinto. A teoria da continuidade finalmente desenvolvida é elemento doutrinal de sutilidade incomum e tratamento exaustivo. Por parte dos fundadores da ciência da natureza da modernidade, jamais se dá o ensejo de avaliar de maneira nova o estatuto de Aristóteles como pesquisador da natureza; contudo, ele também jamais é posto em questão. Ao contrário, o elemento doutrinal pertence aos fundamentos que não são tematizados e só muito mais tarde são relativizados através da teoria quântica. Se por causa dela já se tem de desistir da tese de Aristóteles de que as menores partículas afirmadas pelos atomistas como Demócrito (por exemplo, Diels e Kranz, 68 A 57) e mais tarde por Epicuro (*Carta a Heródoto*, p. 40s.) não existem, esta é uma outra questão.

Aristóteles resolve os paradoxos de Zenão por meio de um esclarecimento conceitual. Em delimitação frente a dois fenômenos relacionados, o tangente (*haptomenon*) e a seqüência (*ephexês*), ele define o contínuo como algo cujos limites exteriores são uno (*Phys.* VI 1, 231a22). Um contínuo é ilimitadamente divisível e consiste, não como Zenão pressupôs, de partes reais. Caso o movimento fosse compor-se de partículas ínfimas, assim ele seria – algo que nós sabemos do primeiro período do cinema e para a natureza subatômica a partir da teoria quântica – possível somente retrospectivamente, pois em cada corte do seu seguimento se encontraria a flecha voadora em repouso (cf. VI 1, 232a13s.). Em vez disso, caso deva haver movimentos permanentes, as linhas (de movimento) correspondentes são compostas não de pontos (infinitamente numerosos), mas somente de linhas (cf. VI 3, 234a8), e os intervalos de tempo são compostos não de pontos instantâneos ("agoras") infinitamente numerosos, mas somente de intervalos de tempo (IV 11, 220a20s.). Como algo que de fato é ilimitado, mas somente pode ser dividido em um mesmo tipo, o contínuo é em todo caso irredutível.

Aristóteles concede a Zenão que, no movimento, o ilimitado está envolvido, mas alega que Zenão despercebe o seu duplo significado (VI 4, 233a24ss.): a extensão infinita e, respectivamente, a adicionabilidade e a divisibilidade infinita (*prosthesei kai dihairesei*: III 6, 206a15s.). No exemplo de Aquiles e da tartaruga, Zenão entende o ilimitado como conjunto infinito de expansões; no exemplo da flecha voadora, como conjunto infinito de pontos; em ambos os casos, como aquela extensão infinita que é válida com efeito para o tempo e para os reinos dos números, mas não aqui, para os movimentos contínuos, isto é, movimentos infinitamente divisíveis.

2. No tratado sobre o *infinito* ou *ilimitado* (*apeiron*), Aristóteles não apresenta meramente a sua ambigüidade ainda maior (II 4, 204a2-7). Ele também rejeita falsas concepções. Em oposição à coisificação pitagórica e platônica, ao ilimitado como substância

independente, Aristóteles vê na infinitude o acidente de um acidente, ou seja, a determinação de uma quantidade; infinita é a propriedade de uma grandeza extensiva ou de uma quantidade (III 4, 203a4-16 e III 5).

Para o conceito mais exato de infinitude, ele opera com a diferenciação até hoje relevante de um infinito atual (*kat' energeian*) e um infinito potencial (*dynamei*) (II 6, 206a14ss.). Ele afirma, então, que o infinito é pensável somente no modo da possibilidade, comparável com a matéria (*hôs hê hylê*), porque o infinito como tal não é nem conhecível nem determinado (*agnôston*; *ahoriston*: III 6, 207a25 e a31; cf. I 4, 187b7-13). De fato, ele é pensável também no modo da realidade, mas só a exemplo de como se diz a respeito do dia e dos Jogos Olímpicos (para os gregos, a base do cálculo de tempo) que eles são (III 6, 206a21ss.). A comparação admite dois modos de leitura, sendo que Aristóteles poderia ter em mente o primeiro. De acordo com o primeiro modo de leitura, o exemplar individual do dia e, respectivamente, dos Jogos Olímpicos nunca é como um todo tão atual como uma árvore, um ser humano ou uma outra substância; sempre é presente apenas uma determinada parte. Por sua vez, porque dias e jogos de competição são continuidades, aquela parte pode ser dividida em quantas partes pequenas se quiser e, por conseguinte, infinitamente numerosas. De acordo com o segundo modo de leitura, da coisa é sempre dado a cada vez somente um determinado exemplar; seguem-se, porém, sempre exemplares posteriores (de dias e, respectivamente, de Jogos Olímpicos). Com isso, tal como no caso do primeiro modo de leitura, atribui-se uma infinitude potencial.

Para conceber a potencialidade do infinito, não se pode orientar no conceito ontológico de *dynamis*, no ente potencial, segundo o qual, por exemplo, um bloco de mármore é uma estátua possível (III 6, 206a18ss.). Relevante é o conceito cinético de *dynamis* (*Met*. IX 6, 1048a25), a capacidade de fazer ou de sofrer algo (*Met*. IX 1, 1046a10ss.). Segundo Aristóteles, a divisão de um contínuo é uma atividade do pensamento (*noein*: *An*. III 6, 430b7; Wieland, 1992, 3.ed., p. 300ss., fala com razão de um "caráter operativo"), que permanece *dynamei* na medida em que ela, uma vez que a cada elemento sempre segue um novo (*Phys*. VI 6, 206a27s.), jamais chega a um fim. Ao contrário da visão costumeira, o infinito não é algo que tem nada fora de si – isso seria o completo[3] e o todo (*teleion kai holon*) –, mas algo que sempre tem ainda um outro fora de si (III 6, 206b33ss.).

---

[3] N. de T. Tanto o grego *teleion* quanto o alemão *das Vollendete* também podem ser traduzidos como "o perfeito".

Alega-se à filosofia grega e especialmente à filosofia aristotélica um horror geral diante do infinito, um *horror infiniti*, e contrasta-se essa atitude com a simpatia moderna, "fáustica", pelo infinito. Acerca da divisibilidade infinita do contínuo, bem como da infinitude da série de números e do tempo, essa visão tem de ser corrigida. Com efeito, Aristóteles defende um mundo limitado espacialmente e segundo o conjunto da matéria (*Phys.* III 5, 205a31-35). Sobretudo para séries de argumentação e de condições, ele rejeita o regresso ao infinito (por exemplo, para as causas, em *Met.* II 2); afinal, algo que depende infinitamente de muitos argumentos ou muitas condições não pode existir. Para séries de movimento, porém, ele admite o infinito.

3. O tratado sobre o *lugar* (*topos*) ocupa-se não com uma espacialidade abstrata, mas com aquele objetivo relativamente concreto, com o qual se responde à pergunta "Onde"? Por isso mesmo, a definição de Kant – o espaço como um *a priori* independente, como pura forma da intuição – não entra em questão. Aristóteles entra numa dificuldade que Agostinho (*Confessiones* XI 14, 17) assumirá para o tempo: da existência do lugar ninguém tem dúvida, mas ninguém sabe, afinal, o que o lugar é exatamente. Para conseguir aproximar-se da definição em conformidade com a realidade, Aristóteles, como primeiro passo, expande os fenômenos a serem explicados: (1) o fato de que todos os corpos estão em algum lugar, ou seja, têm um determinado lugar; (2) a possibilidade da troca de lugar: caso alguém venha a se sentar, a pessoa em questão toma o lugar em que até então um outro corpo, a saber, o ar, existia; (3) as três dimensões de acima-abaixo, para frente-para trás e esquerda-direita. Em fidelidade à máxima conhecida a partir da *Ética*, de que lá onde todas as aporias são deixadas de lado resta o bom caminho (*euporia*) (ver Capítulo 6, "Dificuldades"), Aristóteles obtém a definição através de um processo aguçado de exclusão: ainda que o lugar disponha de propriedades essenciais dos corpos, da extensão e das suas três dimensões, ele não pode, por causa disso, ser um corpo, porque, nesse caso, não haveria nenhuma troca de lugar. No entanto, apesar de determinados aspectos em comum, o lugar também não é uma causa em termos da doutrina das quatro causas. Tal como à mera matéria, falta ao lugar toda determinação qualitativa e substancial; e, tal como a forma, o lugar também atua de modo delimitante.

A acepção de Zenão de que o lugar, justamente porque existe, tem de ser em algum lugar leva à aporia de que o lugar no qual o lugar é tem ele mesmo de ter um lugar, o qual por sua vez precisa de um lugar, etc. Como aqui se proíbe um regresso ao infinito, permanecem abertas, para Aristóteles, somente duas possibilidades. De acordo com a primeira, o espaço é um espaço intermediário ou um lugar oco entre as delimitações, que pode ser preenchido com quaisquer corpos. Uma vez que a conseqüência dessa possibilidade – há lugares sem corpos, ou seja, espaço vazio – deve levar a conseqüências impossíveis de serem mantidas, resta somente a possibilidade que incorre na definição final. O lugar é, assim, a delimitação interna do corpo seguinte que se encontra em repouso, o qual abrange um outro corpo (*Phys.* IV 4, 212*a*2ss.). Essa definição encaixa-se bem para corpos; o lugar da água é, por exemplo, o copo, a banheira ou a cama d'água; e para cima é o ar confinante. Em contrapartida, a totalidade dos corpos, o universo, não existe mais num lugar.

Seria interessante perseguir a pergunta relativa a se Aristóteles pensa o lugar como um todo que engloba lugares menores como as suas partes. Se esse é o caso, então ele antecipa uma parte da percepção kantiana de que o espaço não tem nenhum caráter de conceito, mas antes de intuição. Seguramente, permanece como diferença essencial que, em Aristóteles, o espaço pertence à objetividade física; em Kant, por sua vez, à subjetividade transcendental.

    4. A discussão do tempo (*chronos*), daquela medida de mudança que, ela mesma, não se modifica, começa com duas perguntas difíceis (*Phys.* IV 10, 217*b*29-218*a*30). Por um lado: pertence o tempo àquilo que é ou àquilo que não é? Afinal, se uma parte já passou, uma outra parte ainda está adiante; e o que se compõe de um tal não-ente, por sua vez, dificilmente pode "ser". Por outro lado: aquilo que separa o passado e o futuro, o agora, é sempre o mesmo ou sempre um outro? Segundo a resposta de Aristóteles, o tempo não é nem independente nem, como Platão assume no *Timeu* (37d), algo criado (contra isso se dirigem *Phys.* VIII 1, 251*b*17ss.; *Cael.* I 10, 280*a*28ss.). Antes, ele existe como um epifenômeno de processos da natureza, mais exatamente como uma experiência que o espírito faz em coisas naturais, isto é, em coisas que se modificam.

Processos da natureza decorrem sempre no tempo, sem serem idênticos a ele. Enquanto o lugar se relaciona com o estático, os corpos, o tempo diz respeito ao dinâmico, às mudanças. O tempo não é meramente contável, diga-se: mensurável, ele é também determinado no sentido de que há um anterior e um posterior. Em conseqüência, Aristóteles define o tempo como "o número do movimento conforme o anterior e o posterior" (*Phys.* IV 11, 219*b*1s.) e acrescenta: "dado que ele é o número de um contínuo, ele é contínuo" (220*a*25s.). Devido ao seu caráter de continuidade, não se pode conceber o tempo a partir do presente, o agora, embora o agora seja o mais conhecido (219*b*29). Afinal, através da adição de pontos de agora não se alcança um trecho de tempo tanto quanto através da soma de pontos espaciais não se alcança um trecho espacial (*Phys.* VI 10, 241*a*2-6; sobre a teoria do tempo, cf. Sorabji, 1983).

Surpreendentemente, Aristóteles já se coloca a pergunta relativa a se o tempo é "acrescido em pensamento" (*prosennoôn*: *An.* III 6, 430*b*1; sobre o tempo psicológico, cf. *Mem.* 449*b*, 452*b*7-24). Contudo, ele abandona essa opção – o tempo como um elemento da subjetividade, como dirá Kant. De fato, ele toma a alma como uma condição necessária do tempo, mas apenas no sentido de que o tempo tem um caráter operativo; ele está conectado ao contar. Tempo não é meramente duração, mas um conjunto de unidades de tempo cuja medida não reside no agora, e sim nos trechos de tempo entre dois pontos de agora, tal como horas, dias, meses e anos. O contar, por seu turno, depende de uma instância de contagem, o espírito (*Phys.* IV 14, 223*a*22-29). De acordo com Aristóteles, portanto, o tempo não existe nem através da alma nem está pré-formado nela, mas certamente não há tempo sem a atividade de contar da alma.

O fato de que Aristóteles não antecipa a idéia de Kant de um *a priori* independente – o tempo como forma pura da intuição – poderia estar em conexão com a sua teoria dos objetos matemáticos. Nestes, ele vê abstrações da experiência da natureza; objetos matemáticos são, com efeito, considerados separadamente das coisas da natureza, porém existem na realidade como não-separados. (Sobre a teoria aristotélica da matemática: *Met.* XIII-XIV; ver Heath, 1949; Annas, 1976; Graeser, 1987; Detel, 1993, I, p. 189-232.) O conceito aristotélico de número orienta-se numa contagem das coisas, que se relaciona com a respectiva unidade de determinada medida, conectada à realidade, ou seja, com a sua forma específica ou genérica. Quando, por exemplo, cavalos são contados, então a medida é "cavalo"; quando seres humanos, então é "ser humano"; quando ser humano, cavalo e Deus, então é "ser vivo" (*Met.* XIII 1, 1088*a*8-11). A partir disso, pode-se dizer que, num conjunto igualmente grande de ovelhas e cachorros, o número dez deles é certamente o mesmo, mas não a dezena (*Phys.* IV 14, 224*a*2-4). Em resumo: porque Aristóteles não toma a matemática como construções de uma intuição previamente dada à natureza, ele chega, quanto ao tempo e quanto ao espaço, a uma teoria somente física.

Medem-se tempos por intermédio de horas. Em concordância com a tradição, Aristóteles conhece uma primeira e, respectivamente, uma última hora, o puro movimento circular do primeiro céu (*Phys.* IV 14, 223*b*18-29). Seguramente ele tem o estatuto de um marcador de tempo absoluto – de acordo com ela, há também um tempo absoluto – não a partir de motivos físicos, diga-se: motivos gerais de filosofia da natureza, mas sim a partir de motivos cosmológicos mais específicos.

8
BIOLOGIA E PSICOLOGIA

O ZOÓLOGO

Apesar de uma discussão que recentemente se tornou mais ampla (cf. o periódico *Biology & Philosophy*, 1986ss.), a biologia não pertence aos principais interesses dos filósofos de hoje. Para Aristóteles, em contrapartida, ela representa uma área importante tanto da pesquisa empírica quanto da pesquisa teórica da natureza. Deixando a botânica para Teofrasto, Aristóteles dedicou à zoologia (inclusive à antropologia biológica ou à biologia humana) o grupo, como um todo, mais abrangente dos seus escritos. Antes de se voltar à biologia, ele certamente tem de superar uma barreira epistêmica. Os gregos, incluindo o próprio Aristóteles, consideram o domínio dos astros como sendo de um estatuto mais elevado do que aquele dos seres humanos e dos animais. Ao perigo que por isso mesmo ameaça, o de negligenciar a pesquisa não-cosmológica da natureza, Aristóteles contrapõe uma defesa famosa a favor de uma abrangente pesquisa da natureza, que dignifica igualmente as diferentes áreas (*Part. an.* I 5, 644*b*22-645*a*36). Sem inverter a costumeira ordem de estatuto e sem desconsiderar a cosmologia, ele, com três argumentos, reconhece a zoologia como em pé de igualdade.

De acordo com o segundo argumento, a superioridade da cosmologia é compensada pela familiaridade mais estreita; plantas e animais estão mais próximos do ser humano do que os astros divinos (645*a*2-4). De acordo com o terceiro argumento, mesmo os animais mais ínfimos têm, em seu caráter teleológico, algo digno de admiração em si (645*a*4-26). Porém, o primeiro argumento poderia ser o mais importante, pois ele se ergue sobre a maior contribuição científica (644*b*22-645*a*2). Enquanto a dignidade mais elevada dos objetos cosmológicos e a correspondente maior alegria no conhecimento ligam-se ao pequeno número de material de observação (cf. *Cael*. II 12, 292*a*14ss.), para a pesquisa de plantas e animais, tão logo se tome para si o esforço necessário, tem-se à disposição grande abundância de material. Segundo Platão, a observação produz prazer somente para os sentidos e não alcança nenhum saber verdadeiro (*Timeu* 28a). Para Aristóteles, na biologia é possível não só teoria pura, mas também uma *episkepsis*: uma investigação que intervém no seu objeto e cujas partes (sangue, carne, ossos, etc.) ela toma mais exatamente diante dos olhos através da dissecação. Por exemplo, ele descreve duas vezes a dissecação dos olhos escondidos da toupeira cega (*Aspalakos*: *Hist. an.* I 9, 491*b*28; IV 8, 533*a*3). Também a incomumente exata descrição dos polvos, incluindo a sua reprodução específica, a hectocotilização, poderia fazer referência a uma dissecação (IV 1, 524*a*3-20).

De acordo com a sua defesa de uma igualdade de direitos epistêmica, Aristóteles funda a zoologia não apenas como disciplina científica. Ele diferencia de imediato diversas áreas de especialização (fundamentação geral, anatomia, fisiologia, pesquisa de comportamento, etc.) e escreve, para cada uma das áreas, monografias de elevado nível científico. Enquanto o historiador da ciência tem de dizer, a respeito de Platão, que "o surgimento do pensamento biológico moderno consiste, em parte, na emancipação da filosofia platônica", aqui se afirma: "Ninguém antes de Darwin ofereceu uma contribuição tão grande ao entendimento do mundo vivo como Aristóteles... Quase toda área parcial da história da biologia tem de começar com Aristóteles" (E. Mayr, *Die Entwicklung der biologischen Gedankenwelt*,[1] 1984, p. 73).

Uma parte dos textos se perdeu, assim como, por exemplo, os sete livros *Descrições anatômicas* (*Anatomai*). Os textos mais importantes, porém, foram preservados: *Sobre as partes dos animais* (*Part. an.*) e *Zoologia* (*Hist. an.*), assim como *Sobre o surgimento dos animais* (*Gen. an.*), *Sobre o deslocamento dos animais* (*Peri poreias zôôn*) e *Sobre o movimento dos animais* (*Mot. an.*). A estes se tomam textos sobre a psicologia biológica, os assim chamados *Escritos menores de ciência da natureza* (*Parva naturalia*), que, apesar da sua brevidade, são de alta qualidade, como, por exemplo, *Sobre a percepção sensível e os seus objetos*, *Sobre a memória e a reminiscência*, *Sobre o sono e a vigília* e *Sobre os sonhos*. O escrito sobre a memória poderia pertencer ao melhor que jamais foi escrito sobre esse objeto. (Da literatura mais antiga, ver Meyer, 1855; mais tarde Balme, 1972; Düring, 1961; Gotthelf, 1985; Gotthelf e Lennox, 1987; Kullmann, 1979, 2.ed.).

A zoologia de Aristóteles destaca-se por um material de observação tão rico e por um caráter conceitual de tipo tão diferenciado que ela, com direito (ao lado da lógica), funda por séculos a fama real do Filósofo. De

---

[1] N. de T. *O desenvolvimento do pensamento biológico*.

Darwin provém a sentença entusiasmada de que Aristóteles "é um dos maiores, se não o maior observador que já viveu" (*Carta a Crawley*, 12.2.1879). O material transmitido é de tal modo imenso que não se pode confiá-lo a uma única pessoa e, antes, seria preferível acreditar na anedota transmitida por Plínio (século I a.C.) de que Alexandre Magno pôs à disposição do Filósofo alguns milhares de homens (*Ciência da natureza* VIII 16, 44). A anedota, porém, é totalmente improvável. Talvez Aristóteles devesse o seu material em parte à observação própria, em parte à literatura, por exemplo, à medicina hipocrática, e sobretudo às informações que recolhe junto a pescadores, pastores, caçadores, apicultores e outros especialistas.

Tende-se a atribuir a Aristóteles uma pesquisa da natureza que se permite proposições universais, sem primeiramente provar uma vez todos os fatos. Já a "teoria" da indução esquematizada nos *Segundos analíticos* fala contra isso (ver Capítulo 5, "Indução e espírito"). Mesmo que Aristóteles ocasionalmente se apóie num "caso particular expressivo", para uma indução científica ele exige conhecer todos as espécies pertencentes ao gênero (*An. pr.* II 23, 68b27-29). Ele também exercita uma crítica correspondente a Demócrito (*Gen. an.* V 8, 788b9ss.). Sobretudo na zoologia, ele se fixa na máxima; antes de se dedicar a esclarecimentos, ele reúne os fatos. Repetidamente aponta para a existência de observações por causa das quais uma construção teórica é possível, ou, ao contrário, para a falta de observações, por causa das quais se requer cuidado na construção teórica (cf. *An. post.* II 14s., com *Part. an.* 674b7ss.).

Tomemos como exemplo o escrito mais extenso de Aristóteles, a *Zoologia*. Ordenada, por um lado, segundo dois âmbitos temáticos, a anatomia (I-IV 7) e a fisiologia (IV 8-11), por outro lado, segundo a pesquisa de comportamento, ou seja, a etologia (V-VI e VIII; existem dúvidas, porém, sobre a autenticidade de VII, IX-X), ela apresenta o seu objeto em toda a riqueza conhecida até então. Lemos a respeito dos animais domésticos (ovelhas, cabras, cães, camelos, etc.) e dos animais carnívoros (ursos, leões, hienas e outros mamíferos), de inúmeros insetos, vermes e parasitas, de pássaros, anfíbios e de modo especialmente detalhado a respeito de animais marinhos. Os livros etológicos tratam não de questões de psicologia animal, mas de reprodução, nascimento e alimentação, adaptação dos animais ao tempo e à troca das estações do ano e ainda doenças. Eles oferecem informações detalhadas sobre o começo e a duração da fertilidade, sobre o tipo e a época do acasalamento e sobre a extensão da gravidez, bem como sobre os mais diferentes modos de alimentação, incluindo a engorda dos porcos, e sobre os movimentos dos pássaros, dos peixes e sobre a hibernação. Não obstante isso, de acordo com o princípio de teoria da ciência, a saber, "ligar-se ao mais conhecido a nós" (ver Capítulo 3,

"Uma hierarquia epistêmica"), o texto começa com o ser humano (*Hist. an.* I 6, 491a19ss.; *Part. an.* II 10, 656a9s.).

Na grande quantidade de sentenças, há seguramente alguns equívocos. Por exemplo, a cópula de insetos é descrita falsamente (*Gen. an.* I 16, 21a3ss.), e é vista como possível uma geração (equívoca) sem pais, uma geração espontânea (*Hist. an.* V 19, 551a1-7); contudo, somente Pasteur consegue provar que mesmo microrganismos não surgem da matéria inanimada. Além disso, apenas no ser humano deve haver palpitações cardíacas, porque só ele vive na expectativa do futuro (*Part. an.* III 6, 669a19ss.). Apesar do fato de que Aristóteles não deixa de cometer erros nem na teoria nem na empiria, não se deve censurá-lo seriamente. Ao contrário, deve-se admirar as muitas e exatas observações, sobretudo porque elas têm lugar sem dispor dos meios técnicos atuais.

Como empirista, Aristóteles dá valor ao fato de apresentar a natureza na sua abundância simplesmente imensurável; como teórico, procura trazer a abundância tanto quanto possível a um contexto sistemático. Por isso mesmo, segue-se a uma coletânea sistemática a avaliação: a classificação e a prova do material nem sempre homogêneo. Nesse sentido, Aristóteles tange a dialética da Academia; substitui, porém, de modo notavelmente não-dogmático, a sua dupla divisão esquemática através de diversas sugestões de estruturação próximas à natureza. (Sobre a crítica da dicotomia: *Part. an.* I 2-3; sobre os critérios de classificação biológica, ver *Top.* VI 6; *An. post.* I 31; II 5; II 13; *Met.* VII 12; também *Pol.* IV 4, 1290b25-37; sobretudo *Hist. an.* I 1-6; *Part. an.* I 2-4 e *Gen. an.* II 1.) A sugestão mais importante começa com dois gêneros principais, os animais sangüíneos e os não-sangüíneos, o que corresponde à diferenciação entre animais vertebrados e invertebrados. Os animais sangüíneos são divididos em animais parturientes e ovíparos, enquanto os animais não-sangüíneos são divididos em moluscos (lulas e polvos = animais tentaculares), ostracídeos (caranguejos, lagostas e crustáceos = animais caranguejeiros), conchas (incluindo mariscos) e insetos (*Hist. an.* II-IV). Como já afirma Meyer (1855, p. 344ss.), Aristóteles não procura nenhuma sistemática estrita de gêneros e espécies em sentido moderno. Com a diferenciação de características detectáveis, ele não quer, na verdade, classificar o mundo animal, mas sim definir as suas últimas espécies (naturais) (*eschata eidê*, cf. *Part. an.* I 2, 642b5ss.). No entanto, como se encontram definições, geralmente por meio de divisões (*An. pr.* I 31; *An. post.* II 5 e 13), obtém-se num "sistema" de definições zoológicas, ao mesmo tempo como efeito paralelo, o suporte fundamental de uma classificação zoológica (cf. *Hist. an.* I 1, 486a5-25).

Em outro contexto, Aristóteles diferencia os animais segundo o seu hábitat, em animais aquáticos, terrestres e ocasionalmente também voadores; segundo os seus hábitos de vida, em animais de bando e solitários, em animais diurnos e noturnos, em mansos e selvagens (por exemplo, *Hist. an.* I 1, 487*a*15ss.). As diferentes formas de reprodução e o nível de desenvolvimento dos neonascidos aparecem igualmente como critério de divisão (*Gen. an.* II 1).

Finalmente, Aristóteles traz a natureza como um todo a uma ordem hierárquica, a "escala da natureza" (*scala naturae*). A ordem hierárquica – do imperfeito ao perfeito – começa nas coisas sem vida e leva, passando sobre as plantas e os animais, até o ser humano. Nesse sentido, existe entre plantas e animais, como já entre o a-orgânico e o orgânico, uma passagem contínua (*Part. an.* IV 5, 681*a*12-15; cf. *Hist. an.* VIII 1, 588*b*4-6); e às vezes é duvidoso se algo pertence ao nível mais alto ou ao mais baixo (*Hist. an.* VIII 1, 588*b*12s.). Em *Part. an.* (IV 5, 681*a*9-*b*12), Aristóteles enumera formas intermediárias entre plantas e animais, como os animais de concha dura (*ostrakodermata*; cf. *Gen. an.* II 23, 731*b*8s.). Na forma corpórea, contudo apenas nesse sentido, ele conhece uma forma intermediária entre os mamíferos quadrúpedes e o ser humano: é o macaco (*Hist. an.* II 8-9, 502*a*16-*b*26). Ao ser humano liga-se, para cima, o mundo dos processos perfeitos, dos círculos eternos das estrelas fixas. E no ápice da hierarquia se encontra o motor imóvel (ver Capítulo 10).

Ainda que tenhamos nos tornado céticos diante das hierarquias ontológicas, a hierarquia de Aristóteles – seguramente com exceção do mundo acima do ser humano – parece-nos plenamente plausível. Como medida, ela utiliza a diferenciação dos órgãos e a riqueza da capacidade de desempenho. (A medida, nesse sentido, lembra o par conceitual ontológico de matéria e forma, tendo em vista que a matéria via de regra designa algo mais pobre em estrutura e a forma algo mais rico em estrutura.) Assim, as plantas não têm nenhum tipo de percepção, os animais inferiores somente traços do tato, os animais superiores, em contrapartida, têm olfato e paladar; os superiores dispõem ainda de todos os cinco sentidos, além de memória e de aprendizado (rudimentar), de acordo com a *Ética* (VI 7, 1141*a*24-28), até mesmo de prudência em termos de previsão. Finalmente, somente o ser humano possui a capacidade de reflexão e a capacidade de reinvocar algo conscientemente na memória (*Mem.* 453*a*8ss.; *Hist. an.* I 1, 488*b*24-26). A respeito da forma de vida, os animais inferiores conhecem somente autopreservação e reprodução, enquanto os animais superiores sentem prazer na reprodução e têm cuidado pelas suas crias, o qual nos animais inferiores termina com o nascimento (mero cuidado de incubação); nos animais superiores também é incluída a criação e nos mais elevados animais – não diferentemente que no ser humano – sobrevive ainda o tempo de que as crias precisam até a independência (*Hist. an.* VIII 1, 588*b*24-589*a*2; *Gen. an.* III 2, 753*a*7-14). Ainda mais acima do que o mero cuidado está a vida em ligas sociais (*Hist. an.* VIII 1). Contudo, somente o ser humano é capaz daquela boa vida (*eu zên*) (*Part. an.* II 10, 656a5ss.) que condiciona a continuação da biologia em ética e política.

TELEONOMIA: ORGANISMOS, GERAÇÃO E HEREDITARIEDADE

A mais recente pesquisa da natureza diferencia processos teleológicos que seguem apenas um programa construído daqueles que são controlados com consciência. Naqueles reside meramente um caráter teleológico interno, a teleonomia, enquanto nestes há um direcionamento teleológico controlado conscientemente, a teleologia real. Aristóteles, pois, defende na biologia somente a teleonomia ainda hoje reconhecida. Ele não crê que todos os caracteres teleológicos poderiam ser, em última instância, explicados de modo não-teleológico – a teleologia é, para ele, mais do que uma *façon de parler* – nem cai na acepção de misteriosos fatores T (= teleologia); os caráteres teleológicos são, para ele, fenômenos observáveis da natureza.

Aristóteles vê um primeiro domínio de caracteres teleológicos na função de tecidos e órgãos. De acordo com *Part. an.* II 2, os ossos existem por causa da carne, ou seja, eles a protegem e a suportam; as veias são necessárias para o sangue; o fígado serve à digestão ("cozinhamento") da alimentação; as pernas existem para o deslocamento; unhas, garras, cascos e chifres servem para a manutenção da vida. Essas dimensões teleológicas de organismos servem, por sua vez, a determinadas finalidades de segunda ordem, às funções fundamentais da vida, que se organizam hierarquicamente umas às outras e correspondem à já mencionada hierarquia planta-animal-ser humano.

Aristóteles vê um segundo tipo de dimensão teleológica biológica na reprodução de um ser vivo de mesma espécie e com especificidades paternais (cf. Lesky, 1951; Kullmann, 1979, 2.ed.; sobre a história da embriologia, Needham, 1955, 2.ed.). A formulação repetida reza: "um ser humano gera um ser humano" (*Met.* VII 7, 1032a25; XII 3, 1070a8; a27s.; XIV 5, 1092a16, entre outras passagens). O domínio correspondente de reprodução, diferenciação de sexos e doutrina da hereditariedade é tratado no escrito *Sobre a origem dos animais*. A investigação extraordinariamente rica em material apresenta o seu tema tanto em termos gerais quanto para as classes particulares de animais e especialmente para as plantas. Segundo Aristóteles, como já foi dito, ao lado da geração sexuada existe também a geração espontânea; além disso, em alguns animais, como em determinadas espécies de enguias, ocorre a partenogênese (*Hist. an.* IV 11; hoje os animais em questão são tidos como hermafroditas).

Sobre a explicação da hereditariedade, Anaxágoras e os atomistas Leucipo e Demócrito defendem uma visão que aparece nos escritos do *Corpus Hippocraticum*, que mais tarde foi abordada por Darwin e que se chama "doutrina da pangênese" (*The Variation of Animals*, 1868, II, p. 357ss.). De acordo com ela, a herança genética provém de todas (em grego *pan*) as partes do corpo. Os pré-socráticos mencionados relacionam a isso a visão de que, na herança genética, já está pré-construído um pequeno homem (lat. *homunculus*) ou pré-formado (daí também chamada de "doutrina da pré-formação"). O filósofo contrapõe a ela uma posição que mais tarde, sobretudo pelo anatomista Caspar Friedrich Wolff (*Theoria generationis*, 1759, §§ 232 e 235), é defendida sob o título "doutrina da epigênese" e que dissolve a doutrina até então dominante da pangênese.

Aristóteles mantém o seu procedimento costumeiro. Ele apresenta primeiramente a contrateoria com todos os seus argumentos (*Gen. an.* I 17), enfraquece então os argumentos (I 18) e só em seguida desenvolve a própria teoria (I 19ss.). Algumas das suas objeções são as seguintes: (1) que também são herdadas propriedades que, como o crescimento da barba e o embranquecimento dos cabelos, ainda não estão presentes na geração; (2) que se herdam propriedades às quais, tal como ao modo de movimento, não podem ser agregados quaisquer elementos materiais; (3) que se herdam nas plantas também os invólucros das sementes, muito embora nenhuma parte deles seja transmitida nas sementes.

Aristóteles não obtém a sua contrateoria de modo especulativo, mas de modo manifestamente moderno, a saber, experimentalmente – como no exemplo da galinha. Dia a dia ele abre um galinheiro, observa o seu crescimento progressivo (*Hist. an.* IV 3) e então realiza uma generalização. Segundo ela, os órgãos de um ser vivo desenvolvem-se sucessivamente, formando-se primeiro os traços de gênero e, a seguir, os de espécie (*Gen. an.* II 3, 736*a*27-*b*13; cf. III 2, 753*b*25-29; V 1, 778*b*20-779*a*11). O embrião adquire primeiro as suas capacidades vegetativas e depois as suas capacidades de sensibilidade. No ser humano, vem por último, e de fora (*thyrathen*), o espírito (*noûs*) (*Gen. an.* II 3, 736*b*27ss.). O motivo para isso reside na natureza do espírito: como é incorpóreo, a partir disso divino e eterno, ele já existe anteriormente.

Ernst Haeckel desenvolverá a doutrina da epigênese numa lei básica da biogenética, segundo a qual, na ontogênese, no desenvolvimento de um indivíduo, é recapitulada a filogênese, a história da linhagem. O seu discípulo Hans Driesch introduz, para o controle do desenvolvimento embrionário, um fator-E, com o qual alude ao conceito aristotélico de enteléquia (*Philosophie des Organischen*, Leipzig, 1909, p. 126ss.). No contexto da sua embriologia e genética, o próprio Aristóteles, porém, não utiliza essa expressão. Ao invés disso, desenvolve um modelo ainda mecanicista, embora, surpreendentemente moderno, de hereditariedade. Em seguida, valem como portadores de informações genéticas os impulsos (*kinêseis*: movimentos) que se encontram no sangue, entre os quais alguns são responsáveis pela forma genérica, outros pela forma específica, outros pelo sexo e outros pelas partes particulares do corpo. Uma vez que Aristóteles vê o sangue não só como meio de transporte para materiais alimentares, mas também como a última forma da própria alimentação (*Part. an.* II 4, 651*a*14s.; *Gen. an.* I 19, 726*b*1s.), ele defende a teoria hematógena do sêmen, que provém de Diógenes de Apolônia (século V a.C.). De acordo com ela, o sêmen humano origina-se do sangue como um excedente (*perittôma*) da alimentação elaborada ("cozinhada"). Na geração, ele transmite os seus impulsos à parte feminina, tal como um carpinteiro transmite com as suas mãos determinados impulsos ao instrumento, o qual os transmite, por sua vez, ao material (*Gen. an.* I 22, 730*b*4ss. e *b*11ss.). De acordo com esse modelo, a parte humana, o sêmen, opera não através da sua substância corporal – essa deve tornar-se volátil e transformar-se no pneuma –, mas sim como forma imaterial. O feminino controla, em contrapartida, somente a matéria (*Gen. an.* I 21). Não importa o quanto essa visão também esteja ultrapassada em seus detalhes – o télos da geração, um novo ser vivo de mesma espécie e com as propriedades herdadas dos pais, é tomado em sentido literal como pré-programado. Segundo Aristóteles, uma entelequia misteriosa, um fator-E como elemento de controle, não se faz necessária.

Num texto curto, que é colocado como prefácio à obra principal, em *Historical Sketch of the Progress of Opinion on the Origin of Species*, Darwin diz a respeito de uma passagem de Aristóteles, na *Física* II 8 (198*b*23-31), que ela preconiza a teoria da evolução, o seu princípio da seleção natural. De fato, Aristóteles introduz a visão de que somente permanecem na vida aqueles órgãos que são arbitrariamente úteis (*apo tou automatou*, de si mesmos: *b*30). Contudo, ele não faz dessa a sua própria visão, de modo que se diferencia da biologia atual justamente pela ausência de uma teoria da evolução. Com a sua hierarquia da natureza, ele na verdade se contrapõe a ela; por outro lado, porém, entende os programas das espécies como imutavelmente pré-dados, embora admita que podem surgir de híbridos novas espécies e que há espécies que se entrecruzam (*Gen. an.* II 1, 732*b*15ss.). Ele não conhece uma transmutação de espécies.

A ALMA

A expressão "alma" não desempenha mais nenhuma função na moderna pesquisa da natureza, inclusive na psicologia. Já a circunstância de que Aristóteles a utiliza soa ceticamente. Acrescente-se a isso o fato de que fala de uma alma não somente no ser humano, mas também no animal e até mesmo nas plantas, e critica aqueles filósofos que têm em vista apenas a alma do ser humano (*An.* I 1, 402*b*3-5). Justificada ocasião para o ceticismo oferece, porém, menos a doutrina da alma de Aristóteles do que a dos seus predecessores, sobretudo aquele dualismo de alma e corpo que é conhecido no Ocidente desde os mistérios órficos e pitagóricos, que é fortalecido por Empédocles e especialmente por Platão (por exemplo, *Fédon*) e que predomina, desde então, em diferentes variantes. Aristóteles, contudo, rejeita-o veementemente (sobre as dificuldades que os pitagóricos têm com o dualismo, ver *An.* I 3, 407*b*15-26); contra Empédocles: I 4, 408*a*18ss.), tal que se oferece a partir de então como abordagem alternativa aos dualismos defendidos até a atualidade. Ele também se contrapõe às tentativas "fisicalistas" que definem a alma como algo meramente corpóreo (contra Hipon e contra Crítias: I 2, 405*b*2s.).

Com o argumento de que nem a alma nem os seus afetos, por exemplo, a ira e o temor, existem separadamente da matéria dos seres vivos (I 1, 403*b*17-19), Aristóteles ordena a alma ao domínio de competência do pesquisador da natureza (*physikos*: *a*28s., *b*7 e 11; igualmente *Part. an.* I 1, 641*a*22 e *Met.* VI 1, 1026*a*5s.). Essa ordenação sóbria poderia pertencer às suas conquistas filosóficas de maior significado. Contudo, a pesquisa da natureza não deve ser entendida como ciência empírica, e sim como disciplina de fundamentos. Enquanto a *Física* investiga os conceitos fundamentais e os princípios de todas as coisas da natureza, o tratado *Sobre a alma* discute os conceitos fundamentais e os princípios de todo ser vivente. Ele não constitui nenhuma psicologia no entendimento de hoje, visto que não investiga o espiritual (consciência, intencionalidade) como tal, mas o orgânico (este, contudo, desde a planta passando pelo animal até o ser humano) à diferença do inorgânico. Uma vez que Aristóteles discute os fundamentos filosóficos de toda a biologia, incluindo a biologia humana, ele apresenta um tipo de filosofia fundamental ou metafísica do ser vivente. Na medida em que nisso se aprofunda no ser humano, ele o considera como um ser vivo, como um animal superior.

Alguns aspectos da alma seguramente não estão ligados à corporeidade. Com eles, a partir disso, ocupa-se não mais o pesquisador da natureza, mas – no caso dos objetos matemáticos – o matemático e – no caso do espírito puro – o Primeiro Filósofo (*An.* I 1, 403*b*15s.; cf. *Part. an.* I 1, 641*a*32-*b*10). Além disso, há ligações cruzadas: com a própria biologia e também com a ética. Com a discussão da alma como força movente, o *De anima* estende-se ainda sobre a parte de teoria da ação da ética (ver Capítulo 13) e, com a investigação do espírito (*noûs*: III 3-8), sobre a teoria das capacidades epistêmicas (*EN* VI). (Sobre a interpretação do *De anima*, cf.

Barnes, Schofield e Sorabji, 1979; Cassirer, 1932; Furth, 1988; Lloyd e Owen, 1978; Nussbaum e Rorty, 1992).

A concepção não-dualista da alma, proposta por Aristóteles, começa com o fato de que nela se discute o objeto – deixando-se de lado o caso especial daquelas essências que são por definição incorpóreas – somente com respeito a um corpo animado. O corpo, por sua vez, não apenas é atingido pelos acontecimentos da alma, como também está essencialmente envolvido neles. Para evidenciar que os processos de seres vivos (desde a tomada de alimento de uma planta até as percepções humanas, mesmo até a incontinência: *EN* VII 5, 1147*a*16) decorrem não secundariamente, mas a partir de si mesmos em unidade corpo-alma, Aristóteles recorre a conceitos com cujo auxílio geralmente se opõe a dualismos ontológicos: ao par conceitual forma e matéria. Um ser vivo concreto consiste de ambos, tanto do corpo (*sôma*) quanto da matéria e daquela forma que pode tornar a vida por si sozinha, meramente potencial (*dynamei zôê*: *An.* II 1, 412*a*20), num ser vivo atual. A alma designa não uma coisa específica, corpórea ou incorpórea, mas a diferença entre um corpo morto e um corpo vivo. A alma é aquilo que perfaz o ser vivo, ela é o seu princípio de atualidade. Tal como a forma, segundo a ontologia de Aristóteles, a alma não existe separada das coisas concretas (ver Capítulo 11, "Substância"), assim também, segundo a psicologia, a alma não existe separadamente do corpo (vivo) (*An.* II 1, 413*a*4). Ela mantém o corpo unido e lhe dá a unidade, enquanto ele, sem a alma, passa e deteriora-se (I 5, 411*b*8-10). Nesse sentido, a alma primeiro é determinada como princípio dos seres vivos (I 1, 402*a*6s.), depois mais exatamente como causa e princípio do corpo vivo (II 4, 415*b*8ss.). Conforme a doutrina das quatro causas (ver Capítulo 7, "Quatro perguntas de explanação"), ela é causa em todos os significados, ou seja, forma, fim e também princípio de movimento. Somente a causa material está ausente, já que ela reside no corpo.

Diferentemente dos artefatos, os seres vivos são coisas da natureza que trazem em si o princípio do movimento e do repouso; o princípio imanente ao próprio ser vivo chama-se alma. Para a explanação, Aristóteles remete a um instrumento, o machado, e à parte de um ser vivo, o olho (II 1, 412*b*10ss.). Fosse um machado um ser vivo, nesse caso a sua alma consistiria na capacidade de cortar madeira; ali onde essa capacidade falta, ainda há um machado somente segundo o nome. A tarefa análoga do olho reside na capacidade de visão; se ela desaparece, nesse caso aquilo que resta não é mais olho do que um olho que se pinta ou se talha na pedra.

A obra de atualização da alma chama-se *enteléquia* (II 1, 402*a*10ss.; II 5, 417*a*21ss.). Sob o conceito freqüentemente mal-entendido, deve-se entender o momento no qual algo chega "ao seu objetivo" (*en telei*) e, por conseguinte, à sua plenitude. O conceito é quase sinônimo ao de *energeia* (atualização, ato). Aristóteles prefere, porém, a expressão "enteléquia" quando quer acentuar o momento do ser cumprido e do ser completado, e a expressão "ato" quando quer acentuar o momento de atividade. Assim como localiza a enteléquia do machado no rachar a lenha e a do olho na visão, também iguala a enteléquia de um ser vivo à sua vivacidade. A alma não é algo que um ser vivo "tem"; ela é a sua plena realidade, o seu ser vivo. Uma vez, porém, que um ser vivo pode tanto estar desperto quanto dormir, dois significados devem ser diferenciados. Assim como, no caso da ciência, se comporta a capacidade, a *epistêmê*, com a realização da capacidade, o contemplar (*theôrein*), assim na vida o estar dormindo para com o estar desperto. Em ambos os significados, a alma é a enteléquia da vida; no primeiro, porém, somente no sentido de uma capacidade de determinados atos de vida e, no segundo, como a sua atualização.

Como a alma não é nenhuma substância independente e muito menos uma propriedade (um acidente), mas antes a enteléquia de uma totalidade corpo-alma (II 2, 414*a*14ss.; cf. I 1, 403*a*3ss.), para ela não há nenhuma existência separada do corpo. As capacidades isoladas da alma estão ligadas aos órgãos correspondentes. Nesse sentido, existe algo como uma necessidade hipotética. Assim como um machado só pode completar a sua tarefa quando é produzido de material duro (bronze ou ferro), assim também um corpo – e também um órgão – completa a sua tarefa só quando é "construído" correspondentemente (*Part. an.* I 1, 642*a*9-13; cf. para o olho: *De sensu* 2, 438*a*12-16).

Uma exceção à unidade corpo-alma forma somente o espírito (*noûs*); ele não está ligado a um órgão (*An.* III 4, 429*a*24-27). Contudo, deve-se diferenciar junto a ele entre um elemento passageiro, que é ligado ao corpo e que com ele desaparece, e um elemento incorpóreo, que é imutável e ao mesmo tempo divino, mas também impessoal (II 4, 413*b*24-29 e III 5, 430*a*22-25). Com essa visão de que somente o espírito impessoal é imortal o aristotelismo cristão terá dificuldades; Aristóteles exclui, por sua vez, a imortalidade de uma alma individual. Ele também faz uma crítica à doutrina pitagórica da peregrinação da alma (I 3, 407*b*21-26; cf. II 2, 414*a*17-25). Todo ente dotado de alma, mesmo uma planta, tem através da sua "função mais natural", a reprodução de um ser de mesma espécie, "parte no eterno e divino" (II 4, 415*a*26-*b*1).

Com a determinação da alma como princípio do vivente, a sua essência é denominada só "tipologicamente" (*typô*: II 1, 413*a*9; sobre isso, ver Ricken, 1998). A determinação mais próxima ocorre sobre as diferentes funções da vida e, respectivamente, as forças da alma (cf. II 3, 415*a*12s.). Nesse contexto, Aristóteles introduz aquela escala da natureza, a hierarquia planta-animal-ser humano, que se apresenta como uma ascensão para realizações de vida sempre mais ricas e complexas (II 2-3; ver Capítulo 8, "O zoólogo"). Alguns pré-socráticos, como, por exemplo, Empédocles (Diels e Kranz, 31 B 110) e Anaxágoras (Diels e Kranz, 59 A 117), atribuem percepção, sentimento e desejo às plantas; também segundo Platão, *Timeu* (77b), elas têm desejos, incluindo sensações de dor e de prazer. Segundo Aristóteles, em contrapartida, a alma vegetativa ("a alma das plantas") é responsável somente pela nutrição, pelo crescimento e pela reprodução (*An.* II 4). Somente a alma animal ("a alma do animal") sabe da percepção (II 5-III 2, III 12-13), ligada a dor ou prazer e desejo. As três capacidades animais unem-se, pois, de tal forma que Aristóteles pode reduzi-las a duas – percepção (*aisthêsis*) e desejo (*orexis*) – e declará-las ambas idênticas (III 7, 431a9-14). E ocasionalmente ele caracteriza o animal, *pars pro toto*, apenas através da percepção (II 2, 413b2; cf. III 9; 432b19s.). A terceira, a alma humana, é responsável pelo espírito e pelo logos (III 3-8).

Todas as três funções da vida – as potências vegetativas, as animais e as humanas da alma – são discutidas fundamentalmente; porém, do modo mais detalhado, e isso fortalece o caráter de filosofia da natureza do escrito, é discutida a percepção (II 5-III 2). Aristóteles demonstra, contra Demócrito, que há apenas cinco sentidos (III 1) e dedica a cada um deles um capítulo próprio (II 7-11). Nesse aspecto, o sentido do tato é tido como elementar, uma vez que, em conexão com o sentido do paladar, possibilita a alimentação (III 12, 434b10ss.), enquanto os "sentidos superiores", aqueles que servem (b24) ao bem-estar (*eu*), são os mais diferenciados. Como um todo, a sucessão é de tal modo disposta que os seres vivos superiores a cada vez também dispõem de funções de vida inferiores e ao mesmo tempo as modificam, segundo a medida das suas funções de vida superiores. Nutrição, percepção e reprodução, no ser humano, não são o mesmo que nos outros seres vivos.

Destaquemos um tema, a saber, a importante diferenciação para o âmbito epistemológico da psicologia entre um intelecto passivo (*noûs pathêtikos*) e um intelecto ativo e incapaz de sofrer ação (*noûs poiêtikos/apathês*). O Capítulo III 5 é "mal-afamado", devido à "sua obscuridade e excessiva brevidade" (Theiler, 1986, 7.ed., p. 142); as poucas linhas (16) poderiam pertencer às passagens mais comentadas de toda a filosofia antiga. A diferenciação de Aristóteles, num primeiro momento dificilmente compreensível, resulta, por um lado, do seu par conceitual potência e ato; por outro lado, de uma diferença paralela e simultânea entre pensamento e percepção (III 4 e 8). Um ponto pacífico deve ser mencionado de antemão: uma auto-relação está dada não primeiramente no pensamento, mas na percepção. Quando vemos ou ouvimos, percebemos com a mesma potência, adicionalmente, que vemos ou ouvimos (III 2, 425b12-25; cf. *EN* IX 9, 1170a29ss.). E essa auto-relação inclui um momento de auto-afirmação.

Segundo a concordância central para a diferença entre intelecto passivo e ativo, há na percepção e no pensamento a cada vez uma potência receptiva que é ativada por outra coisa. No caso da percepção, ela só chega a uma ativação quando surgem objetos no seu campo; aqui, o momento evocador da realidade fica do lado de fora (*exôthen*: II 5, 417*b*20). O pensamento, em contrapartida, não está preso a objetos exteriores; por conseguinte, nele a diferença entre capacidade passiva de recepção e a sua ativação, ou dito modernamente entre receptividade e espontaneidade, incide no próprio pensamento. Tal como uma tábua rasa (*An.* III 4, 429*b*31s.), o intelecto passivo dispõe de uma capacidade de recepção ilimitada, que o intelecto ativo arranja de tal modo à realidade tal como a luz torna as cores atualmente visíveis.

9
FILOSOFIA PRIMEIRA OU METAFÍSICA

Aristóteles situa no ápice das formas de saber uma disciplina que valerá, por muitos séculos, como a "rainha das ciências", mas que na época de Kant, mais tarde renovadamente através de Nietzsche e de outra maneira através do Círculo de Viena, experimenta "todo desprezo" (*Crítica da razão pura*, Prefácio, 1.ed.). Trata-se da metafísica. Freqüentemente, espera-se dela informações sobre o supra-sensível: se não sobre anjos, sem dúvida sobre os deuses ou a deidade, assim como sobre a imortalidade da alma e sobre a liberdade. Não raramente, associa-se a isso a expectativa de que sem elementos desse tipo não se pode decifrar o sentido da existência humana. E filósofos da área, sobretudo a partir do idealismo alemão, contam com um sistema que traz todo saber numa conexão que aponta, para cada coisa e para cada estado de coisas, o seu lugar no todo.

Em Aristóteles, expectativas desse tipo são amplamente frustradas. Não obstante, ele reivindica, ao menos tacitamente, o que é colocado em dúvida na crítica analítica e na hermenêutica da metafísica: um saber independente da linguagem e da história. Essa situação, a ligação de uma pretensão à metafísica com um entendimento desviante de muitas concepções de metafísica, merece atenção. Em sua teologia, Aristóteles não reflete sobre um além, ao qual a nossa existência de aquém deve o seu sentido, mas sobre a explicabilidade deste mundo. E nem ali e nem alhures ele ergue uma pretensão de sistema comparável com o idealismo alemão. Por ambos os motivos, a sua abordagem ainda hoje é interessante: pelo primeiro motivo, para uma metafísica na época das ciências (da natureza) e, pelo segundo motivo, para uma metafísica mais modesta em pretensão sistemática e, nesse sentido, pós-idealista.

A expressão "metafísica" não se origina de Aristóteles, mas do editor Andrônico (ver Capítulo 1, "A obra") e designa a parte da obra que segue depois, por conseguinte, além (*meta*) das coisas da natureza (*physika*). O próprio Aristóteles utiliza outras expressões. Ele chama a competência intelectual abalizada de *sophia*, sabedoria (*Met.* I 1-2), o exercício da competência de *theôria* (*EN* X 8; *Met.* XII 7, 1072*b*22ss.) e dá à disciplina correspondente, em alguns textos, o título que Descartes preferirá (*Meditationes de prima philosophia*): Filosofia Primeira (*prôtê philosophia*: *Met.* VI 1, 1026*a*16; XI 4, 1061*b*19; *Phys.* I 9, 192*a*36s.; II 2, 194*b*14s.; *Cael.* I 8 277*b*10; *An.* I 1, 403*b*16 fala até mesmo do "Filósofo Primeiro").

O que traduzimos como "sabedoria" significa em grego não, por exemplo, uma experiência de vida digna, ligada a um poder de juízo especial, mas sim um poder que é desenvolvido até a maestria, aquele *know-how* que, *qua* competência específica suprema, goza de uma estima elevada. Nesse sentido, atribui-se a sabedoria a grandes artistas de ofícios, por exemplo, "a Fídias como canteiro[1] e a Policleto como escultor" (*EN* VI 7, 1141*a*9-11). O capítulo de introdução à *Metafísica* (I 1) traz o conceito de linguagem cotidiana ao domínio do conhecimento. Somente através disso a *sophia* torna-se uma maestria no saber, num superlativo epistêmico, para o qual a filosofia é competente. Vale como modelo quem, a exemplo de Tales e Anaxágoras, deseja saber "o impressionante, o difícil e o divino" (*EN* VI 7, 1141*b*3ss.). Em relação ao penúltimo grau, à ciência costumeira e à filosofia, chega-se aos princípios comuns a todas as ciências. O discurso é, a partir daí, da ciência que comanda (*archikôtera*: *Met.* I 2, 982*a*16s.) e da ciência que tudo dirige (*epistêmê kyria pantôn*: *An. post.* I 9, 76*a*18). A Primeira Filosofia se entende como ciência básica ou filosofia fundamental.

Poder-se-ia tomar o título pós-aristotélico "metafísica" como uma designação apenas exterior, meramente técnico-editorial, que só no comentário à *Física* do neoplatônico Simplício recebe uma interpretação relativa ao objeto. Quanto ao conteúdo, porém, Kant tem razão quando afirma, numa preleção sobre metafísica, que o nome não "surgiu de modo aproximativo, porque ele se encaixa tão exatamente com a ciência" (Akad. Ausg. XXVIII/1, p. 174; para uma confirmação filológica – seguramente discutível – cf. Reiner, 1954 e 1955). No sentido das duas vias de conhecimento de Aristóteles, são defendíveis, a saber, duas designações conformes ao assunto para essa ciência dos princípios. Na via em direção aos princípios, ela se apresenta como caminho que parte da natureza passando sobre a natureza, ou seja, como meta-física, mesmo que a expressão para Aristóteles não esteja provada; e segundo a sua importância de conteúdo, e a via a partir dos princípios, ela é Filosofia Primeira.

O fato de que as reflexões correspondentes estão resumidas *num* volume sugere um texto homogêneo. Na verdade, trata-se de uma coletânea

---

[1] N. de R. Artífice que lavra a pedra de cantaria.

obtida por acréscimos posteriores de tratados isolados relativamente independentes, que discutem as questões de filosofia fundamental não só sob diferentes pontos de vista, mas também com concepções diferentes. Que Aristóteles fala também da "ciência procurada" (*zêtoumenê epistêmê*: Met. II 2, 996b3, 33; XI 1, 1059b1, 13, 22; XI 2, 1060a4, 6), isso poderia significar que os seus precursores a teriam procurado, enquanto ele a apresenta como disciplina pronta, talvez até mesmo trabalhada *en détail*. Os textos reunidos na *Metafísica* refletem, porém, as diferentes abordagens ou as novas abordagens, em todo caso, os caminhos consumidos, nos quais Aristóteles procura primeiramente soletrar o pensamento de uma Filosofia Primeira e, então, tenta realizá-lo.

Os Livros são freqüentemente numerados segundos os números gregos, isto é, Livro I = Alfa, II = Alfa pequeno, III = Beta, etc. Dos catorze Livros, não menos que os primeiros seis (do IV seguramente só uma parte) têm um caráter preparatório. Dos nove Livros que são dedicados do modo mais expressivo a uma Filosofia Primeira, tratam da busca de um programa e da preparação praticamente tantos, a saber, aproximadamente quatro livros e meio (I, III, IV 1-2, V e VI), quantos tratam da discussão principal em três partes (IV 3-8, VII-IX e XII); contudo, pode-se contar também VI 2-4 na discussão principal. Portanto, embora o gasto dedicado às discussões prévias seja notavelmente grande, não se pode caracterizar a *Metafísica*, de Aristóteles, como um todo, como aporética (sem saída) ou meramente zetética (à procura) (ver Capítulo 6, "Dificuldades"). O autor, de fato, está consciente das dificuldades, mas não tem, contra a possibilidade de uma Filosofia Primeira, quaisquer dúvidas fundamentais. Nesse sentido, Aristóteles teria contradito ao Kant pré-crítico, que afirma: "A metafísica é, sem dúvida, o mais difícil entre todos os conhecimentos humanos; somente é o caso que ainda jamais uma foi escrita" (*Untersuchung über die Deutlichkeit der Grundsätze der natürlichen Theologie und Moral*:[2] Akad. Ausg. II p. 283). Mesmo que Aristóteles deixe em aberto diversas perguntas, ele conhece a Filosofia Primeira em formas bem-definidas e detalhadas pormenorizadamente.

Cheguemos primeiramente a um panorama: o Livro I da *Metafísica* desdobra o pensamento do saber pura e simplesmente mais elevado (I 1-2) e esquematiza, em seguida, uma história da filosofia fundamental até então (I 3-9); ela se estende de Tales, passando por Heráclito, Empédocles e Anaxágoras, por Demócrito, os pitagóricos e Parmênides, chegando até Platão e os platônicos Espeusipo e Xenócrates. Na modernidade, em Descartes e de outro modo em Kant, uma nova metafísica responde a uma

---

[2] N. de T. *Investigação sobre a clareza dos princípios da teologia natural e da moral*.

crise, até mesmo ao fracasso de toda metafísica antiga. Também Aristóteles já se depara com metafísicas – o mesmo vale para Platão; também nos seus precursores ele descobre limitações. Mesmo que não fale de um início radicalmente novo, pertence com efeito à sua filosofia fundamental algo que esperamos apenas da modernidade; ela é – em parte – metafísica na forma de crítica da metafísica.

Discussões prévias contém, em segundo lugar, o assim chamado Livro das Aporias ou Livro de Problemas (III, cf. XI 1-2). Num panorama sobre as tarefas de uma ciência elementar dos princípios, Aristóteles apresenta catorze dificuldades (aporias e, por conseguinte, problemas) ao lado de uma dificuldade adicional. Ele discute os prós e contras de sugestões alternativas de solução e, já freqüentemente, indica a sua própria solução. As primeiras dificuldades associam-se ao livro introdutório (I):

1. se a discussão dos motivos é tarefa *de uma* ciência ou de *diversas* ciências;
2. se a tarefa de tal ciência consiste somente na discussão dos primeiros princípios da substância ou também no tratamento dos axiomas. Além disso, Aristóteles questiona (dificuldade nº 12) se os princípios são universais ou particulares, bem como (dificuldade nº 13) se eles existem segundo a potência (*dynamei*) ou segundo a realidade (*energeia*). O catálogo de problemas apresentado introdutoriamente (III 1) termina com a pergunta (nº 14) se se trata, nos números, nas linhas, nas figuras e nos pontos, de substâncias (*ousiai*).

Na medida em que o Livro III liga-se ao Livro I, o Livro II aparece como um enxerto a ser lido como uma introdução ao estudo da filosofia. São tratados três temas: a filosofia como ciência da verdade (Capítulo 1), a finitude de toda série de causas (Capítulo 2) e questões de método, como, por exemplo, a exigência de não se esperar em toda ciência um caráter matemático estrito (Capítulo 3).

O Livro V, *Sobre o múltiplo significado dos conceitos* (*Peri tôn posachôs legomenôn*), é o mais antigo léxico da filosofia disponível a nós. De princípio (*archê*), causa (*aition*) e elemento (*stoicheion*), passando por aspectos como a natureza (*physis*), o necessário (*anankaion*) e o uno (*hen*), sobre o ser (*einai*) e a substância (*ousia*), até o falso (*to pseudos*) e o acidente (*to symbebêkos*), apresentam-se não menos do que trinta conceitos principais e cerca de dez conceitos secundários. Todos eles não pertencem a disciplinas isoladas; como conceitos comuns a elas, têm um estatuto filosófico, até mesmo filosófico-fundamental. Digna de nota é a elevada capacidade de diferenciação; que ela se liga a uma brevidade quase lacônica, isso reside em seu caráter de apontamento.

O Livro VI, por fim, contém discussões prévias. Ele começa com a diferenciação de reflexões teóricas, práticas e poiéticas e com a divisão do domínio teórico em física, matemática e teologia. E, sob a indicação do significado múltiplo do ente, os modos secundários do ente são excluídos da discussão principal.

Para esquematizar os demais temas: os Livros VII-IX, os livros da substância (em si não totalmente homogêneos), investigam o conceito de substância. O Livro X discute o uno (*hen*) e conceitos a isso relacionados (identidade, não-identidade, semelhança e contrário). O Livro XI resume primeiramente (Capítulos 1-7) sentenças dos Livros IV e VI e, em seguida (Capítulos 8-12), de partes da *Física*. O Livro XII contém, ao lado de um esboço posterior da filosofia da natureza de Aristóteles, a famosa teologia. Os Livros XIII e XIV (conclusivos) completam a "história dos pré-aristotélicos" contida em Livro I 3-9, na medida em que apresentam teorias pré-aristotélicas das substâncias não-sensíveis e relacionam a isso, adicionalmente, pensamentos próprios de Aristóteles: sobre a teoria das idéias, dos números e dos números ideais, bem como dos princípios.

No decorrer desses catorze Livros, a Filosofia Primeira mantém uma definição tríplice e é realizada também em forma tríplice:

1. a filosofia fundamental é uma ciência daqueles princípios mais universais, os axiomas, que já são mencionados nos *Segundos analíticos*, mas não comprovados em sua validade. Essa concepção é realizada no Livro IV 3-8 e nos Capítulos 5-6 do Livro XI, cuja autoria, no entanto, é discutida.
2. A filosofia fundamental é uma ciência do ente enquanto ente (*on hê on*), ou seja, aquela ontologia que, à diferença das disciplinas particulares, investiga os princípios e as estruturas comuns a todo ente. O programa é apresentado no Livro IV 1-2 e, após reflexões delimitadoras no Livro VI 2-4, detalhado continuamente nos Livros VII-IX (cf. *Cat.* e partes da *Física*). Uma vez que a temática não é totalmente homogênea, pode-se diferenciar no âmbito dos Livros da Substância (VII-IX) dois temas: por um lado, Aristóteles pergunta pelo ente por excelência, a *ousia*, substância em sentido próprio; por outro lado, ele se ocupa com as quatro causas e com o par conceitual possibilidade e realidade. Adiciona-se em *Met.* XIII-XIV uma teoria dos objetos matemáticos. (Também esse tema pertence à Filosofia Primeira é o que lembra a nova acepção da filosofia através de lógicos e teóricos da matemática como Frege, Russell e Whitehead.)
3. De acordo com o programa do Livro I 2 (983*a*5-10; cf. VI 1), realizado no Livro XII, ela é afinal uma ciência divina, e isso em sentido duplo. Como ciência do objeto de estatuto mais elevado,

o eterno (*aei*), imóvel (*akinêton*) e separado (*chôriston*), que é identificado com o divino, ela é teologia filosófica. Além disso, aparece como aquela ciência que é "praticada" pelo próprio divino. Pode-se perguntar, contudo, se Aristóteles realiza o programa de *Met.* I 2 e VI 1 de fato somente no Livro XII, ou se nele tem em vista também a ontologia. No caso da teologia filosófica, a filosofia escolástica falará de *Metaphysica specialis*, de uma metafísica que discute um objeto especial; e a ontologia será chamada de *Metaphysica generalis*, uma vez que investiga as características de estrutura e os princípios de tudo o que é.

Não se deve entender as três formas como concorrentes. Ao contrário, há diversificadas conexões de conteúdo. Assim, por exemplo, a teoria dos axiomas ergue uma reivindicação ontológica (*Met.* IV 3, 1005*a*23s.) e, passando pelo seu par conceitual ato-potência, a ontologia remete à teoria do primeiro motor (*Met.* IX 8, 1050*b*6). (Para conexões de conteúdo, ver, por exemplo, Inciarte, 1994.)

Aristóteles não só apresenta aporias, mas também cai nelas. Uma primeira dificuldade reside na pergunta sobre o que exatamente deve tratar a Filosofia Primeira. Uma dificuldade posterior (ver Capítulo 11, "Substância") esconde-se na questão sobre o que afinal é a substância própria, a coisa concreta particular ou o seu *eidos*, a forma específica. E uma terceira dificuldade decorre da exatidão como um critério para a filosofia fundamental. Dado que uma ciência é tanto mais exata quanto menos pressuposições ela faz, também a matemática deveria ter um caráter de filosofia fundamental. Contra isso fala, contudo, o fato de que o seu objeto é obtido através da abstração. Uma dificuldade posterior: dado que o ente é investigado pela ontologia como ente e pela *Física*, em contrapartida, como ente natural, a primazia da ontologia parece não-problemática. Ali onde, porém, ontologia e *Física* investigam os mesmos conceitos – ato e potência, matéria e forma –, a *Física* não pressupõe a discussão dos Livros da Substância, mas sim realiza uma análise independente disso.

Com a ética, mais uma vez, ocorre algo diferente. Surpreendentemente, estão ausentes do programa de uma filosofia fundamental tríplice os dois conceitos fundamentais do prático: o conceito de fim (*telos*) e o conceito de bem (*agathon*). A partir da tarefa auto-imposta de investigar todos os princípios fundamentais, a filosofia fundamental seria responsável por ambos, isto é, pelo domínio do teórico e pelo domínio do prático. O Livro das Aporias pondera também uma teoria expandida desse tipo, aquela teoria que inclui conjuntamente os dois conceitos fundamentais mencionados (*Met.* III 2, 996*b*10-13). No entanto, a *Metafísica*, com exceção de poucas observações (por exemplo, *Met.* XII 7, 1072*a*2-4), realmente deixa de lado os conceitos fundamentais do prático. Assim, há como um todo quatro tarefas das quais a *Metafísica*, de Aristóteles, assume só três: (1) como uma teoria dos axiomas, responsável tanto pelo domínio do teórico quanto também do prático, ela é por definição uma filosofia fundamental. Ela é (2) como teoria do ente mais elevado (teologia) e (3) como teoria do ente como tal (ontologia) uma filosofia fundamental somente teórica, e isso certamente em dupla forma. O seu (4) complemento prático ela deixa *de facto* para a ética; a partir daí, é devido a ela em parte o estatuto de uma ética dos costumes, em parte o de uma Filosofia Primeira do prático, de uma filosofia fundamental prática ou metafísica prática.

Para muitos intérpretes, os três Livros da Substância formam o cerne e o ponto máximo da *Metafísica*. Dado, porém, que as outras duas concepções nem formam uma parte da teoria da substância nem erguem ilegitimamente uma pretensão a uma ciência de princípios, fala-se melhor de três partes em essência igualmente justificadas, a saber: da (1) teoria dos axiomas, que é ontologicamente significativa, sem tornar-se apêndice ou prefácio dos Livros da Substância, da (2) ontologia da (substância) e (3) da teologia natural. Acrescenta-se a isso (4) a parte de filosofia fundamental da ética.

Segundo Werner Jaeger (1912), mostra-se na diferença entre teologia e ontologia o desenvolvimento de uma fase próxima a Platão para uma fase distante de Platão. Naquela, a Filosofia Primeira é entendida no sentido mais tarde usual de metafísica, como ciência de um mundo além do mundo da experiência, supra-sensível ou sobrenatural, divino; nesta, ao invés disso, como uma ontologia geral. É correto afirmar que há na obra *Metafísica* como um todo diferentes camadas, ao menos diferentes partes, além de acréscimos e adições. Isso, porém, não prova concepções concorrentes, que por sua vez podem ligar-se a diferentes fases do pensamento. Aristóteles, em todo caso, coloca a si mesmo a pergunta correspondente e adota, em resposta, ambas as concepções: a teoria da substância imóvel, que acaba incorrendo numa teologia filosófica, e a ciência "geral" que investiga o ente enquanto ente (*Met.* VI 1). Nessa observação programática, reside de fato uma pretensão sistemática relativamente elevada. A diferença entre *Metaphysica generalis* e *Metaphysica specialis* aparece como suspensa; a Filosofia Primeira torna-se uma teoria que, como tal, tem o valor de uma ontologia; teologia e ontologia não se tocam simplesmente, elas incorrem até mesmo numa coisa só.

Portanto, seria possível anunciar essa ontoteologia como concepção próxima a Platão e a ontologia livre da teologia como concepção distante de Platão. Contra as hipóteses mais estritas de desenvolvimento defendidas por Jaeger, erguem-se, contudo, também importantes reflexões. Por exemplo, a crítica das idéias, da versão presumivelmente próxima a Platão, no Livro I 9, está amplamente em concordância com a versão presumidamente distante de Platão no Livro XIII 4-5, em parte até mesmo literalmente. Em segundo lugar, do estilo "nós" na primeira crítica das idéias não se pode concluir pela proximidade de Platão e do estilo "eles" da segunda crítica não se pode concluir por um distanciamento de Platão. Caso se sigam o escritos transmitidos, então Aristóteles jamais poderia ter reconhecido a doutrina das idéias de Platão e poderia ter procurado desde o início uma filosofia fundamental alternativa a ela. Além disso, o ponto angular da sua ontologia, o teorema do significado múltiplo do ente, aparece tanto no Livro VI (2, 1026a33), que desenvolve a concepção onto-teológica, quanto na ontologia livre da teologia (VII 1, 1028a10). Já a teologia presumivelmente próxima de Platão critica a doutrina das idéias platônicas e, ao mesmo tempo, um entendimento corrente da metafísica. Deus não é pensado com base num distanciamento do mundo da experiência, mas na passagem por ele. Mesmo que não seja perceptível, ele estabelece, de fato, a condição de possibilidade do mundo perceptível (ver Capítulo 10, "O conceito cosmológico de Deus").

Quatro características são comuns às diferentes concepções, e cada uma concede à ciência de princípios correspondente estatuto e atratividade (*Met.* I 2). Em primeiro lugar, ela se destaca por uma exatidão que aqui não deve ser entendida quantitativamente como uma medição exata até a quinta casa após a vírgula, como também não em termos de teoria da demonstração como argumentação estrita, mas em termos de teoria dos princípios como capacidade de satisfazer-se com o menor número possível de pressuposições. Nesse sentido, no de que ela, ao invés de fazer pressuposições, reflete sobre elas, a filosofia fundamental é a mais exata de todas as ciências (*Met.* I 2, 982a12s. e a25-28).

Quem conhece os princípios sabe, em segundo lugar, tudo – com a seguinte restrição: até o ponto em que se consegue fazê-lo. Aqui, e seguramente somente aqui, poderia residir a saída da hoje reclamada fragmentação das disciplinas: não na unificação de uma imagem de mundo em verdade somente simplificadora, mas numa unidade intermediada por princípios. Enquanto as ciências comuns ocupam-se com dados especiais ou com dados gerais, mas numa perspectiva especial, a Filosofia (Primeira) abandona tudo o que é especial e volta-se para o universal, que é, ao mesmo tempo, o fundamental.

Muito embora Aristóteles ponha à prova na totalidade dos seus tratados um saber quase enciclopédico, ele vê nisso, em conhecimentos abrangentes, tão-pouco um sinal de filosofia fundamental como numa imagem de mundo unitária. Ao invés disso, ele busca um saber qualitativamente novo, de nível superior, que, eis um terceiro traço, nem apresenta um pré-nível para as ciências próprias – o filósofo não é nenhum "guardador de lugar" para grandes cientistas específicos –, nem significa aquele conteúdo mesmo de todo saber, que diminui o valor das ciências comuns. Dessa maneira, a filosofia fundamental pode sobrepujar o saber das ciências particulares, sem entrar no seu lugar. Por um lado, só o filósofo fundamental ganha familiaridade com os conceitos e princípios comuns a todas as ciências; por outro lado, só o cientista específico pesquisa os conceitos e princípios específicos para a sua disciplina. Por conseqüência disso, Aristóteles contrapõe-se tanto a uma auto-sobrevalorização idealista da filosofia quanto a um desrespeito empirista dela: nem se tornam supérfluas as disciplinas particulares (filosóficas e científicas) através da filosofia fundamental nem através delas se torna supérflua uma filosofia fundamental.

Ao perfil da filosofia fundamental pertence, em quarto lugar, um peso existencial que se tornou estranho para nós. Na perspectiva epistêmica, ele resulta do intercurso de um desejo de conhecimento natural com a intenção da sua realização imanente; na perspectiva prática, vale que aquele que se dedica à metafísica exercita uma atividade livre e, ao mesmo tempo, feliz.

10

COSMOLOGIA E TEOLOGIA

META-FÍSICA

A imagem original, homérica de Deus, por parte dos gregos, é antropomórfica. Através da explicação filosófica, ela experimenta uma explanação, que é conduzida em duas variantes. O filósofo da natureza Tales (em torno de 600 a.C.), Anaximandro e Anaxímenes (século VI a.C.) empurram diretamente para o lado os mitos homéricos e desenvolvem, em vez disso, uma cosmologia. Xenófanes, mais jovem (em torno de 500 a.C.), propõe em contrapartida uma sublimação. No lugar de muitos deuses, aparece o Deus uno que se destaca pela perfeição, e não por aquela imortalidade que o Fragmento B 11 estigmatiza: "Homero e Hesíodo atrelaram aos deuses tudo o que junto aos homens é (somente) xingamento e censura: praticar roubo e adultério e enganar um ao outro". Xenófanes, porém, segue nesse sentido à virada cosmológica, na medida em que toma Deus como um ser imóvel, que, em virtude do seu espírito, move tudo (Diels e Kranz, 21 B 23-26; cf. Platão, *República* II 379a-380c).

A esse monoteísmo associa-se em intenção cosmológica o Livro XII da *Metafísica*, que também se chama Livro Lambda. (Sobre a teologia de Aristóteles, cf. Krämer, 1967, 2.ed.; Elders, 1972; Owens, 1978, 3.ed.; Oehler, 1984.) O tratado fechado em si realiza de modo mais claro o programa de filosofia fundamental de Aristóteles. Segundo as condições de *Met.* I 2 e *Met.* VI 1 (cf. XI 7, 1064*b*1ss. e *EN* VI 7, 1141a34ss.), trata-se tanto do objeto de mais elevado estatuto, o eterno (*aei on*), o imóvel (*akinêton*) e o independente (*chôriston*), quanto do divino e daquilo que o Deus faz. Segundo as primeiras condições, comprova-se o que mais tarde significa "metafísica" como um capítulo da ontologia; segundo as duas últimas condições, ela se comprova como teologia filosófica; e através da conexão entre elas a metafísica torna-se ontoteologia.

De tratados teológicos esperam-se discussões das propriedades de Deus, por exemplo, a sua onipotência, bondade total e onisciência, bem como uma comprovação da sua existência, uma prova da existência de Deus. A ambas as expectativas o Livro Lambda faz jus somente com limites. O Deus aristotélico não dispõe das mencionadas propriedades, e o livro contém muito mais do que apenas uma doutrina de Deus; ele oferece um esboço da filosofia teórica de Aristóteles.

O primeiro capítulo nomeia como objeto a substância (*ousia*) e introduz, então, três tipos de substâncias, ou seja, três âmbitos do ser. O objeto genuíno da matemática, números e figuras geométricas, está ausente, porque aqui – de acordo com a teoria da matemática de Aristóteles (ver Capítulo 7, "Contínuo, infinito, lugar e tempo") – não existem quaisquer substâncias (cf. XII 8, 1073*b*7s.). No domínio do sensível (*aisthêton*), (1) as substâncias corruptíveis do mundo (sublunar) deste lado da lua são separadas das (2) substâncias eternas, os astros. Ali dominam nascimento e morte, instabilidade e decadência, aqui a perfeição de movimentos circulares. Como os dois primeiros tipos de substância pertencem à natureza (*physikai*: XII 6, 1071*b*3), mas diferenciam-se fundamentalmente, pode-se, na teoria das coisas corruptíveis da natureza, falar de uma física 1 e, na teoria das coisas eternas da natureza, de uma física 2. Contra os dois domínios, Aristóteles distingue (3) a substância que não é nem visível nem movida, o movente imóvel, que aparece no lugar do Demiurgo de Platão. Mesmo aqui a teologia perfaz somente uma pequena parte. Para tanto, Aristóteles discute com a "metafísica" das idéias de Platão e remete a uma hipostasiação do universal. Porém, ele permanece platônico na medida em que reconhece uma substância não mais sensível.

Através da saída da física (1 e 2), o Livro Lambda apresenta-se como meta-física em sentido literal, como uma reflexão sobre um além da física que se mostra meramente na passagem pela física. Ao mesmo tempo, ele dá nome ao princípio dela; o objeto que transcende o mundo visível, o supra-sensível, é a condição de sentido do mundo sensível. Nessa medida, a metafísica não é nenhuma disciplina científica estritamente autárquica, mas a reflexão de fronteira de uma física realizada conseqüentemente.

Por causa dessa conexão entre a primeira parte, de filosofia da natureza, e a segunda parte, metafísica, surpreendentemente não há aquele corte através do qual a física é marcada como uma "Filosofia Segunda" e separada em contraposição à Filosofia Primeira. A parte genuinamente metafísica do Livro Lambda forma, com efeito, o nível mais elevado do saber, porém é remetido aos outros níveis e não encontra nenhuma atenção claramente para além da filosofia da natureza. Os primeiros cinco capítulos difundem os objetos da natureza, pelos quais se é conduzido ao objeto sobrenatural. Ao contrário, os próximos cinco capítulos apresentam aquele mundo sobrenatural sem o qual os processos do mundo natural não podem ser explicados.

Uma outra particularidade ainda se evidencia: não o conceito teológico "Deus" é o conceito condutor do Lambda, mas sim o conceito de filosofia da natureza do motor imóvel. Segundo o decisivo Capítulo 7, o que dispõe do poder de mover algo sem ele mesmo ser movido é o desejado e o pensado (*to orekton kai to noêton*: XII 7, 1072*a*26), bem como o amado (*kinei hôs erômenon*: *b*3). O motor imóvel (*to akinêton kinoun*) é o princípio do movimento em termos de "devido a que" (*b*2), a razão final ou teleológica de todo ente. Também nas explanações seguintes, não é realmente Deus que forma o ponto alto, mas a concepção da *noêseôs noêsis*, o pensamento do pensamento (XII 9, 1074*b*34s.; cf. XII 7, 1072*b*20s.). O motor imóvel é o espírito que se dirige a si mesmo e que exatamente através disso obtém a sua dignidade.

Muito embora em torno do final das determinações apareçam as expressões "divino" e "o Deus" (XII 7, 1072*b*25ss.), não se pode dizer que a filosofia da natureza de Aristóteles e a ontologia culminaram numa teologia. Afinal, "Deus" é somente uma entre muitas determinações e de forma alguma a mais importante delas. Em primeira linha, é o motor imóvel que perfaz a origem de todo movimento e, ao mesmo tempo, o fundamento da unidade de todos os fenômenos da natureza. De modo característico, a *Física* fala, de fato, de um motor que não é ele mesmo movido (II 7, 198*b*1s.), mais adiante do primeiro motor (VIII 6 e 10), porém não ao mesmo tempo de Deus ou do divino. O Livro Lambda, a partir disso, não é apenas supervalorizado com o título "teologia filosófica", mas é até mesmo falsamente definido. No Livro, na verdade não se trata de teologia, mas de ontologia, de filosofia da natureza e de cosmologia. A teologia, embora constitua uma parte imprescindível, mantém um significado subsidiário para a ontologia e a cosmologia.

O CONCEITO COSMOLÓGICO DE DEUS

A segunda parte do Lambda, um belo exemplo para o caminho até os princípios, leva das substâncias perceptíveis a nós conhecidas até a substância imóvel a nós desconhecida, mas conhecida no mundo do conhecimento. A argumentação, uma redução em quatro passos, chega como primeiro passo (*Met.* XII 6, 1071*b*5-11) da totalidade dos movimentos perceptíveis até uma forma distinta, ao movimento não mais corruptível, eterno. De acordo com o argumento decisivo, não pode ser o caso que tudo é corruptível, uma vez que nem o movimento nem o tempo surgem (cf. *Phys.* VIII 1, 251*a*8-252*b*6). O movimento exigido para isso, tanto contínuo quanto eterno, é possível apenas como um movimento circular (*Met.* XII 6, 1071*b*10s.; cf. *Phys.* VIII, 8-10; também *Cael.* II 3), o qual, como se dirá mais tarde (*Met.* XII 8, 1073*b*17-32), é atribuído às estrelas fixas. Também os movimentos dos planetas são reduzidos a movimentos circulares. Um excurso astronômico apresenta primeiramente a doutrina de Eudóxo (séc. IV a.C.), um dos maiores matemáticos e astrônomos da Antigüidade. De acordo com ela, devem ser assumidos para sol e lua a cada vez três e para os planetas conhecidos de então (Mercúrio, Vênus, Marte e Júpiter) a cada vez quatro esferas celestes. Associam-se em seguida os melhoramentos que o astrônomo Calipo sugere, e segue depois a própria visão de Aristóteles. Para explicar os tão complicados movimentos na imagem de mundo geocêntrica, Aristóteles assume para Saturno e Júpiter a cada vez sete; para Marte, Vênus, Mercúrio e o sol a cada vez nove; para a lua, porém, cinco, como um todo, ou seja, 55 esferas celestiais.

O Demiurgo de Platão (o mestre de obras do mundo: *Timeu* 41*a*ss.), o qual segundo idéias previamente dadas faz de uma matéria ainda desordenada o cosmo, contém por causa do vínculo da matéria um momento de potencialidade. Conforme Aristóteles, isso causa interrupção à perfeição de um primeiro princípio verdadeiramente primeiro. Em conseqüência disso, o segundo e o terceiro passo de argumentação (XII 6, 1071*b*12ss., 1072*a*24-26) mostram que não pode haver o movimento eterno, a menos que exista como o seu princípio uma substância à cuja essência pertença (pura) realidade. De acordo com o segundo passo, mais curto, há uma substância intermediária, que move outro e ao mesmo tempo é movida. Ela é identificada com o primeiro, o mais elevado céu. Já que a primeira substância é por sua vez movida, tem de haver ainda uma causa posterior, o que, eis o terceiro passo, conduz ao objeto puramente pensado, ao espírito e ao motor imóvel (cf. também *Phys.* VIII 5).

Devido à sua pura realidade, o espírito não pode relacionar-se com a esfera do sensível co-determinada pela matéria, nem com as formas específicas, uma vez que, de acordo com XII 3-5, elas estão ligadas às substâncias sensivelmente perceptíveis. Assim, o espírito dirige-se ao único objeto livre de matéria, ou seja, a si mesmo. O resultado é paradoxal: ao ápice da cosmologia aristotélica, à auto-referência do espírito (*noêseôs noêsis*), está ausente todo vínculo do cosmo, todo vínculo do mundo (cf. Oehler, 1984, p. 64-93). A deidade pensa a si mesma e somente a si mesma. E, na medida em que o pensamento é pensado discursivamente, nem sequer isso acontece; a deidade encontra-se em intuição eterna de si mesma.

Aristóteles insere o pensamento do motor imóvel primeiramente no Capítulo 7 somente para as estrelas fixas e, no Capítulo 8, para as 55 esferas do sol e dos planetas. A pluralidade que resulta disso, de uma e de 55 substâncias inteligíveis, aparece, porém, surpreendentemente tanto no texto – afinal, o Capítulo 7 nada aponta nessa direção – quanto segundo o conteúdo. Como o motor move, a saber, não mecanicamente, mas teleologicamente, mais exatamente "eroticamente", pergunta-se por que não basta para o céu inteiro um único exemplar do motor imóvel.

A leitura tradicional e primariamente teológica do Lambda poderia querer resumir os primeiros três passos num um único passo principal, ao que se segue, como segundo passo principal, a equiparação do motor imóvel com Deus. No quarto passo de argumentação (*Met.* XII 7, 1072a26-1073a13), Aristóteles define o motor imóvel não só através da divindade, mas também através de uma grande quantidade de determinações que incorrem numa perfeição cosmológica. O motor imóvel é realidade pura, contemplação pura e pensamento do mais elevado e do melhor. Ele é o prazer mais elevado e duradouro, é espírito, é melhor e eterna vida, bem como imaterial (semelhantemente em *EN* VII 15, 1154b26s. com X 8, 1178b21s.). Tanto na vida do motor imóvel quanto no seu prazer trata-se de formas especiais: naquela, de uma vida noética, livre da matéria; neste, de um prazer noético, sem movimento, que, ainda assim, cedem o modelo para as formas costumeiras.

Somente no âmbito dessas muitas determinações, ou seja, quase apenas de maneira secundária, o motor imóvel iguala-se com a deidade (*ho theos*) (XII 7, 1072b23ss.). Nesse aspecto, Aristóteles propõe uma *metabasis eis allo genos*; ele abandona a argumentação até aqui cosmológica e pisa em terreno teológico. A passagem, porém, não é necessariamente inadmissível, porque o Deus do Lambda, estando muito longe de ser um objeto de veneração religiosa, permanece um princípio puramente cósmico. Ao mesmo tempo, Aristóteles propõe uma nova interpretação do conceito de Deus, que rompe com a teologia grega transmitida. Através do singular com o artigo definido – "o Deus" –, ele critica a fé popular num sem-número de deuses, semideuses e demônios. No lugar das muitas deidades pessoais, que se intrometem no destino dos seres humanos ora vindo em seu auxílio, ora punindo-os, entra não a sublimação delas num Deus pessoal, mas uma deidade apessoal que não se importa com as questões humanas. Ao politeísmo transmitido resta, porém, algum direito na medida em que há Deus também no plural. Sem anunciar os 55 moventes-sol e moventes-planetas diretamente como deuses, Aristóteles considera como admissível equiparar os deuses da tradição com as esferas celestes (XII 8, 1074a31ss.). Por outro lado, ele critica a acepção de uma pluralidade de céus. Afinal, o princípio respectivo deles seria, segundo a forma (*eidei*), um, mas segundo o número seriam seguramente muitos; para uma pluralidade, precisa-se, porém, de matéria (*hylê*), a qual falta ao primeiro movente imóvel na sua *energeia* pura. Com isso, encontramos em Aristóteles uma conexão particular de monoteísmo e politeísmo, cujo conteúdo exato permanece aberto. Segundo pesquisas sobre os diálogos transmitidos somente de modo fragmentário, Aristóteles de modo algum rejeita a teologia dos mitos.

Poder-se-ia querer admitir, diante do movente de estrelas fixas, o estatuto superior aos 55 moventes-sol e moventes-planetas. Essa possibilidade é descartada, uma vez que o superlativo absoluto, através do qual o movente imóvel é definido, não permite em si nenhuma diferença de estatuto. Na medida em que não se põe de lado o Capítulo 8 como uma interrupção estranha ao curso de pensamento dos Capítulos 6-7 e 9-10, é preciso representar o âmbito puramente inteligível como uma unidade, de certa forma como uma pluralidade imanente ao monoteísmo. Justamente ela oferecerá, mais tarde, uma abordagem para a teologia cristã da Trindade, inspirada por uma concepção da *noêseôs noêsis* intermediada pela metafísica neoplatônica do espírito. Trata-se de um pensamento ao mesmo tempo intuitivo e reflexivo: ele se apreende na sua pluralidade não no decorrer da pluralidade, isto é, não discursivamente, mas "de uma só vez".

Como, segundo *Met.* I 2 (983a5-10), a ciência mais divina conhece todas as causas e princípios, o espírito divino não parece poder restringir-se a um autoconhecimento, mas parece incluir um saber compreensivo, uma onisciência de tal sorte. O Livro Lambda não deixa, porém, nenhum espaço para tanto. Tal como reforça o problemático Capítulo XII 9, o espírito divino não tem nenhum saber do mundo fora de si mesmo; dirigido ao mais divino, mais digno e imutável, ele se ocupa meramente consigo mesmo (1074b26 e b33ss.).

Uma argumentação em cujo fim se encontra "Deus" costuma chamar-se de uma prova da existência de Deus. Devido à exposição extremamente comprimida, encontramos em Aristóteles mais um modelo de pensamento do que uma dedução estrita. A respeito da substância imóvel, sobretudo, afirma-se que ela existe necessariamente (*Met.* XII 6, 1071b4ss.), mas não da sua equiparação com a deidade. A partir disso, ocorre antes o seguinte: *caso* se queira falar de Deus, *pode-se* fazê-lo no modo esquematizado; que se declare o princípio cosmológico necessariamente como Deus, isso Aristóteles, em contrapartida, não afirma, nem que se possa conceber Deus só na passagem por uma cosmologia. O Livro Lambda desenvolve um tipo básico de teologia filosófica, a sua forma cosmológica (cf. Platão, *Leis* X 890b-899d), sem erguer, para ela, uma pretensão de exclusividade.

De maneira mais exata, a teologia do cosmo de Aristóteles não se dá de forma casual nem mecânica, mas teleologicamente. Nesse sentido, os princípios cósmicos introduzidos por Empédocles, a saber, amizade e conflito, poderiam ter ficado padrinhos (cf. *Met.* XII 6, 1072a6, mas também XII 10, 1075b2ss.). O motor imóvel não opera nem através de poderes magnéticos nem através de um tipo de gravitação, uma vez que de uma substância puramente imóvel não partem quaisquer impulsos. Pelo mesmo motivo, ele é de fato espírito, e não um tipo de cérebro do mundo ou um centro cósmico de controle. Como o fim mais elevado de todo o desejo (XII 7, 1072*b*26-30), ele exercita a sua força de atração antes como um modelo que, embora em força decrescente, determina a natureza como um todo. As estrelas fixas imitam o movente no sentido de que assumem a perfeição dele para o seu movimento espacial e realizam um movimento circular. E as substâncias da natureza sublunar, os seres vivos, anseiam por Deus na medida em que, como espécies, reproduzem-se eternamente (*Gen. an.* II 1, 731*b*31-732*a*1).

Sem dúvida, aquele movimento orientado ao fim, que conhecemos a partir do ser humano e que pode ser transmitido aos movimentos animais, o desejo, experimenta no Lambda uma extensão dificilmente dedutível. A capacidade de buscar fins (espontaneamente) a partir de si não pressupõe consciência, mas um impulso (*hormê*) que, por sua vez, em Aristóteles está ligado a uma alma. De acordo com *De Caelo*, os astros são destituídos de alma; somente o céu, em particular, tem uma alma (II 12, 292*a*20s. com II 2, 285*a*29s.), razão pela qual a cosmologia teleológica já se depara com dificuldades imanentes a Aristóteles. Torna-se extremamente difícil atribuir aos astros um impulso de desejar, amar e pensar, quando são tomados, como na modernidade, como mera matéria. O mais tardar agora o conceito de desejo torna-se nulo para a astronomia e, respectivamente, para a cosmologia. Não ao mesmo tempo caduca é a teoria do *nous*, ou seja, a metafísica do espírito. Ainda Hegel pode ver a *noêseôs noêsis* de Aristóteles como exemplo para a sua teoria do espírito absoluto. A *Enciclopédia das Ciências Filosóficas* termina citando a passagem correspondente do Lambda 7 (1072*b*18-30), sem comentário, no original grego.

Ainda que as sentenças de Aristóteles sobre o divino dêem cunho ao pensamento religioso da Idade Média, não se pode deixar de perceber a diferença fundamental. A perfeição antes evidente para Deus não é introduzida no Lambda nem na sua forma "técnica" como onipotência nem na sua forma "prático-moral" como bondade-plena, como amor dadivoso ou vontade santa. A perfeição de um espírito puro é de natureza teórica e não deixa lugar nem para a idéia de uma criação nem para a idéia de um Deus pessoal e de relação providencial com o ser humano. Também ele não é nenhum destinatário de preces ou objeto de meditação.

Um princípio cosmológico é, de fato, o objeto mais digno de honra em termos ontológicos, mas, apesar disso, nem comparável com o "Deus de Abraão, Isaac e Jacó" (Pascal) nem com o Deus encarnado. Tal como a forma plena da *eudaimonia*, assim o Deus cosmológico não necessita de nenhum outro: quem reflete somente sobre si mesmo não carece de quaisquer amigos (*EE* VII 12, 1244*b*7-9). A reciprocidade pressuposta no ser amado comum está ausente; toda relação com entidades de estatuto inferior somente limitaria a sua perfeição.

Uma teologia desse tipo significa, na época do Esclarecimento, deísmo. De acordo com ela, Deus é uma essência não-pessoal que nem se intromete no curso da natureza nem fala através de uma revelação. Sob a influência do estoicismo, do cristianismo e do islamismo, pretender-se-ão com efeito correções teísticas à teologia de Aristóteles; porém, ao próprio Aristóteles, elas não farão justiça; na melhor das hipóteses, elas acabam incorrendo numa replatonização.

É correto o que é dito em *Met.* I 2: um pensamento desse tipo excede o poder do ser humano? Caso se ponha em discussão a *Ética* (X 7, 1177*b*26ss.), então se dá um excedimento relativo, não absoluto. De uma vida do espírito entende também o ser humano, seguramente não na medida em que é ser humano, mas na medida em que tem algo divino em si. Em *Met.* XII (7, 1072*b*25), ele completa: o ser humano consegue só por algum tempo aquilo que o Deus faz sempre.

UM CONCEITO ÉTICO DE DEUS?

Definido como puro espírito, falta à deidade aristotélica toda parte intermediária da alma que permite aos deuses de Homero e de Hesíodo atitudes análogas às do ser humano. A título de exemplo, o divino não pode mais ser cheio de inveja (*Met.* I 2, 983*a*2s.; sobre a crítica ao antropomorfismo: III 2, 997*b*10 e XII 8, 1074*b*5-10; sobre a crítica às doutrinas míticas dos deuses: III 4, 1000*a*9ss.). Dele se subtraem, porém, também as virtudes correspondentes, a temperança, a coragem, a generosidade, etc. Quem, por isso mesmo, crê que falta em perfeição à deidade despercebe que as condições humanas de aplicação para as virtudes estão ausentes, tanto as condições objetivas do "intercurso de negócios, das situações de necessidade, etc." (*EN* X 8, 1178*a*10-14) quanto as condições subjetivas, os desejos.

Nessa privação reside até mesmo um crescimento da perfeição divina, e ela é tão óbvia que a acepção contrária é tomada como meramente risível (*b*10ss.). Somente a passagem retirada do tratado sobre a justiça poderia contrapor-se àquilo, segundo a qual a justiça é imutável junto aos deuses (*EN* V 10, 1134*b*38-30). A suposta contradição na *Ética* X 8 (1178*b*10-12) dissolve-se, porém, tão logo se completa: *se* devesse existir junto aos deuses a justiça – ela, contudo, não existe –, *nesse caso* ela tem neles, à diferença dos seres humanos, aquela propriedade que pertence a Deus de acordo com o Livro Lambda; ela é imutável.

Numa passagem diretamente correspondente, cita-se de modo afirmativo a opinião de que os deuses exercitaram para as questões humanas uma determinada preocupação (*epimeleia*: *EN* X 9, 1179a22ss.). No pano de fundo poderia estar o verso de Ésquilo: "Há quem creia que dos seres humanos a deidade não cuida... Pecaminosa é tal crença" (*Agamemnon*, V. 370s.). Na visão plenamente popular do cuidado divino, a imoralidade dos deuses homéricos é substituída por sua moralidade. Aristóteles não rejeita diretamente o pensamento, mas só o reconhece em forma sublimada. Não com o bom sucedimento material preocupa-se a deidade, também não com aquilo que muitos esperam pelas orações ou peregrinações, com uma melhoria da saúde, com a longa vida e o evitar de casos de infortúnio. A deidade ama sobretudo aquilo que lhe é mais semelhante, isto é, o sábio, o cientista e o filósofo (teórico). Aqui, destaca-se um segundo tipo de teologia aristotélica, a teologia ética. Falta a ela, contudo, o tipo de ética que nos é familiar. Aristóteles não indica, por exemplo, numa pré-acepção a Kant, uma religião moral da razão, muito menos como Kant adere a alternativa a ela, a uma "pós-fé". Ao invés disso, a sua eticoteologia aproxima-se da cosmoteologia apessoal.

11

ONTOLOGIA E LINGUAGEM

Com a tarefa de investigar o ente enquanto ente (*on hê on*: *Met.* IV 1 e VI 1, 1026a23-33, entre outras passagens), Aristóteles chama à vida uma nova disciplina filosófica, uma ciência geral do ser. Contudo, ela ganha o título de "ontologia" somente na metafísica escolástica da modernidade, graças a R. Göckel (Goclenius), no *Lexikon philosophicum* (1613/1964, Art. Abstractio). Aristóteles entende sob o *on*, o ente, todo tipo de objeto, tanto coisas como também pessoas, tanto essas "coisas" como também as suas propriedades, tanto o individual como também o universal e o estado de coisas. A sua ontologia sonda a realidade – excetuando-se o mundo prático e social – na sua forma geral e fundamental.

Porque o ente significa em sentido primário *ousia*, a ontologia, mesmo que abranja em si, segundo *Met.* IV 3, a teoria dos axiomas, incorre essencialmente numa teoria da *ousia*. *Ousia* é uma construção nominal sobre *einai* (ser) e significa a partir daí, literalmente, "entidade"; *ousia* é o conteúdo próprio daquilo que existe realmente: a realidade constante, dada de fato. A palavra, como quase toda a terminologia de Aristóteles, provém da linguagem cotidiana, enquanto as construções nominais análogas em latim (*essentia, substantia*) e em português (entidade) são palavras artificiais. Poder-se-ia traduzir com "ser"[1], na medida em que se entende a expressão no sentido de "ser" vivo[2]. Contudo, para não confundir a diferença com o ser de uma coisa (*ti estin*), traduz-se *ousia* melhor com "essência"[3] e *ti estin* com

---

[1] N. de T. Cf., no original, a expressão *Wesen*, que, em princípio, é traduzida como "essência", mas aqui é referida como elemento da palavra composta *Lebewesen*, que é traduzida como "ser vivo" ou "animal".

[2] N. de T. Cf., no original, a expressão *Lebe"wesen"*.

[3] N. de T. Cf., no original, a expressão *Wesenheit*.

"essencialidade"[4] ou, então, recorre-se a uma tradução latina, *substantia*, e diz-se "substância"[5].

Uma vez que já há muito existem reflexões ontológicas, Aristóteles pode novamente se relacionar com noções em geral reconhecidas e com as opiniões de filósofos anteriores. Ele jamais põe em questão a visão costumeira (V 8, VII 2 e VIII 1) de que substâncias são os elementos (ar, água, terra, fogo), as plantas (e as suas partes), os animais, os seres humanos (e as suas partes) e, finalmente, as partes do céu. Em *Met.* VIII 3, Aristóteles precisa que substâncias em sentido próprio são somente objetos naturais, e não também artefatos. No entanto, rejeita a opinião de que as idéias e as coisas matemáticas são igualmente substâncias (assim crêem Platão e os platônicos) desenvolvendo, ao invés disso, a sua própria teoria, a teoria da substância. (Para conexões com a Academia mais antiga, intermediadas pelo conceito de *ephexês*, de seqüência [ordenada], ver *Met.* VI 4, 1027*b*24; XI 12, 1068*b*31ss.; XII 1069*a*20.)

Até a modernidade, a teoria da substância é um dos mais discutidos temas da filosofia. Muito embora ela faça uma pressuposição, que se torna questionável com a filosofia transcendental, a saber, de uma objetividade independente de desempenhos apriorísticos de consciência, ela ocupa um papel – após Spinoza e Leibniz – ainda em Hegel. Mais tarde, ela cai sob o veredicto geral do século XX sobre a metafísica; porém, essa teoria goza de nova atenção na filosofia analítica (da linguagem).

A teoria da substância é desenvolvida no breve escrito das *Categorias* – o título, porém, não é documentado em Aristóteles – e na *Metafísica*, no tratado ontológico central, que alcança de VI 2 até inclusive IX, e cuja parte principal, os Livros VII-IX (Zêta, ta, Thêta), são igualmente designados como "Livros da Substância". Também respectivos são *Met.* IV 1-3 e V 7. Comum a esses textos é o conceito de categoria e a sua diferenciação em substância e acidente.

Os Livros da Substância, muito mais detalhados, tratam não só dá substância em seus diferentes significados (especialmente *Met.* VII 1-17; cf. Wedin, apud Rapp, 1996), mas também de temas que conhecemos a partir da filosofia da natureza: do par de princípios das substâncias perceptíveis, matéria e forma (*Met.* VIII, também VII 10-11), das perguntas de

---

[4] N. de T. Cf., no original, a expressão *Wesentlichkeit*.
[5] N. de T. Cf., no original, a expressão *Substanz*. É importante notar que o autor busca precisar, para a língua alemã, a tradução possível do grego *ousia*. Ao final, como de resto também no português e no latim – com *essentia* e *substantia* –, as expressões *Wesenheit* e *Substanz*, "essência" e "substância", são postas como sinônimos para o significado daquela palavra.

geração e corrupção (*Met.* VII 7-9, também VIII 5) e do par conceitual possibilidade e realidade (*Met.* IX; cf. Liske, apud Rapp, 1996). Devido às interferências temáticas com a filosofia da natureza, poder-se-ia crer que a ontologia não pode ser contrastada com aquela de modo seletivo; porém, os mesmos temas não são discutidos sob o mesmo ponto de vista: a filosofia da natureza considera o movido como tal, enquanto a ontologia investiga-o com respeito à sua constituição. Além disso, somente nos Livros da Substância trata-se do "ser veritativo", do verdadeiro e falso (*Met.* IX 10, também V 7, 1017a31-35 e VI 4).

É controverso o modo como a ontologia das *Categorias* relaciona-se com a da *Metafísica*. O primeiro texto, no século XIX até mesmo, é tido preponderantemente como ilegítimo, embora seja cada vez mais reconhecido, começando com Zeller (1921, 4.ed., p. 67-69), como aristotélico. Enquanto outros autores concebem duas posições mutuamente contraditórias (cf. Graham, 1987), segundo Owens (1978, 3.ed., p. 329) e Leszl (1975, p. 359ss.) não há nenhuma mudança essencial. E, para Kapp (1965, p. 50), as *Categorias* estão "muito distantes das insinuantes finezas da metafísica plenamente desenvolvida"; não obstante, trata-se de um texto bem-refletido, diante do qual a *Metafísica*, via de regra, oferece um ensinamento mais diferenciado, em parte também modificado, mas, basicamente nenhuma nova teoria. Se é verdadeira essa compatibilidade, isso se decide na pergunta sobre como se explicam as diferenças (ver Capítulo 11, "Substância"). De resto, os Livros da Substância dificilmente contêm eles mesmos uma teoria livre de rupturas e contradições.

CATEGORIAS

O escrito de mesmo nome apresenta, assim como a *Tópica* (I 9, 103b22s.), dez categorias; falta-lhe, contudo, uma meta-reflexão sobre a função do conceito. A expressão *katêgoria* é oriunda da linguagem judicial e designa a acusação, a incriminação (cf. *Rhet.* I 10, 1368b1). Porque o verbo *katêgorein* é traduzido para o latim como *praedicare*, as categorias também se chamam predicamentos. Graças a Aristóteles, a expressão entra na linguagem técnica da filosofia e, a partir daí, ingressa como palavra estrangeira nas linguagens cotidianas e científicas do Ocidente.

Antes de falar sobre as categorias, Aristóteles diferencia aquilo que se diz em conexões, por exemplo, "O homem corre", "O homem vence", daquilo que é dito sem ligação, por exemplo, "homem", "boi", "corre", "vence" (*Cat.* 2, 1a16-19). Pertencentes aos segundo grupo, as categorias são membros de proposições na medida em que são considerados ainda não-ligados por si a cada vez; não se pode afirmá-las ou negá-las; categorias não são nem falsas nem verdadeiras (*Cat.* 4). Todavia, nem todos os elementos de proposições são ordenados em categorias: as expressões lógicas (todos, alguns, um) não o são, assim como a cópula ("é") e os juntores (não, e, ou, se-então) também não. Restam aquelas expressões significativas elementares, as quais – em parte na posição do sujeito, em parte na posição do predicado – significam (*sêmainein*) algo, sem serem, segundo a realidade, compostos. A expressão "alazão", por exemplo, consiste de dois elementos ("branco" e "cavalo"); pertence, então, a duas categorias. A lista completa delas é assim descrita em *Cat.* 4:

1. *ousia*: essência ou substância; em outras passagens (*Met.* VII 1), diz-se por um lado *tode ti*: um determinado "este", por outro lado *ti estin*: o que é;
2. *poson*: o quão grande, o quanto: quantidade (por exemplo, do comprimento de dois côvados);
3. *poion*: de que tipo: qualidade (por exemplo, branco);
4. *pros ti*: em relação a algo: vínculo, relação (o dobro de);
5. *poû*: onde: lugar (no mercado);
6. *pote*: quando: tempo (ontem);
7. *keisthai*: estar: situação (ele está sentado);
8. *echein*: ter: posse (ele tem sapatos);
9. *poiein*: fazer: atuação (o médico corta);
10. *paschein*: sofrer: sofrer uma ação (o paciente é cortado).

As primeiras seis categorias são formuladas como perguntas, enquanto as outras quatro podem ser facilmente entendidas como respostas a uma pergunta. Das dez categorias, as primeiras quatro são explanadas detalhadamente; para as categorias sete, nove e dez há ainda breves observações, ao passo que as demais três permanecem sem explanação. Ao invés disso, seguem-se reflexões sobre quatro tipos de objetos e cinco tipos de prioridade, que se chamará de doutrina dos pós-predicamentos e que formam, originalmente, uma parte própria (*Cat.* 10-15). O léxico conceitual (*Met.* V) explana as categorias de substância, quantidade, qualidade, relação e posse.

Aristóteles parece estar convencido do número exato de categorias; contenta-se, porém, sempre conforme a oportunidade, com listas mais curtas. Em *Met.* XII 1 (1069*a*21), ele introduz uma lista tríplice, na *Ética* uma lista sêxtupla (I 4, 1096*a*24-27), e o léxico conceitual conta oito categorias (*Met.* V 7, 1017*a*25-27). Decisivo é, por um lado, o maior número e, por outro, a diferença hierárquica entre a primeira categoria e as outras categorias. De substâncias como "homem" e "boi" pode-se falar diretamente, enquanto de acidentes como "branco", "corre" ou "pesado" só se pode falar com relação a substâncias. Na primeira categoria, Aristóteles diferencia ainda a primeira da segunda substância. Trata-se naquela de um indivíduo determinado, por exemplo, de um homem ou de um cavalo, e nesta das espécies e gêneros que pertencem àqueles. Ao todo, resultam com isso três classes de entes:

1. indivíduos (primeiras substâncias);
2. espécies e gêneros (segundas substâncias);
3. propriedades (acidentes).

O critério da substância, a independência, é atribuído em sentido pleno apenas a uma coisa particular (*Cat.* 5, 2a11-14). Um determinado homem, Sócrates, nem é – como a propriedade "de cabelos brancos" – "em" um outro, nem é afirmado de um outro; excetuando-se proposições artificiais, Sócrates é sempre sujeito e não é um predicado possível. As espécies e os gêneros preenchem, por sua vez, apenas a primeira das duas independências. Pode-se ainda afirmar a definição de ser humano, o animal racional, de Sócrates; próxima aos acidentes, ela não é uma verdadeira substância, mas apenas a qualidade (*poion*: 3b15s.) de uma verdadeira substância. No âmbito da segunda substância, a espécie reivindica, devido à sua maior proximidade ao indivíduo, a realidade maior; ela é mais substância do que o gênero. Entre as espécies, por seu turno, não há primeiramente quaisquer diferenças hierárquicas; um homem não é mais substância do que um boi, mas ambos os indivíduos são, com certeza, mais substanciais do que as espécies respectivas, e ambas as espécies, por sua vez, mais substanciais do que o gênero de animal. Poder-se-ia crer que no pano de fundo desse comparativo está a zoologia; afinal, nela a espécie é a menor unidade de divisão. Porém, como filosofia fundamental, a ontologia não depende da zoologia.

A doutrina das categorias desempenha ao menos quatro funções.

1. Em termos de uma ontologia descritiva, ela soletra a plurivocidade do ente e, com ela, a riqueza da realidade. Em seu efeito construtivo, as categorias expõem o inventário mais completo possível da realidade como um todo.
2. Em termos de uma ontologia hierarquizante e, em sentido literal, crítica, elas permitem dizer o que significa "ente" em sentido primário e pleno (ver Capítulo 11, "Substância").
3. As categorias auxiliam, eis mais um efeito crítico, a descobrir e a evitar más interpretações ontológicas (cf. *An. post.* I 22, 83a30-33; *Soph. el.* 22, 178b24ss. e EN I 4) e servem, em geral, como instrumento de uma crítica da linguagem.
4. Finalmente, eis o seu efeito subsidiário, elas oferecem um método para determinar a pluralidade de significado dos conceitos

fundamentais, tal como nas quatro classes de movimento (*Phys.* V 1, 225*b*5-9; *Met.* XII 2, 1069*b*9-13) e no bem (*EN* I 4, 1096*a*11ss.).

A doutrina das categorias mais importante da modernidade, a da *Crítica da razão pura*, com o propósito de uma atividade do entendimento pura e independente da experiência, diferencia duas potências de conhecimento: a sensibilidade e o entendimento. Além disso, distingue um domínio dependente da experiência (empírico) de um domínio independente da experiência (apriorístico). Conforme essas diferenciações, Kant ordena as categorias à parte *a priori* do entendimento; categorias significam os conceitos fundamentais não-mais dedutíveis, os "verdadeiros conceitos originais do entendimento puro". Kant acredita, pois, que a sua "intenção primordialmente" é uma só "com Aristóteles", sendo apenas o caso que o "sagaz" Aristóteles, porque carecia de um critério, escolheu as categorias "rapsodicamente ... ao acaso". Sem dúvida, "encontram-se também entre elas alguns modos da pura sensibilidade" (quando, onde, situação, bem como antes, ao mesmo tempo), um modo empírico (movimento) e conceitos deduzidos (atuação, sofrimento de ação), enquanto alguns conceitos puros estão completamente ausentes (Akad. Ausg. III p. 92ss. = B p. 105ss.).

Aristóteles persegue uma intenção mais modesta. Satisfeito com uma pretensão teórica média, ele busca, frente à abundância desconcertante de possíveis proposições sobre um objeto, determinados aspectos comuns e os nomeia como as classes mais elevadas, gêneros (*genê*) daí formas (*schêmata*) de proposições (*Top.* I 9, 103*b*20s.; *Met.* V 7, 1017*a*23). Importam-lhe formas proposicionais elementares, que são, como as classes de causas, na falta de uma classe superior comum, igualmente originárias. Ao mesmo tempo, ele descobre uma unidade inovadora. Há idêntico não apenas nas três formas: segundo o número, a espécie e o gênero. Em acréscimo à unidade numérica, eidética e genérica, ele introduz a unidade – contudo, não propriamente assim denominada – segundo uma categoria e coloca assim, segundo Heidegger, o "problema do ser numa base fundamentalmente nova" (*Ser e tempo*, 1927, § 1).

Uma vez que também em Kant espaço e tempo, certamente como formas puras da intuição, não podem ser reduzidos a outros elementos, Aristóteles com razão os assume na lista de categorias. E, para justificar outra represensão de Kant, seria preciso poder subsumir "atuação" e "sofrimento de ação" a outras categorias. Por outro lado, Kant traz com as diferenciações sensibilidade-entendimento e empírico-puro um claro ganho de diferenciação.

Nem em Aristóteles nem em Kant o conceito de categoria deve-se a uma remissão imediata ao mundo ou ao ser humano. Trata-se de um conceito de reflexão. Diferentemente de Kant, Aristóteles o obtém não dedutivamente, por dedução a partir de um princípio, mas por um tipo de indução, através de uma abstração do comportamento lingüístico observado, razão pela qual as categorias têm não apenas uma importância ontológica, mas também uma importância lingüística; elas dizem respeito à linguagem e à realidade ao mesmo tempo (ver Capítulo 11, "Sobre a linguagem"). Partindo de um objeto individual, por exemplo, Sócrates, elas designam, por um lado, diferentes formas de proposições – aqui relacionadas à proposição predicativa padrão "Este *S* é *P*" –, por outro lado, diferentes formas do dito, o próprio ente: Sócrates é (1) um ser humano, (2) de um certo tamanho, (3) educado, (4) mais velho do que Platão, etc.

SUBSTÂNCIA

A sondagem da realidade feita por Aristóteles começa com a observação de uma ambigüidade elementar (*to on legetai pollachôs*; por exemplo, *Met.* IV 2, 1003*a*33; VI 2, 1026*a*33 e VII 1, 1028*a*10). O léxico conceitual menciona quatro significados (*Met.* V 7; *Met.* VI 2, 1026*a*33-*b*2), mais exatamente quatro tipos de uma completa pluralidade de significado do ente a cada vez. Seria possível sentir falta das diferenciações hoje comuns – o "é" como cópula, o "é" em termos de identidade e o "é" em termos de existência –, muito embora ao menos os dois primeiros significados já sejam conhecidos a partir do *Sofista*, de Platão (251a-c). Aristóteles não trata, porém, do verbo "ser", mas do ente. Este se diz primeiramente em si ou "acidentalmente" (que, aqui, não se quer dizer a diferença comum de atribuição essencial e acidental, o que foi mostrado por Tugendhat, 1983). No ente em si há, em segundo lugar, a pluralidade de significado das categorias, as quais, por sua vez, portanto em terceiro lugar, diferenciam-se na alternativa possibilidade ou realidade e, por conseguinte, potência ou ato. Finalmente, a partir do texto mencionado em terceiro lugar, há o ente, como verdadeiro ou falso, o "ser veritativo" ("É verdadeiro/falso que"). Os Livros da Substância aplicam-se ao segundo significado e nisso se ocupam essencialmente com a primeira categoria. Além disso, *Met.* IX investiga o par conceitual possibilidade-realidade e, no capítulo final (IX 10), o ser veritativo.

Quem, como Aristóteles, e diferentemente de Parmênides (*Phys.* I 3, 186*a*22-25), reconhece a ambigüidade e, apesar disso, não vê existir nenhuma mera igualdade de nome (homonimia; *Met.* IV 2, 1003*a*34) precisa pôr para si a pergunta pela unidade. Aristóteles responde a isso com uma estrutura hierárquica de ordem, a relação *pros hen*, e no esquema dela ocupa-se sobretudo com o objeto de primeiro nível, com aquele ente verdadeiramente (*alêthos on*), pelo qual o pensamento grego em geral se interessa. Segundo a relação *pros hen*, os diferentes significados de ente orientam-se de acordo com um significado exemplar, segundo um primeiro preferido, segundo o uno (*pros hen*) e uma natureza (*mian tina physin*: *Met*. IV 2, 1003a34; VII 4, 1030a35s.). Ao mesmo tempo, Aristóteles questiona que os diferentes significados possam ser subsumidos a um gênero mais elevado; nem entre a primeira categoria e as outras nove nem entre essas nove categorias ele vê ainda um caráter comum defensável objetivamente.

À pergunta relativa ao que é o uno em relação ao qual tudo o mais vale enquanto ente, ele oferece uma resposta em três partes. As primeiras duas partes o escrito sobre as *Categorias* já conhece, enquanto a terceira parte conhece somente *Metafísica*. O ente exemplar é em primeiro lugar a substância; em segundo lugar, a primeira antes da segunda substância e, em terceiro lugar, dentro das primeiras substâncias, um classe destacada. Como cada uma das três respostas corresponde a uma graduação, despertam a suspeita de que aí reside não uma ontologia descritiva, mas uma revisionista ou axiológica. Aristóteles, porém, não diferencia em lugar algum um ser essencial de um ente apenas aparente:

1. Nem nas *Categorias* nem na *Metafísica* Aristóteles posiciona-se teologicamente e explica o ente mais elevado, a deidade, como último ponto de referência. Em toda a sobriedade ontológica, ele diferencia primeiro a substância (sem separar espécies e gêneros) das suas propriedades, os acidentes. Como se diz somente substâncias por si sozinhas, tudo o mais em relação a elas deve-lhes o primado absoluto. Pura e simplesmente ou em pleno sentido da palavra, apenas os seres humanos, animais, plantas, etc., "são", enquanto às cores, às magnitudes, às relações, etc., atribui-se somente uma existência inerente ("que adere em algo"). Segundo *Met*. VII 1 (1028a32s.), a substância tem até mesmo uma primazia tripla: ela é o primeiro conforme o conceito (*logô*), conforme a via do conhecimento (*gnôsei*) e conforme o tempo (*chronô*), isto é, (onto)logicamente, genoseologicamente (epistemologicamente) e temporalmente.

Tende-se a acusar a teoria das substância de rigidez e de uma hipostasiação do mutável e do convencional (por exemplo, Quine, 1950). E, segundo Russell (1975, 8.ed., p. 212), "substância" é um equívoco metafísico, que surge pelo fato de que se transfere a estrutura de proposições-sujeito-predicado para a estrutura do mundo. Contudo, fala a favor da ontologia da substância que (somente) ela explica o fenômeno de como algo (pessoa ou coisa), apesar de propriedades mutáveis, pode permanecer idêntico (cf. Wiggins, 1980; Rapp, 1995b). Sócrates já é Sócrates antes de ter começado a filosofar e permanece assim, mesmo se vier a perder, com a idade, a sua capacidade de filosofar.

2. Na segunda relação *pros hen*, trata-se, no âmbito das substâncias, da primazia de uma primeira diante de uma segunda substância. No contexto de fundo está a dificuldade de que o conhecimento do real direciona-se ao universal, mas não é o universal que é real, e sim a coisa particular. A pergunta ontológica diz assim: como podem ser compatíveis entre si ambas as reivindicações, por um lado, a conhecibilidade e definibilidade do ente e, por outro, a sua independência? Aristóteles expressa a independência por meio de *chôriston*, ou seja, *chôris*, "separado", ou por meio de *tode ti*, "este determinado", e a conhecibilidade e definibilidade primeiramente por meio de *ti esti(n)*, "o que é", e mais tarde por meio do *ti ên einai*, (*Met.* VII 4-6; 17; cf. Liske, 1985, II; Weidemann, apud Rapp, 1996). A segunda e difícil expressão assume em seu primeiro elemento *ti* a pergunta socrático-platônica, de acordo com a expressão mais antiga *ti estin*. O segundo elemento – *ên*, "era" – deve ser entendido como pretérito filosófico; o que se quer dizer não é "o que a coisa era desde o início", mas sim "o que se diz que ela era".

Como mostra a formulação mais detalhada *ti ên einai hekastô* (*Met.* V 18, 1022a9 e 26), a expressão relaciona a pergunta pelo quê a um indivíduo, como a Sócrates, e significa literalmente "aquilo que era (para Sócrates) o ser". Bassenge (1960) traduz como "o ser pertencente a cada vez". O que se quer dizer é aquilo que confere a algo a sua identidade, seguramente não uma identidade individual, mas essencial. O *ti ên einai* de Sócrates não é o ser do mestre de Platão condenado a beber o cálice de cicuta, mas o do animal dotado de razão. Nesse sentido da semelhança essencial apreendida na definição, o *ti ên einai* em *Met.* VII, a partir do Capítulo 7, é igualado sem cerimônia com *eidos*, a forma, isto é, o conceito específico. Com o conceito de *ti ên einai*, Aristóteles pôde defender um "essencialismo" que parece absolutamente razoável. Ele não reivindica, como se objeta desde Quine contra o essencialismo, que há uma relação com a coisa independente de descrição. Ele afirma, contudo, que há, além de uma descrição deduzida, acidental, uma descrição essencial no sentido de que ela é pressuposta em qualquer outra descrição como a sua medida conceitual.

Voltemo-nos à pergunta pela compatibilidade de independência e conhecibilidade: caso se parta do primeiro critério, o da independência, deve-se o primado à coisa particular, mas falta-lhe a conhecibilidade. Detendo-se, então, no critério da conhecibilidade, deve-se o primado ao universal de nível mais baixo, a espécie (*eidos*), à qual falta, contudo, a independência plena (cf. a oitava aporia *Met*. III 4). A tensão que se abre entre dois pontos de vista da realidade – o primado da coisa particular (Sócrates é uma substância) e o primado do *eidos* (homem é uma substância) – parece ser dissolvida pelo escrito *Categorias* em favor da independência, anunciando de fato como substância em sentido primário aquele indivíduo genuíno que é uno segundo o número (*hen arithmô*) e é um determinado "este", a coisa particular, ou seja, o termo singular. As espécies e os gêneros, daí os termos gerais, são substâncias somente em sentido secundário. A primazia da coisa particular permite, porém, ainda uma outra leitura. Segundo ela, realmente se quer dizer um indivíduo, o qual, no entanto, torna-se aquilo que é somente na medida em que se o concebe no seu conceito específico; sem o conceito específico "homem", o indivíduo "Sócrates" perde a identidade que lhe é essencial. Pelo fato de que aqui se conecta a conhecibilidade da substância com a sua independência, resolve-se a denominada tensão. Essa leitura remete já para as *Categorias* a interpretação ocasional da ontologia aristotélica como um realismo ingênuo. O protótipo de ente, a primeira substância, não significa um objeto independente da conhecibilidade, mas o indivíduo na medida em que é conhecível via conceito específico.

A *Metafísica* poderia proceder, frente às *Categorias*, a uma revisão fundamental. Com efeito, os Livros da Substância começam com a sua tese fundamental, a do significado plural do ente (VII 1, 1028*a*10), e associam a isso uma diferenciação, a do que é e a do este determinado, que lembra aquela diferenciação entre segunda e primeira substância. Por outro lado, os acidentes passam para o contexto de fundo, e o discurso de primeira e segunda substância está ausente. Aristóteles pergunta pela substancialidade da substância e procura, para tanto, uma teoria unitária, que relativiza a diferença entre primeira e segunda substância. A tarefa delas permanece sendo a de remediar a mencionada tensão entre conhecibilidade e independência, o que, porém, segundo Zeller (1921, 4.ed., p. 312), não se sucede, levando a uma "contradição deveras usurpante no sistema" de Aristóteles. De fato, por um lado, segundo o critério de conhecibilidade, a primazia reside no *eidos*; em contraste com as categorias, ele aparece como a substância própria, e a coisa particular meramente como uma substância secundária. Por outro lado, a substância é tida, em concordância com as *Categorias*, como o substrato para todas as outras determinações, sem ser ela mesma determinação de uma outra coisa (*Met*. VII 3, 1028*b*36s.). Deve ser um determinado "este" e independente, segundo o qual a primazia reside na coisa particular. Segundo o critério de substrato, até mesmo se poderia querer atribuir a prioridade à matéria (*hylê*), uma vez que ela é realmente o último substrato (VII 3, 1029*a*13); contudo, ela não é nem um "este" nem independente.

Para se chegar a um termo acerca da presumida contradição, seria possível, segundo o exemplo de Jaeger, buscar abrigo numa hipótese de desenvolvimento, em que o escrito anterior, as *Categorias*, representa a primazia da coisa particular, enquanto os Livros da Substância representam a primazia da espécie (*eidos*). Aristóteles, contudo, utiliza na *Metafísica*, inclusive no mesmo Capítulo VII 3, ambos os critérios. A pergunta se de fato reside aqui uma contradição decide-se numa interpretação mais acurada do *eidos*. De modo típico-ideal, podem ser diferenciadas três sugestões (cf. Steinfath, 1991):

1. Mantém-se a tese ontológica fundamental das *Categorias*, a primazia da coisa particular; anexa-se o *eidos* como predicado de substância e chega-se, graças ao critério de conhecibilidade e de definibilidade, à distinção do *eidos* como primeira substância (Leszl, 1975).
2. De acordo com a solução "platônica", a primazia reside no *eidos*, na primeira substância, como o universal mais baixo (Reale, 1968; Krämer, 1973; sob negação da autenticidade das *Categorias*, ver Schmitz, 1985).
3. O *eidos* é visto como algo individual, mais exatamente como uma forma de organização do indivíduo (Frede e Patzig, 1988, I, p. 48ss.; cf. Frede, 1987 a/b; anteriormente Albritton, 1957; Sykes, 1975). Com essa interpretação, satisfaz-se à crítica de Aristóteles ao universal (*katholou*) e às idéias (VII 13-16). Em seguimento a ela, aquilo que faz do cavalo um cavalo, a sua "eqüinidade", encontra realidade apenas em cavalos particulares, e não "ao lado" (*para*) deles como uma "eqüinidade" própria. A acepção de um *eidos* individual contradiz, porém, a outra tese, a de que dois indivíduos – Sócrates e Cálias – são diferentes apenas numericamente, segundo o *eidos*, porém são idênticos (*Met.* VII 8, 1034a6ss.).

A suposta contradição de Aristóteles desaparece tão logo se faz diferença, da parte do *eidos*, entre duas funções (Rapp, 1995a). Na "espécie como substância individual", designa-se um determinado indivíduo, por exemplo, "este homem"; na "espécie como universalidade", designa-se a classe correspondente de indivíduos, por exemplo, "Sócrates e Cálias são homens". No âmbito da proposição-padrão predicativa ("S é P"), ali na utilização individualizante, daí na universalidade concreta, a espécie aparece normalmente como sujeito; aqui, em contrapartida, na utilização classificadora, ela surge como predicado. Ali, no homem individual, é dito algo da espécie; aqui ela é o dito, a característica comum de diferentes homens. A espécie comporta-se, em concordância com o critério das *Categorias*, como uma qualidade (*poion*: *Cat.* 5, 3*b*20s.): ela não é nenhum "este" determinado (*tode ti*), mas antes um "tal" (*toionde*: *Met.* VII 13, 1039*a*1s.). A *Metafísica* permanece fiel, segundo esse entendimento, à visão das *Categorias* quanto à primeira substância. Contudo, ela detalha claramente o que lá não fica tão claro: a substância em sentido próprio é um indivíduo que está ligado em essência e propriedade ao conceito específico.

> 3. No âmbito das coisas particulares e, por conseguinte, das substâncias, Aristóteles concebe ainda diferenças hierárquicas; no Livro XII da *Metafísica*, a substância torna-se um conceito comparativo. De acordo com os conceitos ontológicos de potência e ato (*Met.* IX 1-9; cf. XII 6), o ente atual é tido como de estatuto superior ao ente potencial. Em seguimento a isso, pode ser que o homem seja de fato superior às plantas e aos animais; eles todos pertencem, porém, à mais baixa classe, ao ser corruptível-mutável. Um nível mais elevado assume o ser eterno-mutável das estrelas fixas, e o nível mais elevado pertence à atualidade pura, o motor não-movido, daí a deidade. A partir disso, não só a filosofia natural, mas também a ontologia culmina na teologia filosófica (cf. VI 1, 1026*a*19ss.). Em concordância com Platão, deve-se ao ser espiritual uma primazia absoluta diante do sensível. Ambos os "domínios do ser" do mundo perceptível formam juntos um mundo de tal forma "deduzido" que eles, para a sua realidade, dependem de uma realidade que não é ela mesma perceptível, mas sim puramente inteligível.

Para resumir a unidade tripartida da ontologia: o uno com respeito ao qual tudo é tido como ente é, em primeiro lugar, na estrutura das categorias, a substância diante dos acidentes; ele é, em segundo lugar, a "espécie como substância individual" antes dos conceitos universais; e ele é, em terceiro lugar, a substância inteligível antes das substâncias perceptíveis. Para a terceira espécie de relação *pros hen*, Aristóteles faz remissão a uma moradia, na qual os membros contribuem diferentemente ao bem-estar comum (*Met.* XII 10, 1075*a*19ss.).

CRÍTICA ÀS IDÉIAS DE PLATÃO

O debate de Aristóteles com Platão, o seu mais importante predecessor, estrutura-se de modo extraordinariamente rico em temas e em facetas. Diferentes pontos de vista já foram falados, como, por exemplo, a diferenciação em última análise de *uma* filosofia num grande número de discipli-

Figura 11.1
Rafael, Escola de Atenas, detalhe: Platão e Aristóteles.
(Roma, Vaticano, Stanza della Segnatura).

nas particulares relativamente independentes e o desdobramento de novas disciplinas, como, por exemplo, a tópica, a silogística e a biologia, bem como a nova avaliação da percepção e a maior tolerância epistêmica; além disso, a diferente valorização da poesia, a crítica à doutrina da reminiscência e a crítica à cosmologia do Demiurgo. Demais pontos de vista seguem na ética (ver Capítulo 14, "O princípio da felicidade") e na filosofia política (ver Capítulo 16); lançamos aqui somente um olhar à doutrina das idéias.

Num quadro famoso, "A Escola de Atenas" (1508-1511), Rafael põe os dois grandes da Antigüidade, Platão e Aristóteles, no centro, razão pela qual "se mantém a elevada estima de ambos em equilíbrio" (Goethe, *Materialien zur Geschichte der Farbenlehre*, Abt. 3: *Zwischenzeit*).[6] Rafael deixa Platão apontando com o dedo indicador expressamente para cima, para o céu, enquanto a mão de Aristóteles, com um gesto moderado, está dirigida ao chão. Nesse contraste, anuncia-se uma visão da qual se gosta.

---

[6] N. do T. *Matérias sobre a história da teoria das cores*, Seção 3: *Intervalo*.

Porque Aristóteles, em todas as situações, parte da experiência, porque ele se reporta a opiniões correntes e sobretudo porque rejeita o pensamento central de Platão, a teoria das idéias, crê-se que, ao idealista Platão, segue em Aristóteles o empirista e realista do senso comum. Ou, com Goethe (ibid.): "Platão comporta-se em relação ao mundo como um espírito bem-aventurado, a quem agrada passar algum tempo nele... Aristóteles, em contraste, está para o mundo como um homem, um mestre de obras".

Tais concepções não são justas com a relação de Platão e Aristóteles. Mesmo a crítica à teoria das idéias mostra-se mais sutil do que se acabasse na oposição rasa de idealismo e realismo, ou seja, idealismo e empirismo. Contra isso já fala a circunstância de que Aristóteles reconhece em não menos do que Platão a primazia do pensado puramente ante o percebido. Ainda mais radical do que no idealismo alemão de um Fichte, Schelling ou Hegel, para ele – não diferentemente do que para Platão – o inteligível é o protótipo do ente.

A crítica de Aristóteles a Platão – o caminho a ela já pode muito bem ter sido preparado na Academia – trata da pergunta referente a de que maneira os conceitos universais contidos em todo conhecimento e linguagem "são". De acordo com Platão, eles existem como idéias, isto é, como entidades, as quais (1) são eternas e imutáveis, (2) existem separadas das coisas particulares e (3) dão para as coisas o modelo e forma primitiva (*paradeigma*), coisas essas que, por sua vez, (4) obtêm o seu "ser" por participação (*methexis*) na idéia. As idéias são aqueles modelos ideais das coisas particulares que não dispõem apenas de uma realidade própria, mas também de uma realidade verdadeira.

Aristóteles rejeita essa interpretação como uma construção híbrida e hipostasiação supérflua (*Met.* I 9; VII 14; XII-XIV; também *Soph. el.* 22 e *EN* I 4, entre muitas outras passagens). Objetos universais, ele afirma, são de fato necessários ao pensamento; porém, a partir da necessidade ao pensamento não se pode concluir, comparável com a crítica de Kant à prova ontológica da existência de Deus, para uma existência independente. Na medida em que as idéias devem ser a condição de possibilidade da ciência, e na ciência também se manifestam juízos de negação, é preciso que existam, em segundo lugar, idéia negativas, o que é abandonado pelos representantes da Academia como contra-senso. Como semelhantemente absurdas são tidas as idéias de algo passado, as quais se deve, sim admitir, uma vez que há sentenças universais sobre algo passado. Muito menos há idéia de algo indigno, como a sujeira e o lodo, algo que, contudo, já é alvo da reflexão de Platão (*Parmênides* 130cs.). Também a doutrina das categorias contém uma crítica a Platão: o "é" tem significados basicamente distintos, não-redutíveis uns aos outros, e fala contra a idéia de que todo ser tem parte no ser ideal das idéias.

Por fim, coloca-se o problema do "terceiro homem". O argumento é citado com bastante freqüência, mas tão brevemente e em versões tão diferentes que se torna difícil decifrá-lo; ele deve ser entendido assim: quando, por um lado, o homem perceptível deve as suas propriedades essenciais à participação na idéia de homem e, por outro lado, a idéia deve ser uma substância verdadeira, um "este" determinado, então há o homem em duas substâncias, entre as quais, o homem perceptível e a sua idéia, ocorre uma relação de semelhança. Ora, segundo a teoria das idéias, as semelhanças existem com base na participação, numa idéia comum, de modo que se precisa, para a relação de semelhança, de uma idéia posterior, a qual, por sua vez, é uma substância, justamente o "terceiro homem". (Em *Parmênides* 132d*s.*, o próprio Platão apresenta a objeção em duas variantes, embora não esteja claro em que medida ele a deixa ter validade.)

Todos esses pontos críticos acabam incorrendo na acusação de uma duplicação – em parte contraditória, em parte desnecessária – da realidade; tratar conceitos universais como uma realidade própria não faz sentido. Aristóteles rebate a duplicação pelo fato de que liga o critério de conhecibilidade com o critério da realidade independente e, para além disso, aqui em concordância com convicções pré-filosóficas, toma as substâncias como realidades independentes. É só a consideração desses dois aspectos, juntos, que o capacita a diagnosticar com exatidão o erro da teoria das idéias e a colocar, no seu lugar, o pensamento de universalidades, de conceitos de espécie e de gênero, que existem nas coisas particulares e com elas.

A afamada sentença de que Aristóteles tirou do céu as idéias de Platão comprova-se como justificada apenas se ela não reza que Aristóteles abandona as idéias, isto é, os conceitos universais, mas quando se quer dizer que ele lhes concede uma nova existência, não mais além das coisas. (A filosofia escolástica da Idade Média falará de universais que existem *in re*, e não *ante rem*.) A saúde existe apenas como propriedade de seres concretos que são saudáveis; e a humanidade – ainda que somente dela, e não de seres humanos particulares, haja um conceito – existe meramente como algo através do qual homens concretos distinguem-se de outros seres concretos. Em contraposição, ao universal separado do concreto Aristóteles nega aquilo que constitui a realidade em pleno sentido: o caráter substancial (cf. Fine, 1993; ver também Hübner, 2000).

SOBRE A LINGUAGEM

Desde a sentença de Wittgenstein "os limites da minha linguagem significam os limites de meu mundo" (*Tractatus Logico-Philosophicus* 5.6), a filosofia da linguagem é tida, em muitos lugares, como a única forma ainda possível de filosofia fundamental. Diante disso, uma ontologia parece estar desesperançosamente ultrapassada. Aristóteles, porém, desde o princípio vê o ente com relação ao logos, tendo em vista, em mesma medida, a razão e a sua articulação, a linguagem e o seu sentido, a iluminação das estruturas fundamentais da realidade. O logos enuncia o ente como aquilo que ele é e por que ele é; a sua tarefa reside na verdade, entendida como o adequado trazer ao aparecimento do ente e dos seus fundamentos (*alêtheuein*: *EN* VI 3, 1139b15). De outro lado, o ente está desde o princípio orientado à conhecibilidade, à verdade e à sua pesquisa científica, o que é afirmado no quarto significado de ente, o ser veritativo. Devido à mutualidade de realidade e linguagem, pode-se obter, a partir da observação do nosso falar das coisas, uma explicação sobre a sua real estrutura. Como o logos tem um caráter de contenedor do ser, a ontologia de Aristóteles diz respeito à realidade tanto quanto a linguagem que a representa. Ela libera – como o fazem, a seu modo, também a filosofia da natureza e a ética – aqueles conceitos fundamentais, o seu significado múltiplo e as suas linhas de conexão essenciais, que constituem tanto o pensamento e a linguagem quanto o mundo. Em contrapartida, Aristóteles não conhece a filosofia da linguagem como uma disciplina própria, ao lado da lógica, da retórica e da poética, ao lado da filosofia da natureza, da ética e da política. Apesar disso, sobretudo a filosofia da linguagem mais recente, partindo de Oxford, é duradouramente inspirada por Aristóteles (ver Capítulo 18, "*Aristoteles-Forschung*, neo-aristotelismos"). A sua crítica da linguagem encontra nele não apenas a práxis filosófica correspondente, mas também importantes axiomas, apresentados sobretudo nas *Refutações sofísticas*. As falácias que elas explicitam e solucionam têm, ao lado de sete formas paralingüísticas (*fallaciae extra dictionem*) também seis formas lingüísticas (*fallaciae dictionis*): a homonímia, a anfibolia e a síntese (*synthesis*), a separação (*dihairesis*), a pronúncia e a forma lingüística (*schêma lexeôs*) (*Soph. el.* 4, 165b27, 166b10, para as estratégias de defesa afins, ver *Soph. el.* 19-23).

Para explanar aqui apenas as duas primeiras possibilidades: "anfibolia" (ambigüidade) significa uma dupla significatividade sintática; na proposição "deixa que os inimigos me peguem" (*Soph. el.* 4, 166a6s.), os inimigos podem ser tanto a vítima do ataque quanto os realizadores do mesmo. Aquela "homonímia", da qual Aristóteles trata mais detidamente, a igualdade não apenas casual de nome (equivocação), significa a multissignificação especial de que coisas de diferentes gêneros são portadoras do mesmo nome. Assim, "olho" significa tanto o órgão que pode ver quanto o olho cego, bem como o olho talhado ou pintado na pedra (*An.* II 412b20-22); e "chave" (*kleis*) significa, em grego, tanto a clavícula quanto a chave da porta (*EN* V 2, 1129a29s.). Como prova a ontologia, em expressões equívocas pode ainda haver *uma* ciência; sobre expressões homônimas, em contrapartida, isso não é possível.

Importante para uma crítica da linguagem é a diferenciação de três relações entre as coisas e a sua designação (*Cat.* 1). Além da já mencionada homonímia, Aristóteles aduz a sinonímia, para a qual, contudo, ele tem um conceito estranho para nós; sinônimas ele denomina coisas de mesmo nome e de mesmo gênero, mas de diferente espécie, como "homem" e "boi", na medida em que caem sob o gênero "animal". Parônimas ("co-denominadas") são, finalmente, todas as coisas cuja designação é deduzida de alguma outra coisa, como o gramático depois da gramática, o corajoso depois da coragem. Uma quarta relação semântica é a "anonímia" (ausência de nome), a falta de designações correspondentes, que é notada em muitas passagens (por exemplo, *An.* III 2, 426*a*14s.; *Hist. an.* I 5, 490*a*13s.; *b*31ss.; *EE* II 2, 1221*a*3). Como instrumentos da análise de significado, Aristóteles conhece, ademais, a multivocidade, a relação *pros hen* e a série conceitual (*systoicheia*, por exemplo, *Top.* II 9), no total, portanto, um instrumentário rico.

Porém, a filosofia da linguagem de Aristóteles não se restringe a elementos de crítica da linguagem e semântica e a algumas observações gerais quanto ao valor da análise lingüística para o conhecimento (cf. *Soph. el.* 7, 169*a*30-35; 16, 175*a*1ss.; 33, 182*b*22ss.). Numa grande quantidade de reflexões posteriores, seccionadas em quatro grupos de escritos – em (1) *Zoologia* (*Hist. an.* IV 9, também II 12) e *Psicologia* (*An.* II 8), (2) *Organon* (*Cat.* 1-4; *Int.* 1-4; *Soph. el.* 1, 4-6, 19-23), (3) *Poética* (19-22) e *Retórica* (III 1-12) e (4) *Política* (I 2, 1253*a*7-19) –, é possível encontrar um tratamento em linhas gerais das três disciplinas da filosofia da linguagem atual: a semiótica (doutrina dos sinais), a semântica (doutrina do significado) e a pragmática (doutrina do uso da linguagem).

Digno de nota é *Ret.* I 3 (1358*a*36ss.): aqui Aristóteles esquematiza o triângulo de comunicação de falante, objeto e ouvinte, bem como apresenta o discurso de conselho, de tribunal e de solenidade como as suas marcas características (sobre a perspectiva comunicativa, ver também *Int.* 3, 16*b*20s.). Na *Poética*, acrescenta-se uma gramática, consistindo de três partes principais, de uma investigação de elementos lingüísticos (Capítulo 20), de tipos de palavras (Capítulo 21) e da forma lingüística, ou seja, de uma estilística (Capítulo 22).

No âmbito de reflexões psicobiológicas, Aristóteles alcança uma diferenciação que permite localizar o ser humano num contínuo da natureza, e não apenas lhe concede uma capacidade lingüística, reconhecendo, apesar disso, a sua posição lingüística especial. A seqüência de quatro níveis, lida de baixo para cima, começa com a parte acústica da linguagem, o som (*psophos*). Segue-se como primeiro nível de comunicação lingüística a voz (*phônê*), que serve à comunicação de dor e prazer (*Pol.* I 2, 1253*a*10-14); *phônê* é a única linguagem afetiva. *De anima* (II 8, 420*b*5ss.) define-a como o som de um ser animado, o qual é gerado com ajuda de determinados órgãos e ao qual é confiada a tarefa de, em distinção, por exemplo, a algo como um tossido, designar, respectivamente, significar algo (*sêmantikos*). Segundo essa passagem, até mesmo animais parecem ser capazes de sons portadores de significado; um som, talvez, poderia "significar" dor, enquanto outro prazer. A isso a obra *De interpretatione* poderia contradizer, dado que aqui o significar está ligado com uma convenção (*synthêkê*), a qual não existe junto aos animais. O momento da convenção, é verdade, não é válido para cada espécie de voz portadora de significado, mas para o logos. Também o terceiro nível, o falar articulado (*dialektos*), ainda não é, segundo Aristóteles, característico para o ser humano; de uma capacidade correspondente dispõem também alguns pássaros (*Hist. an.* IV 9, 536a20-22). Em contraposição, somente o ser humano possui o nível mais elevado, o logos. Os seus elementos, as palavras, diferenciam-se de meros sons afetivos pelo fato de que esses últimos têm o seu significado a partir da natureza, e aqueles primeiros através do acordo (*Int.* 2 e 4). Seguindo, os sons elementares (vogais, consoantes) podem combinar-se em sons complexos (sílabas, palavras, proposições; cf. *Poet.* 20). De acordo com a *Política* (I 2, 1253a14-19), a linguagem – além de servir ao conhecimento – serve para fins pragmáticos, sociopolíticos e, por conseguinte, morais.

Lida de modo especialmente detalhado sobre a linguagem é a obra transmitida sob o título errôneo *Hermenêutica* ou *Sobre a interpretação* (cf. Weidemann, 1994). Aristóteles não se ocupa, nela, com a interpretação de textos, mas com a estrutura lógica de proposições ou afirmações. Tendo como pano de fundo as teorias da linguagem dos sofistas e de Platão, ele, num primeiro momento, apresenta a sua abordagem semiótica. As poucas linhas (*Int.* 1, 16a3-8) formam não apenas a seção mais importante da teoria aristotélica dos sinais, mas também o "most influential text in the history of semantics" (Kretzmann, 1974, p. 3). As expressões lingüísticas contam como sinais (*symbola*), que são definidos através de quatro momentos: através da escrita, do som, das afecções da alma e das coisas. A menor unidade para verdadeiro e falso é formada pelo "discurso declarativo" (*logos apophantikos*: Capítulo 4ss.). Por meio da diferença entre a proposição e o pedido (*Int.* 4, 17a3s.) – e além disso em *Poet.* 19 (1456b8-19) entre a ordem, o relato, a ameaça, etc. –, Aristóteles faz referência àquelas diferenças de utilização da linguagem que hoje se designa como dimensão pragmática ou como atos de fala; a passagem da *Poética* fala de *schêmata tês lexeôs*, de formas de expressão ou de discurso.

Segundo o entendimento atual, a *Hermenêutica* conecta reflexões gramaticais e lógicas. Segundo Whitaker (1996), ela é sobretudo um tratado sobre as diferentes formas de pares proposicionais contraditórios, com o objetivo de cimentar a práxis da conversação dialética (ver Capítulo 4, "Dialética (Tópica)"). Nesse contexto, o Capítulo 9 debate o problema, bastante discutido na lógica modal, das proposições futuras contingentes (*contingentia futura*), com o exemplo, que desde então se tornou famoso, da batalha naval: quando alguém afirma "amanhã se dará uma batalha naval" e um outro o contradiz, nesse caso um dos dois deve ter necessariamente razão? Em outras palavras: tais proposições sobre o futuro têm já no presente um valor de verdade? São elas já agora verdadeiras ou falsas? De acordo com Aristóteles, parece que, no instante de tempo de agora, pode-se dizer somente que uma de ambas as proposições é verdadeira, e a outra é falsa; afinal, a batalha naval ou bem ocorre ou então não ocorre (cf. Weidemann, 1994, p. 223ss.; Gaskin, 1995; anteriormente D. Frede, 1970).

Em muitas dessas observações, Aristóteles surge como notadamente moderno. Contudo, ele não cultiva uma relação ingênua com a linguagem. Entre as entidades lingüísticas, as palavras (*onomata*), e as coisas (*pragmata*), que são significadas através de palavras, ele alcança uma diferenciação clara, de cujo desrespeito ele acusa os sofistas (por exemplo, *Soph. el.* 1, 165a6ss.). No decorrer das investigações particulares, todavia, ele nem sempre diz de modo suficientemente explícito se fala de diferentes significados de uma palavra ou de diferentes coisas. Talvez no fato de que Aristóteles pretende poder tratar de ambos os termos de uma proposição, o sujeito e o predicado, de modo plenamente análogo resida uma ingenuidade filosófico-lingüística, tal que ele não concede, tal como Stoa e mais tarde Frege o farão, à ligação dos termos, ao enunciado e, respectivamente, à proposição, a primazia semântica.

Parte 4
Ética e política

Na ética e na filosofia política de Aristóteles, esperamos encontrar um mundo estranho para nós. Assumimos a respeito de seu objeto, da moral, do direito e da política, que se modificou fundamentalmente desde a Antigüidade. Além disso, contamos com suposições teóricas ultrapassadas, algo como uma teleologia da natureza, um pensamento cósmico e outros elementos "metafísicos". Na realidade, Aristóteles mostra-se, aqui, no âmbito da filosofia prática, como um parceiro de diálogo especialmente estimulante.

Ele desenvolve, por exemplo, um modelo de ação humana, o modelo desiderativo – com a diferenciação importante entre *poiêsis* e *praxis*, produzir e agir –, que somente perde em significado através de uma ética da vontade do tipo daquela de Kant, mas que não é dissolvida facilmente. De maneira semelhante, a teoria aristotélica do político foi de fato relativizada na modernidade, mas não foi simplesmente desvalorizada: as afirmações sobre o ser humano como um animal político e sobre as diferentes formas de estado permanecem até hoje dignas de ponderação. Também as reflexões sobre a justiça e a amizade, sobre a fraqueza da vontade e o prazer, convidam imediatamente, apesar da distância temporal, a um discurso filosófico. O motivo é simples: as perguntas subjacentes não dependem de época, e os argumentos, via de regra com especificidades da pólis grega, não são tão estreitamente confundidos que ficassem confinados a *priori* a um discurso universalista e de expansão da cultura.

12
FILOSOFIA PRÁTICA

SOBRE A AUTONOMIA DA ÉTICA

Por "ética" entendemos uma disciplina normativa, aquela filosofia do agir moral, a qual, em termos de uma fundamentação, pergunta sobretudo pelo princípio moral. Aristóteles certamente desenvolve uma ética desse tipo, mas não se contenta com isso. A palavra básica *êthos* significa, a saber, três coisas: o lugar costumeiro da vida, os costumes que são vividos nesse lugar e, finalmente, o modo de pensar e o modo de sentir, o caráter. Devido ao primeiro significado, Aristóteles ocupa-se também com as instituições políticas e sociais; a uma ética pertence, em entendimento amplo, a política. Devido ao segundo significado, a sua ética assume traços de uma etologia, de uma doutrina daquele *ethos* (hábito, costume) que tem parentesco etimologicamente com *êthos* (cf. *EN* II 1, 1103a17s.). Aristóteles, contudo, não investiga meramente as coisas comuns do seu tempo. À diferença de uma pesquisa de comportamento empírica, ou de uma sociologia empírica, ele trata primariamente dos fundamentos do comportamento humano. E, de acordo com o terceiro significado de *êthos*, ele desenvolve uma ética normativa, a qual se interessa por algo muito mais amplo do que tão-somente um princípio moral.

A ética em sentido estrito está transmitida em três tratados. Essa disposição textual, "que é única em toda a literatura helenística" (Schleiermacher, 1817), o "enigma das três éticas", até hoje não está solucionado (cf. Dirlmeier, 1983, 5.ed., p. 93ss.). Em comparação com a *Ética a Eudemo* e em especial com a *Grande Ética* (*Magna Moralia*; a sua autenticidade é controversa), os tratamentos na *Ética a Nicômaco* são os mais detalhados; além disso, eles desdobram, incomparavelmente, o maior poder de repercussão. Por esses dois motivos, e não por causa de uma rejeição da tese de Kenny (1978), de que a *Ética a Eudemo* é a obra de mais pleno conteúdo, voltamo-nos a seguir, via de regra, à *Ética a Nicômaco*, ou, de forma mais breve, à *Ética*. Por que razão ela se denomina "a Nicômaco", isso, aliás, é algo pouco claro; tem-se em vista ou o pai de Aristóteles ou o seu filho, ou ainda uma outra pessoa de nome Nicômaco.

Na base da *Ética a Nicômaco*, uma obra madura, reside, sobre amplos trechos, uma composição bem-refletida. O Livro I dirige-se de pronto ao tema "fim último do agir humano", identifica o fim último como felicidade (*eudaimonia*) e desdobra, então, em diversos arranques, o seu conceito. A partir dele, resultam dois tipos de competência prática, as virtudes de caráter e as intelectuais, que são discutidas sucessivamente nos Livros II-VI. Nos livros seguintes, associam-se "a isso" temas "conectados": a fraqueza da vontade (VII 1-11), o prazer (VII 12-15 e X 1-5) e a amizade (VIII-IX). O ápice e a conclusão (X 6-9) são formados pela discussão de ambas as formas de vida que conduzem à felicidade: a existência teórica e a existência político-moral. (Sobre a interpretação mais detalhada das partes singulares, ver as coletâneas de Rorty, 1980; Höffe, 1995).

A *Ética* obtém o seu perfil mais próximo através de três elementos que já soam no capítulo de introdução: através do conceito de desejo, através da pergunta pela boa vida e através daquelas três determinações do assim chamado excurso de método, com as quais começamos. De acordo com isso, a ética pertence à política, ergue uma pretensão prática, até mesmo existencial, e destaca-se por um saber duplamente específico (*EN* I 1, 1094a7-1095b13; reflexões de método posteriores encontram-se em I 2, I 7, I 8-9, II 2 e VII 1, 1145b2-7).

Com a primeira determinação, Aristóteles objetiva a uma separação de ética e política (1094a27-b7, entre outras passagens); porém, não concede à política, como se assume em seguimento a Hegel, um significado superior. Ao contrário, os conceitos fundamentais comuns – a felicidade, a virtude, a justiça e a amizade – são desenvolvidos na *Ética*. Mais justo com o assunto é, a partir disso, o outro título abrangente, a designação não mais hierarquizante: *hê peri ta anthrôpeia philosophia* (*EN* X 10, 1181b15). Sem que se atribua prioridade a um âmbito, ética e política formam juntas a "filosofia das questões humanas", uma antropologia genuinamente filosófica. Na sua estrutura, a *Ética* discute – além dos conceitos fundamentais normativos comuns – o agir do indivíduo, deixando para a *Política* a investigação de instituições e constituições.

Desde algum tempo, é a exigência por uma "ética sem metafísica" (Patzig) que está em cena. Na medida em que se trata somente de conceitos fundamentais gerais, que superam toda disciplina particular, a ética ainda poderia conter, também hoje, elementos "metafísicos". Contudo, tão logo se entenda por "metafísica" a teoria de um ente supremo ou a de um mundo do além, o programa de uma "ética sem metafísica" é praticado já por Aristóteles. Mesmo nas referências sobre a *Metafísica*, por exemplo, na crítica à teoria das idéias de Platão (*EN* I 4) e na referência ao divino contida no *bios theôrêtikos* (*EN* X 6-9), os argumentos decisivos são de natureza ética. Além disso, há de fato uma teleologia, porém nenhuma teleologia da natureza estranha à ética, e sim apenas uma que segue do conceito de agir. E ali onde Aristóteles se apóia num desempenho característico para o ser humano (I 6, 1097b24ss.), ele confia de fato em enunciados de essência, que contêm, não obstante, um "essencialismo" muito cuidadoso e que se sucedem sem acepções metafísicas no sentido da *Metafísica*. Acima de tudo, ele desenvolve uma teoria do bem supremo, o qual ele determina com uma crítica evidente contra o protótipo de uma entidade metafísica, a idéia do bem de Platão (cf. I 4, especialmente 1096b33-35), tanto como "bem praticável" (*to pantôn akrotaton tôn praktôn agathôn*: I 2, 1095a16s.) quanto como "para o bem do ser humano" (*anthrôpinon agathon*: I 1, 1094b7). Quando Tomás de Aquino (por exemplo, na *Summa Theologiae* I-II, q. 3 a. 4 ad 4) liga a teoria do desejo com a teleologia da *Física* e a doutrina do movente divino da *Metafísica* (XII 7 e 9) com a concepção de um desejo natural (*desiderium naturale* e, respectivamente, *appetitus naturalis*) e espera a plena felicidade deste (*beatitudo perfecta*) somente da outra vida, ele assim sistematiza as sentenças existentes em Aristóteles numa forma demasiadamente rígida.

Com toda obviedade, Aristóteles desdobra a ética praticamente sem premissas metafísicas. Antes, verifica-se a relação oposta. Uma vez que a pergunta "Para que a metafísica?" é uma pergunta prática, até mesmo existencial, vale o lema: "Não há metafísica sem ética". Como disciplinas filosóficas, a ética e a metafísica são amplamente independentes uma da outra; contudo, a justificação de uma vida dedicada meramente ao conhecimento, em última análise à filosofia da natureza e à metafísica, pertence ao domínio de tarefas da ética. De resto, as linhas de conexão valem também para as demais disciplinas. No capítulo final do primeiro livro, a *Ética* desdobra os traços fundamentais de uma psicologia teórica; o sexto livro dedica-se à teoria das diferentes formas de saber, incluindo a sua forma plena, a ciência; e como mina para pontos de vista éticos oferecem-se ainda a *Tópica* (Livro III) e a *Retórica* (especialmente I 4-7, 11 e II 2-11).

O FIM SE CHAMA PRÁXIS

Que ética e filosofia política ocupam-se com práxis, entende-se por si mesmo; não tão óbvio é o fato de que, nesse aspecto, elas devem ter como fim não o saber, mas o agir (*to telos estin ou gnôsis alla praxis*: *EN* I 1, 1095a5s.; semelhantemente II 2, 1103b26ss. e X 10, 1179a35-b2). Numa obra que caracteriza a ética em língua inglesa, nos *Principia Ethica* (1903,

§ 14), G.E. Moore defende a tese contrária: "A tarefa direta da ética é o saber, e não a práxis". Contudo, também Aristóteles não busca a intenção prática nem pela via das admoestações morais nem pela via das ações políticas; antes, exclusivamente por intermédio de conceito, argumento e determinação de princípios (*EN* I 2, 1095*a*30ss., cf. I 7, 1098*a*33-*b*8). A filosofia prática também não se origina, como sempre se afirma desde Teichmüller (1879, § 2), da razão prática, da *phronêsis* e, por conseguinte, da "prudência". Dirigida imediatamente não ao agir, mas ao conhecimento dele, ela, segundo o entendimento atual, pertence à teoria. Como uma "teoria prática", ela não tem, ao contrário de uma "teoria teórica", nenhuma autofinalidade; está antes a serviço de algo, justamente da práxis.

O caráter prático começa com a capacidade de perceber dificuldades de orientação e de legitimação do tempo. Os três tipos que Aristóteles visualiza são, numa forma pouco modificada, atuais até hoje. De acordo com uma dificuldade prático-moral, há formas de vida concorrentes (*bioi*: I 3) por causa das quais o ser humano não sabe de que modo ele melhor alcança o seu fim último, que é, para Aristóteles, a felicidade. De acordo com uma segunda dificuldade, de ordem ética, há junto ao objeto, o bom e o justo, uma tal instabilidade e insegurança (*diaphora kai planê*) que tudo parece como mera obra humana, como regulamento (*nomos*), ao qual falta todo momento suprapositivo (*physis*: natureza) (I 1, 1094*b*14-16). De acordo com uma terceira dificuldade, de teoria da ciência, o objeto carece daquela constância que possibilita um conhecimento exato (I 1, 1094*b*16ss.).

Para ir ao encontro da dificuldade prática, Aristóteles esclarece no primeiro livro o conceito de felicidade e mostra, ao final, qual modo de vida desempenha o suficiente para esse conceito (Livro X 6-9). Sem repetir a cada vez a antítese *nomos-physis*, ele comprova, para superar a segunda dificuldade, momentos suprapositivos: a felicidade como fim último imprescindível, a vida teórica e política como as formas de vida que promovem a felicidade e o agir consciente e voluntário, as virtudes morais e intelectuais e, além disso, a amizade como os seus elementos decisivos.

Sóbrio como é, Aristóteles não se faz confiar no poder de meras palavras. Que percepções de filosofia moral são de utilidade para seres humanos jovens, isso ele chega a excluir expressamente (I 1, 1094*b*27ss.; 1095*a*2s.; cf. Shakespeare, *Troilus and Cressida* II 2, 166s.: "Unlike young men, whom Aristotle thought/Unfit to hear moral philosophy"[1]). Afinal, na juventude pode-se ser, de fato, um matemático; porém, por isso mesmo, ainda nem de longe se é prudente (VI 9, 1142*a*11ss.), dado que falta

---

[1] N. de T. "Diferentemente dos jovens, a quem Aristóteles considerou/inaptos para ouvir filosofia moral".

em experiência prática e sobretudo naquela "maturidade moral" adquirida através de experiência e habituação, maturidade com a qual não se segue mais às paixões momentâneas, mas encontrou-se um posto firme na vida racional. A filosofia prática, portanto, não consegue produzir a própria práxis pretendida. Frente às dificuldades mencionadas, ela pode, contudo, explicá-las sobre si e na esteira dessa explicação desdobrar um potencial crítico respeitável.

Aristóteles não se limita a uma ética do *common sense*, no sentido de uma hermenêutica do mundo da vida de então (ver Capítulo 6, "Opiniões doutrinais"). Apenas para introduzir um contra-exemplo: em face da concorrência de formas de vida alternativas, ele se volta tanto contra a moral de muitos, a vida do prazer (*bios apolaustikos*: I 3, 1095*b*17), quanto como contra a visão difundida de que na existência político(-moral) (*bios politikos*) chega-se, em última análise, à honra (*timê*: *b*22-31). Por outro lado, ele não pretende, como Platão, por exemplo, uma conversão radical, que chega até o fundo. Para além da alternativa rasa "mera hermenêutica ou revisão radical", ou seja, "*common sense* ou crítica fundamental", ele percorre um terceiro caminho, o de uma ética de *common sense* qualificada, competente para a crítica: na medida em que conduz à clareza refletida noções num primeiro momento ainda vagas e confusas, em parte superficiais (com respeito à honra), em parte equivocadas (com respeito à vida de prazer), porém de algum modo já corretas, ele coloca ao ser humano o fim da sua vida, a felicidade, com todos os seus elementos e condições, de um modo tão claro diante dos olhos que o atinge certeiramente tal como um arqueiro (I 1, 1094*a*22-24).

Nessa ética, a práxis é não somente esclarecida sobre si, mas até mesmo moralmente melhorada. Quem conhece os princípios do seu agir na base de uma moral primária, adquirida pelo costume, age não mais meramente a partir do costume, mas também do conhecimento e da convicção. Aquela concordância com o correto, num primeiro momento somente externa, que desde Kant chama-se legalidade, é expandida para uma concordância interna que se abre à moralidade.

Deve-se evitar um mal-entendido. "Saber prático" soa aos ouvidos hoje apenas de modo positivo; a filosofia, assim se pensa, perde finalmente a sua inutilidade e ganha um valor prático. Em sentido pleno de valor é, para Aristóteles, somente o que é feito por causa de si mesmo; no ganho utilitário reside um prejuízo humano (ver Capítulo 3, "Liberdade e autorealização"). Porque, de modo imediato, a filosofia prática só objetiva o conhecimento, tendo utilidade apenas em sentido secundário e subsidiário, ela se aproxima do conhecimento buscado por causa dele mesmo, da genuína teoria. Contudo, ela permanece relevante em sentido prático tão logo se a tome em conhecimento não como observador não envolvido, em certa medida em terceira pessoa, mas na atitude da primeira e da segunda pessoa, como envolvido. A partir do fato de que sobre isso quem decide não é o autor, mas o endereçado, segue algo que Aristóteles não vê dessa maneira: que a ética de fato se torna filosofia prática, isso não está nas mãos do filósofo somente.

Uma observação sobre o alcance da idéia de uma filosofia prática: em seu cerne, a idéia não contém nem um programa exato de pesquisa nem um método determinado, mas só uma intenção de pesquisa. Esta permanece válida até a modernidade, mesmo até o presente. De Kant até a crítica filosófica da moral de um Nietzsche e da teoria crítica até Rawls, os filósofos morais buscam uma explanação sobre a práxis por causa da práxis e, assim, queiram ou não, são nesse sentido aristotélicos. E filósofos que não o são têm de deixar que se lhes ocorra a pergunta se não se enganam com um jogo intelectual de pérolas de vidro.

SABER BÁSICO

Devido a uma terceira dificuldade, relativa à teoria da ciência, Aristóteles introduz uma forma específica de saber (*EN* I 1, 1094*b*11-27; cf. I 7 e II 2). Tende-se a medir o caráter científico com uma medida unitária, a demonstração dedutiva da matemática, e afirma-se então, para a ética e a filosofia política, um déficit em cientificidade (inclusive Rorty, 1980, p. 2). Aristóteles, contudo, sem suspender o ideal da ciência demonstrativa, permanece fiel à sua própria flexibilidade em teoria da ciência. Com uma indicação à situação correspondente no caso de trabalhadores manuais – para explanar: a um ferreiro são permitidas tolerâncias que são proibidas a um ourives –, ele desenvolve em rigidez justamente escolástica um princípio de exatidão respectiva ao objeto (*EN* I 1, 1094*b*12ss.; cf. Höffe, 1996, 2.ed., Parte II).

Como em dois aspectos falta constância ao objeto da ética, o princípio tem duas conseqüências fundamentalmente diferentes. Já que bens como coragem, até mesmo riqueza, contribuem para a felicidade, com relação à felicidade há não somente, como Kant acreditava, conselhos subjetivos, mas também sentenças objetivas. Uma vez, porém, que os bens mencionados nem sempre são de proveito para a felicidade – a riqueza pode gerar inveja ou atiçar ladrões, enquanto a coragem pode pôr em perigo a própria vida –, a ética por um lado se dá por satisfeita com sentenças que são verdadeiras na maioria dos casos, mas nem sempre (*hôs epi to poly*: *EN* I 1, 1094*b*21; III 5, 1112*b*8s.; V 14, 1137*b*15s.; cf. *An. post.* I 30, 87*b*20; *Phys.* II 4 e *Rhet.* I 13, 1374*a*31). Por outro lado, para a aplicação concreta, ela desafia a capacidade de um pensar tanto sensível quanto criativo, a reflexão (*boulê*: *EN* III 5).

Essa capacidade aponta para a segunda não-constância, para a dependência do agir concreto para com a diferença tanto de situações quanto de formas de sociedade. Para a tarefa por isso mesmo exigida, a de ligar comprometimentos suprapositivos ("naturais") a concretizações diferenciadas, Aristóteles introduz o conceito de um saber de *typô*, de esboço, de plano básico. A expressão aparece em dois usos. Em entendimento relativo, ela designa uma sentença provisória, que, mais tarde ou em outro lugar, é posteriormente detalhada (por exemplo, em *EN* V 1, 1129a6-11; também *Top.* I 1, 101a18-24; *Met.* VII 3, 1029a7s.; *Hist. an.* I 6, 491a8). O entendimento "absoluto" que se quer dizer no excurso de método da *Ética* significa, em contrapartida, uma informação conclusiva, mas ainda assim incompleta. Nesse sentido, *typô* é utilizado, por exemplo, em *Ética* I 11, 1101a24-28 ou III 5, 1113a12-14.

O princípio de exatidão que faz jus ao objeto leva, no primeiro caso, a uma expansão característica para a ética; as suas sentenças têm validade na maioria dos casos, mas nem sempre. No segundo caso, significa um detalhamento que faz jus à coisa. As sentenças de *typô* nada têm a ver, por exemplo, com probabilidade objetiva ou subjetiva; antes têm pretensão de verdade (*talêthes*: I 1, 1094b20). Porém, ainda que atinjam de fato a essência da coisa (da felicidade, das virtudes, etc.), elas deixam em aberto a ação concreta. Para evitar que a coisa principal seja sobrepujada por coisas secundárias (I 7, 1098a32s.) através de particularidades excessivas (I 11, 1101a26), não são oferecidas para o agir correto quaisquer descrições completas, mas apenas um tipo de armação estrutural (normativa). Esta denomina, em primeiro lugar, a essência que se mantém igual; ela respeita, em segundo lugar, que à essência da coisa pertence a realização concreta, deixando conscientemente em aberto, em terceiro lugar, esse pertencente (cf. X 10, 1179a34). Ela depende, a saber, da situação diferente a cada vez, das diferentes capacidades e meios de auxílio, também das diferenças daquilo que é costumeiro em termos sociais. Em aberto fica seguramente não o lado normativo – a exigência do agir em conformidade com a virtude e a determinação conceitual do mesmo têm validade irrestritamente –, mas com certeza a contextualização, em parte individual, em parte social.

Uma ética que ergue a orgulhosa pretensão "filosofia prática" exercita-se, portanto, autocriticamente numa modéstia múltipla. No saber de que ela alcança o seu fim prático só ali onde já se está em casa na vida moral, ela se satisfaz com um benefício secundário e subsidiário. E mesmo aqui ela se restringe, por um lado, a sentenças de maioria dos casos e, por outro lado, a um saber de armação estrutural normativa, a um saber básico.

13

TEORIA DA AÇÃO

De acordo com o seu conceito normativo central *eudaimonia*, felicidade, classifica-se a ética de Aristóteles, desde Kant, com o desacreditado eudaimonismo. Recentemente, contudo, há tentativas de reabilitar Aristóteles frente a Kant, apresentadas em parte em nome da faculdade do juízo, em parte dos aspectos habituais de uma comunidade, em parte também como ceticismo em face do esclarecimento e, em geral, como uma doutrina da boa vida que se contrasta com teorias kantianas do justo. De faculdade do juízo e de boa vida, porém, fala-se também em Kant; mesmo assim, a justiça ocupa também um papel em Aristóteles, enquanto nele procuramos em vão uma defesa de meros aspectos habituais; e idéias fundamentais disso que mais tarde significa "Esclarecimento" nele se entendem por si. Uma "rearistotelização da ética", que busca mais do que um deslocamento de ênfase secundário, tem de estabelecer-se mais profundamente. Nesse sentido, nem sequer basta o conceito de bem (moral). Afinal, Aristóteles, como Kant, o define como o bem irrestritamente, porém o liga a uma diferente teoria da ação, chegando só através disso a diferentes princípios morais. Aristóteles defende o princípio da felicidade porque parte do conceito de desejo; Kant defende o princípio da autolegislação (autonomia) porque parte do conceito de vontade. (Sobre a relação entre Aristóteles e Kant, ver Höffe, 1995, p. 277-304.)

DESEJO COMO CONCEITO FUNDAMENTAL

Aristóteles deixa preceder o conceito fundamental de teoria da ação por uma observação (*EN* I 1, 1094*a*1-3; cf. I 2, 1095*a*14s.). As atividades típicas para o ser humano desejam um fim que se avalia positivamente, como um bem (*agathon*). Essa conexão, o vínculo que filósofos morais gostam de desperceber entre o conceito fundamental normativo "bom" e o conceito fundamental de teoria da ação, aqui: com o movimento orientado ao fim, o desejo (*orexis*), poderia retornar a Eudóxo de Knidos (cf. X 2, 1172*b*9s.).

Com o desejo, é denominado somente o tipo geral de movimento de seres vivos (cf. *An.* III 9-11; *Mot. an.* 6-7). Do modo que lhe é característico, Aristóteles define o ser humano não em puro caráter próprio, mas antes o localiza, num primeiro momento, por meio do desejo, no contínuo da natureza, atribuindo-lhe então, por meio do logos (razão), um claro lugar especial (cf. também *Cael.* II 12, 292*b*1ss.). O desejo, porém, não é necessariamente determinado pela razão; ele pode sê-lo apenas pela percepção (*ê logistikê ê aisthêtikê*: *An.* III 10, 433*b*27-29). A partir disso, há tanto para o desejo quanto para o bem duas formas alternativas (ver *EN* I 1, 1095*a*7-11; III 6, 1113*a*16; cf. *An.* III 10, 433*a*28s.; *Rhet.* I 10, 1369*b*22s.). Quando a percepção decide, o ser humano vive da paixão (*kata pathos*), anseia pelo bem meramente aparente (*phainomenon agathon*) e vive, nesse sentido, "a modo de um escravo" (*andrapodôdeis*: I 3, 1095*b*19s.), a saber, subjugado à cobiça (*epithymia*) e à afecção (*thymos*). Caso, em contrapartida, ele siga à razão (*kata logon*), então anseia pelo bem sem restrição, ao bem puro e simples (e ao mesmo tempo verdadeiro) (*tagathon*; cf. *Rhet.* I 10, 1369*a*2-4). Nesse caso, as outras forças de impulso não são, por assim dizer, suspensas, porém guiadas; o impulso e a energia para o agir permanecem previamente dados (cf. *MM* II 7, 1206*b*17s.). Tal como Kant, assim também Aristóteles conhece uma alternativa fundamental. A ela, à dicotomia entre razão e paixão, é estranha, contudo, à diferença da dicotomia de Kant entre dever e inclinação, a idéia de uma razão pura, prática para si mesma.

No desejo racional, Aristóteles encontra uma diferenciação que, apesar das explanações breves, fará época (*EN* I 1, 1094*a*3ss.; VI 4, 1140*a*1-5, com referência aos escritos exotéricos; VI 5, 1140*b*6s.; cf. também *Pol.* I 4, 1254*a*1-8). No desejo em sentido técnico, no produzir ou fazer (*poiêsis*), chega-se não à realização da atividade, mas ao resultado final. A filosofia escolástica fala de modo marcante de uma *actio transcendens*, de uma atividade que, indo além de si mesma, aponta para um fim independente. No agir em sentido estrito, na *praxis* ou *actio immanens*, não há em contrapartida nenhum fim que já não seja alcançado na realização da atividade. Os exemplos não são sempre, por assim dizer, de natureza moral. Quem vê, assim é dito em *Met.* IX 6 (1048*b*23s.), também já viu (para o ouvir e o perceber em especial, cf. *De sensu* 6, 446*b*2s.); quem reflete já refletiu; quem pensa já pensou. Aqui e em ações de coragem, temperança ou justiça, o fim do agir coincide com a realização. A qualidade se mede, a partir daí, não no resultado; o bem agir (*eupraxia*) é ele mesmo o fim (*EN* VI 5, 1140*b*7).

Na maneira como Aristóteles desdobra a sua ética, enuncia-se, pois, a tese de que os diferentes tipos de produzir são imprescindíveis para o ser humano; porém, a vida como um todo deve ser entendida não como produzir, mas somente como agir. Em última análise, chega-se não a uma obra distinta, mas à mera realização, à vida pura e simples (*zên*), àquele êxito que significa *eudaimonia*, felicidade. Também essa diferença, a elevação da mera para a boa vida (*eu zên*), é típica para o ser humano.

Sobre muitos temas de uma teoria da ação devemos a Aristóteles análises autorizadas. Falta, contudo, o conceito para uma das mais elementares atividade humanas, a saber, o trabalho. O déficit é tanto mais surpreendente quanto mais se nota que Aristóteles trata a ciência competente, a economia, como partes relativamente independentes da filosofia política (*Pol.* I 3-11). De fato, encontramos já nele elementos para o conceito de trabalho, como, por exemplo, o momento do produzir (*poiêsis*) e o momento do esforçar-se muito (*ponein*: *Pol.* VIII 3, 1337*b*38-40). Esses momentos, porém, não são reunidos e são expandidos em torno do momento da remodelação da natureza para a finalidade de satisfação das necessidades. O déficit, que é válido em geral para a Antigüidade, pode ser explanado com uma sociedade aristocrática ociosa, na qual contam somente as atividades não-econômicas – ciência e política, teatro, jogo, esporte e cultura –, enquanto às "ocupações de trabalho" típicas, aos trabalhadores manuais e diaristas, até mesmo a virtude é recusada (*Pol.* III 5, 1278*a*20s.).

DECISÃO E FACULDADE DO JUÍZO

Prohairesis, decisão. Quem vê diferentes possibilidades de ação pondera possibilidades uma em relação a outra e concebe uma delas como a própria, agindo a partir de uma escolha ou decisão. Aristóteles utiliza para tanto a expressão *prohairesis* e explana a respeito dela de modo quase etimologizante como *pro hetêron haireton*: algo é "escolhido antes de outro" (*EN* III 4, 1112*a*17). Através de decisões surge uma realidade histórica, a qual, porque é atribuível a um único ou a um grupo, merece louvor, repreensão ou desculpa. Pelo contrário, para poder julgar-se o caráter de um agente, deve-se atentar para a sua decisão, e não somente para a ação externa (III 4, 1111*b*5s.; cf. *Rhet.* I 13, 1374*a*11s. e *b*14). Aristóteles conduz as investigações correspondentes num tal caráter fundamental exemplar (*EN* III 1-7, especialmente 4-7; *EE* II 6-11; cf. também VI 2, 1139*a*17-*b*13; *Rhet.* I 10), que Hegel pode enaltecê-las como "o melhor até os tempos mais recentes" (*Vorlesungen über die Geschichte der Philosophie*,[1] apud *Werke* 19, p. 221; da literatura ver Loening, 1903; Sorabji, 1980, Capítulo 14-18; Meyer, 1993).

A decisão é definida como "um desejo determinado por reflexão" (*bouleutikê orexis*: *EN* III 5, 1113a10s.; cf. *Mot. an.* 6, 700b23). Em seguida, engrenam-se dois momentos: um momento voluntativo e um cognitivo (*EN* III 4-7 e VI 2). Entre outras razões por causa dessa dupla natureza, a decisão não coincide com a voluntariedade; crianças e animais agem voluntariamente, mas não a partir de decisão (III 4, 1111b6-9). Ela também deve ser separada de uma série de fenômenos associados (b10ss.), da cobiça (*epithymia*) e da ira (*thymos*), porque essas são igualmente atribuídas aos seres não-dotados de razão, e de um desejo (*boulêsis*), porque ele pode dirigir-se ao inalcançável, tal como à imortalidade, ou a algo que reside apenas no poder de outros. Além disso, falta a esses três fenômenos o momento do julgar. Por outro lado, a decisão não é nenhum opinar (*doxa*), porque esse é responsável por verdadeiro-falso em vez de bom-ruim; falta igualmente ao opinar o momento do desejar, e o mero pensar não movimenta nada (VI 2, 1139a35s.).

Segundo um desses momentos, o momento voluntativo (III 1-3, também V 10, 1135a15-1136a9), acontece algo que se dá com base numa decisão, não a partir de pressão (*bia*) ou a partir de desconhecimento (*di'agnoian*), mas a partir de passos livres e com conhecimento. Age-se voluntariamente (*hekôn*) e, por conseguinte, espontaneamente (*hekousion*). Em contrapartida, age não-espontaneamente quem não conhece todos os detalhes da sua ação; por exemplo, Édipo mata espontaneamente um ser humano, mas não-espontaneamente o seu pai. Como a origem do movimento reside no próprio agente (*EN* III 1, 1110a15-17; III 3, 1111a22s.), Aristóteles fala expressivamente de *aitiasthai* (III 1, 1110b13). O envolvido é o culpado no sentido neutro de autoria e pode, por conseqüência disso, ser chamado à responsabilidade, inclusive à responsabilidade jurídico-civil e à culpa jurídico-penal. Nos exemplos de Aristóteles, soam também processos criminais da época, como, por exemplo, a queixa levantada contra Ésquilo de que, numa tragédia, teria traído os mistérios eleusinos[2], como também diferentes processos por causa de homicídio por negligência (1111a9-11).

O pano de fundo jurídico-penal – junto com as finas diferenciações de discussão do dia-a-dia – explica por que os problemas mais próximos

---

[1] N. de T. *Preleções sobre a história da filosofia*.
[2] N. de R. Relativos a Elêusis, cidade da Ática, famosa por seus cultos misteriosos.

são investigados numa exatidão quase casuísta. A respeito de ações praticadas em bebedeira ou em fúria, Aristóteles diz que resultaram não de desconhecimento (*di'agnoian*), mas em ignorância (*agnoôn*: III 2, 1110*b*25-27). Ainda assim, elas são imputáveis e não devem ser desculpadas; afinal, está em poder do envolvido não se embebedar (III 7, 1113*b*32s.). Depois do espontâneo (*hekôn*) e do não-espontâneo (*akôn*), a *Ética* introduz uma terceira modalidade de ação, o não-espontâneo (*ouch hekôn*: 1110*b*18-24), e designa com isso ações que, de fato, são realizadas a partir de desconhecimento, mas adicionalmente não são objetos de arrependimento, tal que se apresente uma carência em virtude de caráter (contra a crítica de Kenny a Aristóteles: 1979, p. 169). E a respeito de ações que em si se rejeita, mas que por causa de circunstâncias especiais em certa medida realmente se escolhe como efeito secundário que se tem de agüentar, diz-se que são "mistas, porém igualam-se antes às voluntárias". Por exemplo, para salvar os seus pais ou os seus filhos das mãos de um tirano, comete-se algo ilegal, ou um marinheiro, no caso de uma tempestade, com o intuito de salvar-se, joga longe objetos de valor (III 1, 1110*a*4ss.).

Segundo o outro momento, cognitivo, pertence à decisão uma forma específica de racionalidade, uma ponderação e um planejamento, a reflexão que conduz a um juízo (*bouleusis*; cf. *Rhet.* I 4, 1359*a*30-*b*1). Essa é comparada com uma operação tanto criativa quanto metódica, a construção de uma figura geométrica (*EN* III 5, 1112*b*20s.). Refletir sobre algo significa construir, para um fim já previamente dado, uma ação que é realizável e da qual "sabe-se do modo mais seguro que é boa" (III 4, 1112*a*7s). Delibera-se, portanto, não sobre fins, mas sobre meios e caminhos (*ta pros to telos*: III 4, 1111*b*27) que conduzem ao fim (ou aos fins: III 5, 1112*b*12). No âmbito dos fins intermediários, o fim de uma deliberação, contudo, pode ser o meio de uma outra deliberação. Somente sobre fins definitivos não se delibera mais. Os exemplos de Aristóteles: um médico sabe que deve curar, um orador sabe que deve convencer e um político sabe que deve criar uma boa ordem política (*b*13s.). As deliberações de fim definitivo de fato não são questionadas quando, através de profissão, função ou cargo, a tarefa já está dada previamente. Quando muito, pode-se malutilizar a sua competência ou o seu cargo.

Só quando a deliberação depara-se com diversos caminhos é que ela busca o caminho mais rápido e belo (III 5, 1112*b*16s.), Agora, pois, em muitos casos não se consegue alcançar o fim em acesso direto, mas somente passando por cadeias mais longas de ação. A deliberação persegue cadeias de ação desse tipo, vendo a partir do fim, retrospectivamente, até que ela – também isso corresponde a uma construção geométrica – chega à origem, ao agente. Uma parte essencial consiste na análise da situação, para a qual Aristóteles nomeia os pontos de vista mais importantes e cuja ignorância tem como conseqüência uma involuntariedade (conformemente:

parcial) (III 2, 1111a2-6). Deve-se deliberar (1) quem age, (2) o que ele faz, (3) a quem (objeto ou pessoa) o seu agir se dirige, (4) com o que ele age, (5) para que e (6) como, a saber, calmamente ou agitadamente. Em outras passagens, a *Ética* introduz adicionalmente: (7) quando (II 2, 1104b26), (8) quanto: em que extensão (II 9, 1109a28), (9) por quanto tempo (II 9, 1109b15) e (10) onde (IV 2, 1120b4).

Porque o lado racional da decisão, a deliberação, não se estende a fins definitivos, Aristóteles parece restringir a responsabilidade à dimensão do instrumental. Ele fala, contudo, também junto a uma das estratégias de vida fundamentais, na vida do prazer, de um decidir-se (*prohaireisthai*: I 3, 1095b20, cf. *Met.* IV 2, 1004b24s.). Muito embora o diga somente de passagem, em certo sentido ele pré-concebe, com isso, a ética existencialista de um Kierkegaard, a saber, na sua exigência de chegar a uma escolha entre formas fundamentais de condução da vida. Por outro lado, para a escolha do direcionamento da vida, ele coloca à disposição critérios – eles seguem a partir do *telos* "felicidade" (cf. *EN* I 3 e X 6-9) –, o que, em Kierkegaard, não é possível desse modo. Em conseqüência disso, trata-se na *prohairesis* em última análise de uma escolha pragmática, precisamente comprometida com a felicidade.

Contra um entendimento instrumental fala também a responsabilidade que se carrega para o fim na forma de uma pré-decisão, a qual não é inata, mas está em nosso poder (III 7, 1113b6ss.; cf. III 8, 1114b32s.). Aqui, aparece como terceiro momento de decisão uma afirmação; ela consiste nas virtudes de caráter, as quais comandam o agente para os fins corretos.

Como um todo, Aristóteles conhece três domínios de escolha e responsabilidade, somente apontados: (1) a escolha da forma de vida fundamental, exposta mais de perto, (2) a responsabilidade pelos fins contida nas virtudes de caráter e, sobretudo, (3) a decisão expressa. Nela operam três fatores conjuntamente: um caráter prévio de decisão, a virtude moral, liga-se com o deliberar e o apreender voluntário de meios justos à situação. Uma vez que essa estrutura fundamental aparece até hoje como válida, os tipos teóricos predominantes na modernidade, as teorias decisionistas e as teorias racionalistas de decisão, contêm um encurtamento problemático. Segundo as teorias decisionistas, não há, sobretudo nas decisões essenciais, quaisquer motivos suficientes que falem a favor de uma das possibilidades alternativas de ação; admitidas em arbitrariedade soberana, as decisões têm um caráter puramente voluntativo. Em oposição a essa desracionalização da decisão, certamente não se pode, de acordo com Aristóteles, calcular cientificamente as decisões; não obstante isso, atribui-se a elas uma forma especial de racionalidade, a deliberação (*boulê*, cf. *EN* III 5). E ela contém mais do que aquela tarefa com a qual as teorias racionalistas de decisão se dão por satisfeitas, a maximização de benefício e, respectivamente, a maximização de expectativa de benefício em face das possibilidades de ação pretendidas. Com efeito, esse adicional não pode ser solucionado, tal como ocasionalmente o é a tarefa de maximização, com exatidão científica; eleva-se, porém, a racionalidade total da decisão. Em poucas palavras: como jogo mútuo de competências de caráter com competências racionais e o momento voluntativo da voluntariedade, a decisão não é nem uma pura decisão nem uma tarefa puramente racional.

Phronêsis, prudência. Quem deseja confiar na parte racional da decisão tem de preparar aquela para uma competência e prontidão, para uma virtude intelectual com poder de conduzir a ação (*praktikê*: VI 8, 1141*b*21, entre outras passagens). Aristóteles a chama de *phronêsis*, que se traduz de preferência como "prudência", não como "percepção moral"[3] (Jaeger, Dirlmeier; *moral insight*: Engberg-Pedersen). Afinal, contam como prudentes também aqueles animais que dispõem de uma capacidade de precaver-se (VI 7, 1141*a*27s.), porque eles ou bem ajuntam, como as formigas e as abelhas, estoques (*Hist. an.* I; cf. *Met.* I 1, 980*b*22), ou como os grous tomam medidas de precaução no caso de uma tempestade que se aproxima (*Hist. an.* IX 10, 614*b*18s.). A prudência é investigada no âmbito do sexto livro (VI 5 e 8-13), que é dedicado às cinco virtudes intelectuais: à (prática da) técnica (*technê*), ciência (*epistêmê*) e prudência, à sabedoria (*sophia*) e ao espírito, ou seja, ao intelecto (*noûs*). Novamente, Aristóteles põe à prova o seu *esprit de finesse*, a sua arte elevada de diferenciação sutil.

Com respeito à prudência, ele admite que há uma "prudência maquiavélica", uma prudência da serpente e, respectivamente, uma esperteza da raposa, até mesmo em duas formas: como poder de juízo moralmente indiferente, meramente instrumental – ele o chama de *deinotês*, sagacidade – e como poder de juízo tendencialmente amoral, como *panourgia*, esperteza ou malandragem (VI 13, 1144*a*23-27). Também a prudência *qua phronêsis* dirige-se ao bem e ao útil do envolvido, mas diferencia-se da mera sagacidade guiada pelo interesse através da conexão com afirmações morais. Com ênfase, Aristóteles diz que não é prudente quem não é ao mesmo tempo bom, aqui no sentido de virtuoso (VI 13, 1144*a*36s. com *a*8s. e *a*30).

Como meio entre esperteza e ingenuidade (*euêtheia*: *EE* II 3, 1221*a*12; *EN* VI 5, 1140*a*24s.), a prudência é, de fato, responsável apenas pelos meios e caminhos, porém não com respeito a quaisquer fins, nem mesmo a um fim parcial tão óbvio como a saúde. Pertence à definição de prudência estar direcionada desde o início àquele fim no singular e com artigo definido (*pros to telos*), o qual consiste no *eu zên holôs*, na vida bem-suce-

---

[3] N. de T. Cf., no original, a expressão *sittliche Einsicht*.

dida como um todo (VI 13, 1145*a*6 e VI 5, 1140*a*27s.). Enquanto as virtudes de caráter são responsáveis pelo direcionamento fundamental ao *eu*, à felicidade, a virtude intelectual, a prudência, preocupa-se, sob o pressuposto da direção fundamental, com a sua concretização em conformidade com a situação. Quem possui prudência sabe-se numa deliberação comprometida com o fim último da felicidade. Nesse sentido, chega-se em parte ao bem do indivíduo, em parte ao bem da comunidade da casa, da legislação ou da arte política de conselho e de juízo (VI 8, 1141*b*29-33).

O conceito mais exato está exposto a algum mal-entendido. Por exemplo, acredita-se que a prudência não é meramente competente pela deliberação moral, mas também pela filosofia moral. A teoria da *phronêsis* (e de todos os outros objetos da ética) é, porém, diferente da realização da *phronêsis*. Ali a prudência é somente analisada, aqui ela é praticada; aqui, trata-se de uma competência para casos particulares; ali, trata-se de algo que é comum a todos os casos particulares, de algo geral. Além disso, não se apresenta nenhuma razão instrumental, porém uma pragmática ou eudamonística, comprometida com a felicidade. Finalmente, a prudência tem um caráter prático, e não teórico, na medida em que, à diferença da razoabilidade (*synesis*) e da boa razoabilidade (*eusynesia*), não faz apenas juízos, mas também manda executar. Na medida em que diz o que se deve e o que não se deve fazer (VI 11, 1143*a*8ss.), ela tem um poder determinante da ação. Contudo, ela não consegue temperar aquelas forças que obscurecem a visão do fim correto, as paixões, e justamente por isso ela é remetida à cooperação com as virtudes de caráter. Para dar um exemplo: no comportamento corajoso, a virtude cuida para que não se reaja, no caso de perigo, nem de modo covarde nem temerário, mas com intrepidez, enquanto por intermédio da prudência delibera-se sobre o agir mais próximo. Uma faculdade de juízo genuinamente moral, portanto, não se verifica, assim como não se verifica uma faculdade de juízo moralmente indiferente. *Phronêsis* não é mais, mas também não é menos, do que uma faculdade de juízo prático-moral; com uma faculdade de juízo genuinamente moral se ocupa primeiramente Kant (cf. Höffe, 1990).

FRAQUEZA DA VONTADE

No início da *Ética*, a alternativa significa simplesmente: "conforme (à) paixão" ou "conforme (à) razão". Na investigação da *akrasia*, da fraqueza da vontade ou da incontinência, a situação mostra-se mais complicada; e a essa complicação Aristóteles dedica aquilo que à prudência não é dado: um tratado relativamente independente (*EN* VII 1-11). Ela pertence às partes mais bem-compostas e também mais difíceis da *Ética*.

Caso se atente aos fenômenos conjuntamente discutidos, então o tema – assumindo-se uma referência da introdução (I 1, 1095a7-11) – chama-se poder e impotência da razão prática. Da parte da impotência encontramos, além da fraqueza da vontade, também a indolência (*malakia*) e a irrefreabilidade (*akolasia*); do lado do poder da razão prática também encontramos o autodomínio (*enkrateia*), a resistência (*karteria*) e, a temperança (*sôphrosynê*, junto com a irrefreabilidade já discutida em III 13-15). Ao todo, portanto, há seis possibilidades.

Poder-se-ia criticar Aristóteles (junto com Davidson, 1980) pelo fato de que não reconheceu a fraqueza da vontade como um problema de teoria da ação que se antepõe ao domínio moral. Aqui, como de resto, a *Ética* não se interessa, porém, por uma teoria da ação moralmente neutra. Ocupado somente com a fraqueza da vontade frente a hábitos moralmente bons, trata-se para Aristóteles de uma forma especial de patologia moral, de fraqueza moral. Outras duas formas são a *kakia*, maldade ou viciosidade, e a *thêriotês*, a brutalidade animal (VII 1, 1114a16s.).

Aristóteles desenvolve as suas opiniões ao longo de três perguntas: o incontinente age com conhecimento ou não (VII 5)? Ele se relaciona com todo tipo de prazer e desprazer (VII 6-7)? E, finalmente, como se comportam entre si as diferentes formas de poder e impotência da razão prática (VII 8-11)? Para a primeira e sistematicamente mais importante pergunta, Sócrates é o interlocutor decisivo, aquele que "sobretudo lutou contra o conceito de incontinência e declarou que ele não existe, pois ninguém age contra o seu melhor conhecimento, mas apenas por ignorância" (VII 3, 1145b25-27). A posição de Sócrates é conhecida sob a palavra-chave "virtude é conhecimento". Aristóteles envolve-se com ela na medida em que reconhece, de fato, o fenômeno da fraqueza da vontade, discutindo-o, porém, como uma carência específica em conhecimento (VII 3, 1145b23). Dante, um grande admirador de Aristóteles, entende na *Divina Comédia* sob a fraqueza da vontade determinados pecados – a desmedida, a avidez e a ira –, isto é, um comportamento equívoco regular (Canto 5, V. 56s.: "À voluptuosidade foi ela de tal modo submetida,/Que a sua lei admite a cobiça"). Aristóteles, porém, não tem em vista somente uma ruindade ocasional. Ele não chama de fraco de vontade aquele que segue hábitos moralmente ruins, mas aquele que se deixa levar, de bons hábitos, pela ira, pela cobiça ou pelo prazer. E quando isso acontece com base na dor, apresenta-se fragilidade (VII 8, 1150a9-16).

Segundo a definição essencial, fraco de vontade é quem age sem uma ou contra uma decisão (III 4, 1111b13s.; VII 9, 1115a7). Porque pertencem à decisão três momentos (ver Capítulo 13, "Decisão e faculdade de juízo"), fazem-se, sem que Aristóteles aqui o pronuncie, três possibilidades de definir a fraqueza da vontade: falta-lhe ou em pretensão moral, ou em deliberação racional, ou em voluntariedade. O decisivo Capítulo 5 opera com os assim chamados *silogismos práticos* relacionados com ações e discute, a partir disso, a fraqueza da vontade como um problema do conhecimento. A expressão "silogismo prático" surge com efeito somente em outra passagem (VI 13, 1144*a*31s.), porém Aristóteles cita aqui os elementos de um silogismo, a premissa (VII 5, 1147*a*1 e *b*9) e a conclusão (*a*27), além da indicação de que esta pode conduzir o agir (*b*10). O valor explicativo dos silogismos práticos é questionável. No tratado sobre a fraqueza da vontade, eles servem à teoria do agir, não ao próprio agir. Aristóteles não quer deduzir como que matematicamente decisões e ações (morais), e sim tornar compreensível a estrutura do agir não-moral e indiretamente também a do agir moral. Para esse fim, ele introduz no conhecimento três diferenciações conceituais e preenche-as com uma reflexão "em termos de ciência da natureza" (*physikôs*). Esses quatro elementos poderiam acabar incorrendo em quatro soluções independentes (assim Robinson, apud Höffe, 1995, p. 188); é mais plausível, porém, vê-los como quatro elementos que somente em conjunto mostram a solução de Aristóteles.

No fundo da primeira diferenciação – fazer uso e não fazer uso de um conhecimento (*theôrounta/mê theôrounta*) – está o par conceitual potência e ato. Com a sua ajuda, pode-se ver na fraqueza da vontade uma carência epistêmica, sem atribuir ao fraco de vontade um conhecimento demasiado pequeno. Na verdade, ele "tem" conhecimento suficiente, apenas é o caso que é como uma posse morta. De acordo com a segunda diferenciação (VII 3, 1146*a*35ss.), dentre as duas premissas, a premissa maior significa o universal, e a premissa menor o individual. Na medida em que a virtude moral é responsável pelo direcionamento universal e a prudência pela concreção individual, o silogismo prático mostra como numa passagem a estrutura de ação mencionada, o jogo mútuo de competências de caráter e intelectuais. Além disso, tornam-se transparentes dois tipos de patologia moral: a quem falta o "conhecimento" em torno do universal, esse é mau; a quem falta o conhecimento em torno do caso particular, esse é imprudente e, por conseguinte, tolo. Na incontinência, tem-se, porém, uma terceira patologia; ela se torna evidente somente em conexão com a primeira diferenciação. Segundo isso, "tem-se" o conhecimento de ambas as premissas e pode-se, apesar disso, agir contrariamente (*para tên epistêmên*: VII 5, 1147*a*2), porque numa, na premissa individual, não se atualiza o conhecimento (*chrômenon... mê*: *a*2s.; *ouk energei*: *a*7).

A terceira diferenciação serve ao precisar da não-atualização: detém-se o saber como um ser humano desperto "normal" ou, ao contrário, como alguém que dorme, é demente ou está bêbado. Nesse segundo caso, pode-se recitar coisas difíceis, por exemplo, demonstrações e ditos de Empédocles (*a*19ss.; cf. *b*12). Como um ator no palco, fica-se metido, contudo, num papel estranho; fala-se não por si mesmo, mas como um mero porta-voz para aquilo que um outro pensou. Segundo uma quarta reflexão, agora não mais em termos de análise de conceitos, mas em termos de "ciência da natureza", há duas premissas maiores concorrentes – por exemplo, "O custo do doce é proibido" e "O doce é aprazível", em que, devido a um forte desejo atual, a segunda premissa maior (dirigida ao doce) estabelece-se.

Uma vez que a superação do forte desejo e igualmente da ira é possível de duas maneiras, carece-se ainda, para um conceito exato de fraqueza de vontade, de uma distinção posterior. Ela não está mais no contexto do silogismo prático (VII 9, 1150*b*29-36): quem segue conforme o hábito e sem arrependimento à premissa maior falsa sofre de uma ruindade crônica e não-curável, a saber, da irrefreabilidade (*akolasia*). Quem, em contrapartida, ainda é capaz de arrependimento e, com isso, em princípio reconhece a premissa maior correta, mas não no agir atual, sofre apenas de uma ruindade intermitente e curável, justamente da fraqueza da vontade. Esse quinto elemento explica por que somente seres humanos podem ser fracos de vontade. Não se trata apenas da premissa menor individual, mas adicionalmente da premissa maior universal correta, e os animais não têm nenhum acesso ao universal, pois a fraqueza da vontade é fundamentalmente estranha para eles (VII 5, 1147*b*3-5).

Com auxílio de cinco elementos, pode-se, então, precisar o significado no qual o fraco de vontade age "sem ou contra uma decisão": na medida em que se assemelha a um bêbado, ele de fato age voluntariamente com respeito ao primeiro momento da decisão, o voluntativo – afinal, de certo modo, ele sabe o que faz e para que (VII 11, 1152*a*15s.) –, mas na forma restrita do ignorante. Com respeito ao segundo elemento, a deliberação, ambas as possibilidades ficam abertas: "A fraqueza da vontade é em parte precipitação, em parte fraqueza. Aqueles deliberam, com efeito; porém, em conseqüência da paixão, não permanecem na sua deliberação; os outros, por causa da carência em deliberação, são conduzidos pelas paixões" (VII 8, 1150*b*19-22). Finalmente, é fraco de vontade com respeito à afirmação de caráter quem, à diferença do desenfreado, dispõe, sim, de pretensões morais, mas estas ainda não estão suficientemente enraizadas (VII 5, 1147*a*22).

Para fazer um balanço sobre a complexificação mencionada a título de introdução: de acordo com o tratado sobre a fraqueza da vontade, pode-se assumir sobre os desejos seis relações ao todo. Caso sejam colocadas diretamente uma ao lado da outra, então o conceito diretivo ficará suficientemente claro: enquanto o moderado (*sôphrôn*) tem uma alma harmônica, que está livre de desejos impetuosos e sobretudo de desejos ruins (VII 3, 1146*a*11s.), dedica-se o desenfreado (*akolastos*) fundamentalmente aos seus desejos ruins "harmonicamente". O controlado e o resistente têm, com efeito, tanto desejos bons quanto ruins, ou seja, uma alma cindida; o continente (*enkratês*) é, porém, fundamentalmente mais forte do que os desejos ruins, ao passo que o resistente (*karterikos*) consegue apenas resistir à dor que surge a partir dos desejos. O indolente (*malakos*), em contrapartida, evita essa dor; e o fraco de vontade (*akratês*) submete-se a esses desejos; no combate entre razão e desejo, sempre de novo os desejos, quando não fundamentalmente, saem como vencedores. O desenfreado é totalmente ruim, enquanto o fraco de vontade é somente "meio ruim" (*hêmiponêros*: VII 11, 1152a17). Como um todo, mostra-se uma clara conseqüência. No ápice do bem está (1) a temperança; seguem-se sucessivamente, no sentido de um ser bom que vai diminuindo, (2) a continência, (3) a resistência, (4) a indolência e (5) a fraqueza da vontade; ainda pior é (6) a irrefreabilidade; e, no pior dos casos, está (7) a brutalidade animal.

ARISTÓTELES CONHECE O CONCEITO DE VONTADE?

Entre os historiadores da filosofia, é questionável a pergunta relativa a se o conceito de vontade, tão importante para a modernidade, forma-se somente no pensamento cristão, em Agostinho, ou se já se encontra em Aristóteles. Convencidos de que, para Aristóteles, a boa vida depende apenas de dois fatores, do desejo do bem e da deliberação dos meios correspondentes, Gauthier e Jolif (1970, 2.ed., II, p. 218), Dihle (1985), MacIntyre (*Three Rival Versions of Moral Enquiry*, 1990, p. 111) e Horn (1996) dão uma resposta negativa, bem como anteriormente, por certo com relação à Antigüidade, e respectivamente aos gregos, Hume (*An Enquiry concerning the Principles of Morals*, App. IV) e Kierkegaard (*A doença para a morte*, Seção 2, Capítulo 2). Mais antiga e mais amplamente difundida é, porém, a resposta positiva. Ela já é defendida pelo comentador grego Aspásio (XIX, 27-32) e, mais tarde, por Tomás de Aquino, que reproduz a *boulêsis* de Aristóteles com "*voluntas*" (*Summa theologiae* I q. 80 a. 2; *De veritate* q. 22 a. 3-4). Também Hegel acredita que Aristóteles conhece o conceito de vontade, assim como Kenny (1979) e Irwin (1992).

De acordo com a interpretação precedente, a questão disputada dificilmente pode ser respondida com um simples sim ou não. O conceito fundamental de teoria de ação indica um claro não; afinal, o desejo consiste no ansiar por um fim previamente dado, em última análise pela felicidade, enquanto o fim pensado a partir da vontade não está previamente dado, mas deve ser escolhido. À vontade pertence essencialmente o reconhecimento consciente do fim, incluindo a possibilidade de ter conhecimento do bem e, apesar disso, fazer o mal. Além disso, o conceito exige o "emprego de todos os meios, na medida em que estão em nosso poder" (Kant, *Grundlegung*, Akad. Ausg. IV 394). Embora a abordagem em termos de teoria do desejo contradiga claramente àquela em termos de teoria da vontade, Aristóteles insere, com as características com que distingue o desejar humano do pré-humano, determinados elementos voluntativos em sua teoria. Eles se tornam necessários porque há forças de impulso que se contrapõem à felicidade, configurando-se, em conseqüência disso, a alternativa de vida cunhada pela razão e cunhada pela paixão.

O primeiro traço do desejar humano, a espontaneidade, significa somente uma pré-condição voluntativa; ela ainda não se estende na direção da própria vontade. Que a ação possa ser imputada ao envolvido, verifica-se isso já em crianças e animais; além disso, permanecem em operação aquelas forças impulsivas não-racionais, cobiça e ira, excluídas pela vontade, que significa uma força impulsiva racional. Num traço posterior, agora característico para o ser humano, a *boulêsis*, vejo à diferença de Tomás de Aquino e Irwin, também de Gigon (1991), que uma vontade ainda não está claramente dada. Como a *boulêsis* também se dirige a algo que somente alguém desajuizado pode querer, por exemplo, a algo inalcançável, ela se move, mesmo se um momento racional pertence a ela (*An.* III 10, 433*a*22-25), entre um desejar e um querer genuíno.

O terceiro traço voluntativo de Aristóteles está contido na decisão. Ela se dirige, com efeito, somente aos meios, mas nesse sentido ao âmbito total daquilo que pertence à boa vida, portanto, também a fins, até mesmo a fins definitivos. Uma exceção permanece sendo apenas o fim definitivo de segunda ordem, a felicidade. Mesmo essa, porém, não está de tal forma previamente dada que uma falha da felicidade reverteria a um déficit cognitivo. Ao contrário, a felicidade exige em certa medida, como um fim de segunda ordem, momentos voluntativos. Com razão, Aristóteles entende a felicidade como um puro dado prévio; porque a felicidade é entendida como a condição para a aptidão de fim dos fins (ver Capítulo 14, "O princípio da felicidade"), dificilmente se pode decidir contra ela ou a favor dela. Questionadas, porém, são decisões no âmbito das ações, atitudes, até mesmo formas de vida, a partir das quais se espera a felicidade. E o fato de que se pode viver contra a melhor decisão desemboca, pelo menos em parte, numa decisão a favor do bem ou contra ele.

Uma passagem da *Retórica* (I 10, 1368*b*6ss.) aproxima-se bastante do conceito pleno de vontade; ali se diz que o agir injusto realiza o mal não só espontaneamente (*hekonta*), mas também a partir de decisão refletida (*prohairounta*). Ora, o mal é definido como contradição à lei (*para ton nomon*), e junto à lei é levada em consideração expressamente também aquela lei comum a todos os seres humanos, e seguramente não-escrita, que se aproxima da lei moral. Nesse sentido, Aristóteles conhece uma injustiça que se dá com conhecimento e vontade, justamente a partir da decisão. A conseqüência em termos de teoria moral, uma relativização do princípio da felicidade em favor de um novo princípio, o da autonomia da vontade, ainda não é, contudo, tirada por Aristóteles.

Uma parte voluntativa tem também a virtude de caráter, responsável pelo direcionamento à felicidade. Aristóteles a define como uma competência nem cognitiva nem pré-racional (ver Capítulo 14, "Virtudes de caráter") e afirma com ênfase que tanto o ser bom quanto o ser mal está em nosso poder (*EN* III 7). Além disso, evidencia-se o caráter voluntativo do agir no tratado sobre a *akrasia*, a fraqueza moral. A palavra de Kierkegaard sobre o "imperativo categórico intelectual" dos gregos (*A doença para a morte*, Seção 2, Capítulo 2) é apropriada a Sócrates, para quem ela é também cunhada: afinal, de acordo com ele, o ser humano não pode, contra o melhor conhecimento, infringir o bem. Com a idéia de um silogismo prático, Aristóteles igualmente interpreta a fraqueza moral como um déficit de conhecimento; esse, porém, remete a uma força impulsiva concorrente com o bem, o desejo forte ou a ira, de modo que se dá não propriamente um déficit de conhecimento, mas sim um déficit de vontade.

Já esse breve panorama mostra que Aristóteles conhece realmente elementos do conceito de vontade, entendida como aquela responsabilidade para os fins, que não são nem de natureza cognitiva nem de natureza pré-racional. Ele se fixa, porém, essencialmente nos limites estabelecidos pelo conceito de desejo. Apenas ocasionalmente, como, por exemplo, na passagem mencionada da *Retórica* e em determinada relativização do princípio da felicidade (ver Capítulo 14, "Existência teórica ou política?"), ele vai além desses limites. Além disso, o conceito pleno de vontade, a livre decisão pelo bem ou mal, não está presente.

Agostinho introduz o conceito pleno de vontade de modo especialmente evidente no exemplo dos anjos caídos. Com o aviso de que os *theologumena* que pertencem a esse círculo, as idéias de criação, queda pelo pecado e teodicéia, são estranhos a Aristóteles, poder-se-ia querer dispensá-lo do déficit conceitual correspondente. Poder-se-ia até mesmo acrescentar que, para um filósofo moral, o déficit é vantajoso, uma vez que ele desvincula do cristianismo, nesse sentido particular, a teoria da moral que tem por objetivo a universalidade, ligado, além disso, a uma teologia da revelação. Por outro lado, coloca-se a pergunta relativa a se na ausência do conceito pleno de vontade mostra-se um déficit moral ou, antes, filosófico-moral: uma cultura à qual falta o conceito pleno de vontade tem uma consciência moral menos desenvolvida ou no mínimo uma teoria menos desenvolvida daquela em si plenamente desenvolvida consciência moral? Para os casos "costumeiros" de moral e não-moral, para questões de bom ou ruim, de força de vontade ou de fraqueza de vontade, a teoria de Aristóteles parece bastar. Talvez ela até mesmo deixe espaço para aquela experiência que Kant traz para o conceito de mal radical – isto é, não extremo, mas desde a raíz –, a saber, que o ser humano tem uma tendência para fazer o que é errado, tendência essa que dificilmente pode ser plenamente superada. Seria preciso formar "somente" para a temperança e o controle de si um conceito relativo, e não um conceito absoluto. Como se mostra, porém, com aqueles "ingressos de crueldade insensível nas cenas de homicídio" de alguns povos da natureza, que, segundo Kant, comprovam o ser humano como "mau por natureza" (*Religionsschrift*, Akad. Ausg. VI 33)?

 Somente diante de tais fenômenos uma pergunta sistemática que parte de uma interpretação de Aristóteles poderia ser decidida. Uma investigação mais exata poderia apontar para um âmbito (seguramente estreito) de comportamento extremamente imoral, o qual Aristóteles não considera em sua teoria da ação. Ou, aqui, ele poderia remeter àquela crueza animal (*thêriotês*) na qual o bem não está destruído, mas antes não está presente (*EN* VII 7, 1150*a*1ss., cf. VII 1, 1145*a*17; VII 6, 1149*a*1), e ainda mais àquela maldade na qual se assume ("se decide": *prohairounta*) prejudicar e, em contradição com a lei, fazer o mal (*Rhet.* I 10, 1368*b*2-14)? Afinal, também Kant não define, pois, o mal diferentemente do que a ilegalidade que se tornou a mola propulsora (*Religionsschrift*, Akad. Ausg. VI 20).

14
A VIDA BOA

O PRINCÍPIO DA FELICIDADE

Para o campo conceitual do bem, diversas expressões são correspondentes em Aristóteles. *Agathon* significa algo que é bom para alguém. No singular e com o artigo definito – *tagathon*, o bem – e mais ainda como superlativo – *ariston*, o melhor –, chega-se perto do bem moral. E acaba-se incorrendo no bem moral quando se entende sob isso obrigações que tem validade irrestrita, as quais, porém, existem não somente com respeito a outros, mas também com respeito a si mesmo. *Dikaion*, o direito e justo, seleciona um determinado âmbito de obrigações diante de outros; *prepon*, o que se faz, remete a hábitos, costumes da própria cultura; *deon*, o conveniente, tem uma tomada genuinamente moral; e *kalon*, o bem em si, o atraente e belo, que deixa para trás de si toda ponderação de benefícios, corresponde antes de tudo ao bem moral.

A partir desse campo conceitual, Aristóteles obtém o seu conceito central da abordagem de teoria da ação. O que hoje significa "princípio da moral", a última medida do agir humano, consiste a partir do conceito de desejo num fim pura e simplesmente mais elevado, o superior de todos os bens práticos: na *eudaimonia*, a felicidade. Como Aristóteles parte do conceito de desejo, a sua ética torna-se a teoria do bem, dito mais exatamente, do melhor viver, na qual conjuntamente se introduz, contudo, uma moral genuína. Os costumes da própria comunidade desempenham, em contrapartida, somente um papel secundário.

Na busca por um conceito bem-definido, Aristóteles desmerece tanto a felicidade pequena demais, o "ter felicidade" (*EN* I 10, 1099*b*20ss.; *Pol.* VII 1, 1323*b*26s.) quanto a felicidade grande demais, aquela bem-aventurança (*makariotês*) que está reservada à divindade (*EN* X 8, 1178*b*21s.). A felicidade que não se deixa vir a si passivamente, que também não se deve simplesmente a um presente dos deuses, mas pela qual se tem de trabalhar ativamente, o felicidade do desejo, consiste à diferença da felicidade de anseio numa plenitude que é inerente ao viver (*eu zên*) e ao agir (*eu prattein*). Na expressão *eudaimonia*, expressamente: ser animado por um bom espírito, vibra também a presença de bênção e cura. Enquanto segundo a objeção kantiana, em termos de teoria da ciência, o conceito de felicidade sofre de grande indeterminação (*Grundlegung*, Akad. Ausg. IV 418), Aristóteles consegue uma definição exata e, além disso, objetiva.

Formas de vida. À pergunta em que consiste, então, a felicidade, a *Retórica* (I 5, 1360*b*19-24) responde com uma longa lista: "origem distinta, a simpatia de muitos e honestos amigos, riqueza, crianças bem-instruídas e inúmeras, uma velhice feliz, além disso, ainda qualidades do corpo como saúde, beleza, poder, capacidade de exercícios do corpo, além disso, uma boa fama, prestígio, favorecimento do destino (*eutychia*) e, finalmente, a virtude junto com as suas partes, como prudência, coragem, justiça e temperança". A *Ética* aborda praticamente todos esses elementos da convicção grega comum, mas assume uma ponderação característica.

Como primeiro ponto, ela discute a felicidade ao longo de *bioi* (I 3 e X 6-9). O que se quer dizer são formas alternativas de conduzir a sua vida como um todo e, ao mesmo tempo, determinadas formas de ser um ser humano. Já essa abordagem contém três sentenças. Primeiramente, ela indica a conhecida dificuldade de que cada um deseja a felicidade e, apesar disso, porque intermediada por formas de vida, não pode efetivá-la imediatamente. O que deve ter dito Voltaire: "... por isso mesmo, eu decidi tornar-me feliz", é igualmente impossível como a tentativa empreendida pelo utilitarista Bentham de calcular a felicidade com auxílio de um "cálculo hedonístico". Para a pergunta pela felicidade, carece-se de um resposta pelo menos em três níveis: (1) procura-se uma estratégia de vida apta à felicidade; (2) no seu âmbito, desenvolve-se determinadas atitudes fundamentais ("virtudes") ou também regras de ação de segunda ordem (princípios); (3) somente a partir delas pode-se determinar o agir concreto.

Na medida em que a forma de vida, como indica Aristóteles, é escolhida (*EN* I 3, 1095*b*20; cf. *Met*. IV 2, 1004*b*24s.), o ser humano, em segundo lugar, deve a felicidade não tanto a poderes exteriores do que a si mesmo. Tal como no fazer música chega-se de fato a um instrumento, diga-se: aos bens exteriores, mais importante é, porém, a arte de tocar (*Pol.* VII 12, 1332*a*25-27). Finalmente, nem se pode igualar a virtude com um estado (passageiro) do mais elevado bem-estar nem com um desempenho individual formidável, com aquele grande feito heróico de um Aquiles ou de uma Antígona, que tanto conta na cultura grega arcaica. O que se deve alcançar com confiança e permance aberto a muitos (*EN* I 10, 1099*b*18-20), no sentido de uma "democratização da felicidade", é a felicidade que se pode esperar de uma determinada concepção de vida.

No início da *Ética* (I 3), Aristóteles põe em concorrência as três formas de vida preferencialmente dicutidas, a vida de prazer, a vida política e a vida teórica, junto com uma quarta opção, a vida orientada ao ganho. Uma vez que a vida política aparece em duas formas, há ao todo cinco concorrentes, das quais três são eliminadas.

Segundo noções do sofista Trasímaco (cf. Platão, *República* I, 343bss.), quem age com justiça faz-se infeliz; o ideal de feliz é o tirano, o qual age meramente por seu bel-prazer. Sem dirigir-se ainda diretamente a essa opinião, Aristóteles a abandona desde a base. Para a vida correspondente, o *bios apolaustikos*, a vida de prazer, decidem-se além da multidão também dominadores poderosos, como Sardanapal (Assurbanípal). Ao invés de tomar a sua própria vida na mão, eles se submetem aos desejos sensíveis e às paixões, ou seja, ao afetos, vivendo, nesse sentido, como os escravos (*andrapodôdeis*) e como o gado (*EN* I 3, 1095b19s.; III 13, 1118a25, b4, b21; sobre o prazer e o desprazer como causa de ações e atitudes moralmente ruins, ver *EN* II 2, 1104b9-11; cf. VI 5, 1140b17s.).

Ainda que uma pura vida de prazer não encontre a felicidade, o prazer (*hêdonê*) é um elemento integrante da felicidade (I 5, 1097b4s.). Determiná-lo corretamente é a tarefa de ambos os tratados sobre o prazer (*EN* VII 12-15=A; X 1-5=B; cf. Gosling e Taylor, 1982; Ricken, apud Höffe, 1995). Notavelmente, eles definem o objeto de modo diferente. Enquanto *A* iguala o prazer com a atividade desimpedida (VII 13, 1153a14s.; VII 14, 1153b10 e 16), *B* vê nele uma plenitude que chega à atividade perfeita, comparável com a beleza que se impõe no florescer dos anos (X 4, 1174b33). Além disso, o prazer é avaliado de modo diferente. Assim, somente *B* rejeita a visão hedonista de Eudóxo de Knidos de que o prazer é o bem mais elevado e todo prazer é digno de escolha; ao contrário do estrito anti-hedonismo, algumas formas de prazer são reconhecidas, porém, como dignas de escolha em si. Num outro ponto *A* e *B* estão em concordância: ambas tomam o prazer não por um movimento (*kinêsis*), mas por uma realidade (*energeia*). Acima de tudo, o teor básico é o mesmo: entendido como assentimento livre àquilo que se faz, o prazer acarreta uma elevação da atividade respectiva (X 5, 1175a30-36 e b14s.) e, ao mesmo tempo, uma elevação do bem viver. Levando em conta que uma das virtudes, a coragem, inclui a prontidão de tomar sobre si ferimentos e até mesmo a morte, a boa vida, porém, não está ligada em todos os aspectos ao prazer (III 12, 1117b7-16).

Ainda menos apta à felicidade do que a mera vida de prazer é a forma de vida que Max Weber descreverá como o fundamento do capitalismo, a existência dirigida somente ao lucro financeiro (*chrêmatistês bios*). Aristóteles não desconsidera a riqueza; ao contrário, conta a posse de bens exteriores entre as condições de felicidade (por exemplo, *EN* X 9, 1178b33ss.); e a posse elevada consegue fazer com que a virtude da liberalidade aumente a da magnanimidade (IV 4-6). Condenável é somente aquela perversão que confunde um meio como a riqueza com o fim próprio (cf. *Pol.* I 9-10 e VII 1, 1323*a*36ss.). Nesse caso, e isso lembra o processo de acumulação de capital, junta-se o dinheiro ilimitadamente. Também condenada é a vida política (*bios politikos*), uma vez que se está voltado para *timê*, para prestígio e fama. Aristóteles critica não o interesse, típico para os gregos, de assegurar um lugar no memória dos pósteros. Na honra, porém, ele vê apenas um sinal exterior para aquilo que realmente se busca.

Restam somente duas formas de vida para a rivalidade com a felicidade: a vida política, já que a ela se chega pela própria habilidade (*aretê*: I 3, 1095*b*22ss.; cf. IV 7, 1124*a*22s.), e a existência teórica. Antes de se poder decidir a concorrência delas, tem-se ainda de esclarecer uma de outras perguntas, como, primeiramente, o conceito mais exato de felicidade. Aristóteles o determina em três séries de argumentação: numa crítica a Platão (*EN* I 4, cf. *EE* I 8), numa reflexão formal, semântica (I 5), e numa reflexão de conteúdo, antropológica (I 6).

Crítica da idéia do bem. Platão designa como "idéia" uma forma comum que confere à pluralidade que tem parte nela o padrão e a medida: idéias são formas originais ideais. Para a ética, poder-se-ia já abandoná-las com o argumento relativista de que não há algo universal com significado normativo. Na medida em que Aristóteles orienta toda a sua ética num único conceito diretivo, na felicidade, ele rejeita, contudo, o relativismo moral. Ele critica em Platão não a idéia de uma universalidade normativa, mas apenas o conceito exato e o alcance do mesmo. Os primeiros cinco argumentos – o argumento da seriação (I 4, 1096*a*17-23), o argumento das categorias (*a*23-29), o argumento da ciência (*a*29-34), o argumento da coisificação (*a*34-*b*3) e o argumento da eternidade (*b*3-5) – voltam-se contra a acepção de que a pluralidade do bem poderia estar subsumida em uma idéia. Na verdade, assim diz o argumento das categorias, há para os diferentes significados do predicado ético fundamental "bom" tão-pouco um supraconceito comum quanto para os diferentes significados de "ente" (cf. *EE* I 8, 1217*b*25-35). Conforme o argumento seguinte, pode haver no caso de uma idéia comum somente uma única ciência do bem, mas ela existe no plural: como técnica de generais, como medicina, como ginástica, etc. Esse argumento da ciência restringe também indiretamente a pretensão de uma ética filosófica, na medida em que ela, com efeito, não é responsável por todo tipo de bem. Além disso, Aristóteles dirige-se contra a coisificação (hipostasiação) de conceitos universais, que vem por aí com a separação rígida de um "bem próprio" dos bens particulares (cf. Capítulo 11, "Crítica às idéias de Platão").

Os três argumentos seguintes (1096*b*8ss.) apresentam primeiramente uma réplica pensável de Platão e empreendem, a seguir, a rejeição dela. Assumindo-se que a doutrina das idéias dissesse respeito não a todo, mas apenas ao bem desejado por causa de si mesmo, então ela seria responsável ou pelos bens que estão na base das formas de vida mencionadas, pelo pensar, por determinadas alegrias e honra; contudo, também para essas não há nenhuma idéia comum. Meramente a idéia vale como desejável por causa dela mesma: mas, então, ela se torna uma *eidos mataion*, um conceito sem conteúdo e supérfluo (argumento 7). Finalmente, Aristóteles assume a modo de ensaio que a crítica "ontológica" até aqui é sem objeto. Nesse caso, permanece ainda sempre a objeção – agora prática – de que o bem entendido como idéia não pode ser alcançado. Aristóteles vê a idéia não, por exemplo, como um fim demasiado exigente, como um exemplo de fato belo, porém, ilusório. Com alusão aos trabalhadores manuais, médicos e generais, que buscam dominar o seu meio da melhor maneira possível e, apesar disso, não se interessam pela idéia do bem, ele diz da idéia que existe separadamente que ela não pode exercer nenhum tipo de influência sobre a nossa práxis (cf. *Met.* I 9, 991*a*8ss. e XIII 5, 1079*b*12ss.).

Em termos de conteúdo, a crítica das idéias avança nas investigações específicas da *Ética*. Assim, por exemplo, a tese de vários modos repetida de que se torna justo por agir com justiça, temperante por agir com temperança (*EN* II 3, 1105*b*9-11 entre outras passagens), reza que se trata do exercício e da realização da vida, não do conhecimento de uma idéia do bem. Uma crítica posterior oculta-se na composição da *Ética*. Em Platão, a teoria das idéias e dos princípios constitui o ponto máximo ao qual se dirigem os diálogos correspondentes *Fédon* e *República*. Em Aristóteles, o equivalente em certa medida funcional, o conceito de felicidade, oferece o critério para formas de vida; além disso, ele estabelece o gancho que mantém juntos o início do escrito com o seu final, porém mais que isso também não. Nem a semântica do conceito de felicidade no Capítulo I 5 nem a discussão das duas formas de vida que são responsáveis pela felicidade no Capítulo X 6-9 têm o peso de um ápice para o qual concorrem as outras investigações, os tratados relativamente independentes sobre voluntariedade e decisão, sobre virtudes morais, sobre incontinência, sobre amizade e sobre prazer.

O fim pura e simplesmente mais elevado. Para apreender o extraordinário caráter de fim da felicidade, Aristóteles elabora *via eminentiae* dois conceitos de um extremo e último, pelo qual somente se deseja (*EN* I 5). Para o primeiro conceito, ele constrói uma hierarquia de fins (*telê*), consistindo de três níveis:

1. de meros fins intermediários, aqueles como a riqueza devida a outras coisas;
2. de fins definitivos (*telê teleia*), que como o prazer, a honra e a razão já são escolhidos por causa de si mesmos;

3. daquele "fim mais final" (*teleiotaton*) pelo qual se deseja "sempre somente em si e jamais por causa de um outro", o fim mais elevado pura e simplesmente, a felicidade (I 5, 1097a15-b6).

Sobre o caráter do fim mais elevado, a felicidade, a propósito, está relacionada com o movente imóvel. Para que ali os processos da natureza e aqui o agir não seja sem motivo, é preciso assumir um por causa de que último, o qual, no caso da natureza, consiste no movente imóvel; no caso do agir, porém, consiste na felicidade.

Tanto no debate de Aristóteles quanto no debate do assunto há duas interpretações para o fim mais elevado. A felicidade vale ou como algo monolítico, como um fim dominante, superior a todos os outros fins (por exemplo, Heinaman, 1988; Kenny, 1992), ou como algo múltiplo em si, como um fim inclusivo, que abrange todos os outros fins em si (Ackrill, apud Höffe, 1995). À pólis convêm ambas as determinações simultaneamente, pois na relação com a comunidade da casa e a aldeia ela não apenas se sobressai às outras comunidades, mas também as inclui (*Pol.* I 1, 1252a4-6). Para o conceito de felicidade, ambas as determinações são também adequadas, mas com restrições. Na medida em que Aristóteles define a felicidade diante dos fins definitivos costumeiros como logicamente de grau superior, ele lhe confere um caráter dominante. Uma vez, porém, que ela não apresenta nenhuma alternativa (felicidade *ou* prazer, felicidade *ou* conhecimento...), a ela o conceito costumeiro de um fim dominante não faz realmente jus. Dominante é, no mesmo nível, a razão diante da honra. A felicidade, contudo, tem um caráter inclusivo porque liga diversos "fins definitivos" uns com os outros; ao menos o prazer sempre pertence a isso como momento de realização. Aristóteles, no decurso da *Ética*, também aborda praticamente todos os elementos de representações gregas da felicidade mencionados na *Retórica*. Ele não afirma, no entanto, que feliz é somente aquele que realiza em conjunto todos os elementos; ao contrário, chega-se ao *bios politikos* sem alguns desses elementos e ao *bios theôrêtikos* sem muitos desses elementos.

O conceito aristotélico de felicidade lembra a definição ontológica de Deus. O que Anselmo diz com respeito ao ente (*ens*) – Deus é aquele acima do qual nada maior pode ser pensado: *id quo maius cogitari nequit* – é verdadeiro, aqui, com relação ao bem e, por conseguinte, ao fim. Como *telos teleiotaton*, a felicidade apresenta-se como um fim no qual o caráter de fim é dado num sentido máximo que não pode ser sobrepujado. Como esse fim encontra-se num nível mais elevado do que os fins costumeiros, mas é realizado somente "dentro" desses fins, ele tem um caráter transcendental. Aristóteles, de fato, não documenta, como Kant exigiria, um sintético *a priori*; ele satisfaz, porém, a exigência de oferecer uma "condição de possibilidade fundamental de...". A felicidade é a condição que decide sobre a aptidão de fim de todos os fins.

Para a segunda definição de felicidade, o ser suficiente a si mesmo (*autarkeia*: I 5, 1097*b*6), Aristóteles constrói novamente um superlativo, nesse caso para "desejável" (*hairetos*). Contra a tentativa de enfraquecer o extraordinário do conceito, ele adiciona um *mê synarithmoumenê*. Enquanto uma vida de prazer, assim se diz depois, torna-se mais desejável através da ligação com a prudência (X 2, 1172*b*29-31), a felicidade, porque a ela não se pode adicionar nada mais, é pura e simplesmente desejável (I 5, 1097*b*17; cf. 1172*b*31s.; cf. *Top.* III). Virtudes como a justiça são louvadas; a felicidade, em contrapartida, autofim num sentido absoluto, é tida como algo divino e melhor (I 12, 1102*a*1-4).

Auto-realização humana. Diferencia-se hoje éticas universalistas de éticas específicas a culturas e épocas. Tanto com a crítica da doutrina das idéias quanto com a semântica da felicidade, Aristóteles insere-se na primeira família e mostra, com isso, que ela é maior do que comumente se a toma. O mesmo vale para a terceira série de argumentação, a busca por um conceito pleno de conteúdo, que se torna necessária porque a definição meramente semântica poderia incorrer num lugar-comum. Mais uma vez, Aristóteles não se apóia, por exemplo, em particularidades da pólis grega, mas numa reflexão agora antropológica, que vai além das culturas (*EN* I 6, cf. I 13). O paradigma da sua ética normativa denomina-se, a partir daí, teoria da ação mais semântica (construtiva), mais antropologia.

Diante de reflexões antropológicas, impera hoje, na verdade, um ceticismo; porém, o modo como Aristóteles procede poderia ainda sempre convencer. Ele pergunta por uma obra característica ao ser humano (*ergon [tou] anthrôpou*: I 6, 1097*b*24s., 1098*a*7, cf. *a*16) e, dessa maneira, iguala a felicidade com a auto-realização, seguramente num entendimento objetivo. O seu verdadeiro eu realiza-se numa vida conforme o logos. Ao perigo que por isso mesmo ameaça, dar um peso demasiado ao âmbito intelectual, Aristóteles vai de encontro pelo fato de que, por um lado, na *Política* (I 2, 1253*a*9ss.), acentua o caráter prático-moral da razão e, por outro lado, na *Ética*, vê a razão presente de duas maneiras, tanto "essencialmente e em si mesma" quanto no "obediente à razão como a um pai" (I 6, 1098*a*s. com I 13, 1103*a*3). A razão essencial mostra-se na vida científico-filosófica, enquanto a "razão obediente" mostra-se numa vida conforme as virtudes de caráter.

De acordo com Sólon, pode-se falar de felicidade somente ao final da vida; nesse caso, porém, aquilo que pode ser chamada de feliz, a vida, passou (I 11). A esse paradoxo Aristóteles responde com a indicação de que a felicidade tem de durar "uma vida por inteiro" (I 6, 1098*a*18); ora, quem como Príamo cai em grande desgraça em avançada idade, a ele não se chama de feliz (I 10, 1100*a*5-9). A observação breve lembra a experiência judaica de Jó, de que também aquele que honradamente trabalha para a sua felicidade permanece entregue a um poder que lhe é superior. Aristóteles, o pensador secular, entende esse poder não teologicamente, mas como conteúdo mesmo de acontecimentos contingentes.

A visão de que a razão não garante o sentido da vida racional, a felicidade, porque uma forma de vida útil à felicidade não está livre de inseguranças e de riscos da vida, lê-se como uma crítica precursora à tese estóica de que o sábio pode ele mesmo ser então feliz quando sofre de pobreza e doença, sendo além disso torturado. A experiência de vida poderia dar razão a Aristóteles. Por outro lado, ao final da *Ética*, no julgamento da vida teórica e da política, não ocupa papel nenhum que a felicidade, apesar de todo o esforço que o ser humano tem de tomar sobre si, permanece um bem frágil. A conseqüência incisiva de que o ser humano somente pode ser responsável pela sua dignidade de felicidade, e não pela própria felicidade, a essa Aristóteles não chega; ela também relativizaria o seu princípio da felicidade de modo demasiadamente forte. Ao invés disso, ele mantém com razão que em nenhuma das obras humanas há tal estabilidade como nas atividades conformes à virtude (I 11, 1100*b*12s.). Mesmo se o caminho de dignidade moral não protege da infelicidade – qualquer outro caminho conduz antes ao precipício.

VIRTUDES DE CARÁTER

A prudência está realmente direcionada ao fim último do ser humano, a felicidade, porém não é ela mesma responsável por esse direcionamento, mas antes o seu complemento necessário, a *aretê êthikê*, a virtude de caráter. Só quem dispõe de ambas, da prudência e da virtude de caráter, o excelente (*spoudaios*), vive em harmonia consigo. Ele faz o bem meramente porque é bom, preenchendo, portanto, o conceito kantiano de moralidade. Ao mesmo tempo, ele serve à sua própria felicidade: à diferença do ser humano ruim, ele não sofre de conflitos internos; ele tem lembranças agradáveis e esperanças, e não precisa depois se arrepender de nada (*EN* IX 4, 1166*a*1ss.).

A virtude de caráter é definida de modo clássico, através de gênero e espécie. Segundo o gênero, ela vale como uma atitude ou hábito (*hexis*), de acordo com a espécie como um meio para nós (*meson pros hêmas*). O primeiro conceito completa o conceito de *bios*. Quem vive a partir de uma atitude age de tal modo como alguém que age não por acaso ou por uma disposição feliz, mas de um elemento firme da sua personalidade e, a partir daí, em toda confiabilidade. Nesse sentido, Aristóteles põe valor numa elevação que de novo lembra o conceito kantiano de moralidade. Sobre a virtude, assim ele afirma com ênfase, dispõe não já quem age corretamente com uma determinada regularidade, mas só quem se alegra com o correto (II 2, 1104b4ss.; cf. III 11, 1117a17).

Para uma atitude desse tipo, há plenamente uma disposição natural (VI 13, 1144b1ss.). A virtude própria deve ser aprendida, mas não se trata de uma teorização. Contra mal-entendidos correspondentes, Aristóteles não se cansará de acentuar que alguém se torna justo apenas através do agir justo, temperante somente através do agir temperante e, em geral, virtuoso somente através do agir virtuoso, em resumo: através do exercício (II 3, 1105b9-12, entre outras passagens). Esse processo de aprendizado é concluído com sucesso quando se encontrou para as suas afecções um comportamento correto e, em conseqüência disso, perseguem-se espontaneamente os fins corretos (II 4, 1105b25ss.).

O segundo elemento definitório da virtude, o conceito de meio, desdobra um poder de conseqüência incomum; hoje, ele é tomado como obscuro e vazio. O teórico do direito Kelsen (*Reine Rechtslehre*, 1960, p. 375) crê, por exemplo, que aqui o bem moral é definido, de modo inadmissível, em termos matemático-geométricos. O texto, porém, fala de um meio "para nós" (*pros hêmas*) e rejeita expressamente uma determinabilidade matemática, o meio objetivo (*pragmatos meson*) (II 5, 1106a29-31). Também Kant é vencido por um mal-entendido, quando objeta contra "a via média entre dois vícios" de Aristóteles que virtude e vício não são meramente graduais, mas diferentes em sua qualidade (*Tugendlehre*: Einleitung XIII; § 10). A Antigüidade entende o meio não só no sentido matemático de um ponto que é igualmente distante de dois pontos dados; o meio significa também algo perfeito. Nesse sentido, Aristóteles define a virtude por superlativos; ele a toma como o melhor, o extremo, e como o mais elevado segundo a excelência e a bondade (II 2, 1104b28; II 5, 1106b22; II 6, 1107a8 e a23; cf. IV 7, 1123b14, entre outras passagens; cf. Wolf, apud Höffe, 1995).

Tomemos como exemplo o agir correto diante de perigos. Que a *andreia*, a coragem e a coragem civil, é definida como meio entre temeridade e covardia (II 9-12), revela também de fato que o temerário dispõe de coragem demais e o covarde de coragem de menos. Mais importante é, contudo, que ambos se dedicam a uma inclinação natural, em que um não se assusta diante de nenhum perigo, e o outro se esquiva diante de todo perigo. "Corajoso" significa, em contrapartida, quem se comporta, diante de perigos, de modo inabalável e constante e sabe, a partir disso, dominá-los soberanamente. No entanto, em que exatamente consiste tal atitude não pode ser dito – a isso alude-se o acréscimo "(meio) para nós" – de modo independente do sujeito. Daquele que diante de perigos recua é de se esperar algo diferente do que daquele que de preferência "avança cegamente"; além disso, depende do tipo e da grandeza do perigo.

O corajoso segue, pois, uma atitude intermediária, na medida em que nem toma todos os perigos sobre si nem recua diante de todos. A atitude correspondente ele ganha, porém, só na medida em que se põe em relação correta com os seus afetos. Pode-se também dizer que ele as organiza racionalmente; o virtuoso encontra-se para com os seus afetos numa relação refletida e superior. Porque desse modo suspende uma mera emocionalidade, ele se destaca por apatia num sentido qualificado (*apatheia*: II 2, 1104b24-26).

Nas outras virtudes, comporta-se analogamente. Diante do prazer corpóreo, a inclinação natural consiste ou em irrefreabilidade ou, o que ocorre mais raramente, em estupidez; em contrapartida, a práxis plenamente medida consiste na temperança (*sôphrosynê*: III 13-15). Em questões de dinheiro, a atitude que é devida a um livre (*eleutheros*), a generosidade (*eleutheriotês*: IV 1-3), dirige-se tanto contra o desperdício como contra a avareza; somente quem não se encerra temerosamente nos seus bens é, num sentido pessoal, livre. Para a generosidade de grande estilo, Aristóteles introduz até mesmo uma virtude própria, a liberalidade (*megaloprepeia*: IV 4-6).

A seção certamente mais impressionante das discussões da virtude é retratada por aquilo cujo sentido para honra (*timê*) – leia-se: prestígio, reconhecimento e reputação – estende-se para muito além da medida costumeira, a *philotimia*. Trata-se do magnânimo (*megalopsychos*: IV 7-9). No pano de fundo se encontra a consciência de classe de uma aristocracia. Enquanto ela, porém, liga o prestígio à proveniência, Aristóteles separa-o radicalmente disso; em lugar de uma nobreza herdada, aparece, em certa medida, a nobreza moral. O direito de prestígio fundamenta-se exclusivamente no próprio desempenho; a honra vale como o preço da vitória da virtude (IV 7, 1123b35), afinal "na verdade somente o bom merece a honra" (IV 8, 1124a25). Novamente, Aristóteles diferencia-se daquilo que o estoicismo colocará como ideal. Segundo a sua visão, a personalidade moral superior não se retira do mundo da política e dos negócios; o magnânimo é plenamente ativo, porém ele se concentra nas poucas coisas que realmente importam. A partir da consciência do seu próprio valor, ele se comporta, via de regra, comedidamente com respeito a bens exteriores, tais como riqueza e poder; nem ele se alegra excessivamente na felicidade, nem se lamenta na infelicidade. Além disso, não é rancoroso e ama mais as coisas que em si são boas do que aquelas que trazem lucro e benefício. Um ponto de vista da ética aristotélica manifesta-se de modo especialmente claro no magnânimo: "Norma e medida da coisas" é "o bom" (III 6, 1113a32s.; semelhantemente IX 4, 1166a12s., e III 12, 1117b17s.), conforme o singular, ou seja, o indivíduo que, sem dúvida, relaciona-se com os seus companheiros, porém não depende deles nas suas noções morais.

Nessas e em outras virtudes há um tipo de situação que define o domínio de tarefas respectivo e que resulta, por exemplo, não de condições especificamente gregas, mas universais e humanas. Em Aristóteles, as virtudes de caráter não são fuga dos costumes de uma comunidade, mas esquematizações de práxis moral que cresceram historicamente, assumidas com respeito a certos tipos de paixões e domínios de ação. Com isso, deparamo-nos, outra vez, com um elemento universal; o mesmo vale para a reação natural e para a reação virtuosa ao tipo de situação.

Em Platão, talvez até mesmo já nos pitagóricos, forma-se um esquema de quatro virtudes principais, cardeais: temperança, coragem, prudência ou sabedoria e justiça. Porque Aristóteles, por um lado, descobre mais do que quatro tipos de situação e, por outro lado, em dois tipos de situação descobre mais do que somente uma atitude moral – portanto, a partir de motivos de diferenciação –, ele desiste do esquema (mas ainda não em *Pol.* VII 1, 1323*a*23ss.). A história do espírito ocidental, porém, muito embora em determinações particulares freqüentemente siga a Aristóteles, via de regra fortalece a canonização das virtudes (*Summa theologiae* I-II q. 61, entre outras passagens) – e ao mesmo tempo a simplificação nela contida.

JUSTIÇA, DIREITO NATURAL, EQÜIDADE

Com respeito a rendimento e posses, Aristóteles conhece três virtudes: além da generosidade e da liberalidade, ainda a justiça (*dikaiosynê*; cf. Bien, apud Höffe, 1995; Williams, apud Rorty, 1980). Contudo, na justiça não se trata meramente de lidar com o dinheiro. Característico para ela é o aspecto do devido, importante para uma ética do direito, com a qual Aristóteles pratica uma separação entre direito e moral, a qual está ausente em aristotélicos modernos como Samuel Pufendorf e Christian Wolff: a justiça diferencia-se da generosidade e da liberalidade pelo fato de que, quando se deve algo, o direito dotado de pressão pode intervir, mas caso contrário não. Aristóteles fala do *allotrion agathon* (*EN* V 3, 1130*a*3s., cf. V 10, 1134*b*5), do "bem alheio", que se pode entender como um bem ao qual o outro tem um direito. À característica do devido corresponde também o conceito não mais subjetivo ("meio para nós"), mas objetivo de meio ("meio segundo a realidade") ou "exatidão matemática", que também Kant exige para o direito, à diferença da virtude (*Rechtslehre*, Einleitung § E).

As expressões "justo" e "injusto" têm, em geral, dois significados. No entendimento objetivo, institucional, elas dizem respeito a regras, em especial regras jurídicas (leis) e instituições, até mesmo à ordem fundamental de uma comunidade política; no entendimento subjetivo e, respectivamente, pessoal, trata-se da atitude das pessoas. Aristóteles ocupa-se, no tratado competente para tanto, o Livro V da *Ética*, com ambos os significados. Ali, ele fala do *dikaion*, do direito e do justo, aqui de *dikaiosynê*, a justiça como virtude.

Já que o segundo significado oferece o conceito diretivo, dificilmente se pode, com o comentário de Dirlmeier (1991, 9.ed., p. 438), falar do "tratamento" "novo", agora "legalista". Bem no início, Aristóteles diz da justiça que, através dela, não se é meramente capaz da justiça e se age de modo justo, mas também se quer isso (V 1, 1129a8s.; cf. V 10, 1135a5-V 13). Pertence a ela, portanto, mais do que aquela concordância com o justo que Kant chamará de legalidade (jurídica). Carece-se, adicionalmente, de um livre assentimento, a mentalidade jurídica, isto é, a moralidade (jurídica). Ademais, também com o exemplo do depósito, Kant encontra-se na tradição de Aristóteles (e de Platão, *República* I 331); este, com efeito, nomeia somente justo num sentido essencial aquele que devolve um depósito voluntariamente, e não a partir da angústia diante da pena (*EN* V 10, 1135b4-8). De forma semelhante, apenas ali Aristóteles vê uma injustiça ocorrida num sentido não meramente casual, isto é, ela resulta a partir da atitude correspondente (V 13, 1137a22s.; *Rhet.* I 13, 1374a11s. fala de *prohairesis*).

O justo no significado objetivo é definido como o legal (*nomimos*) e o igual (*isos*: *EN* V 2, 1129a33s.). A primeira definição significa a lei em parte escrita, em parte não-escrita; a segunda significa não algo como o mandamento democrático da igualdade, mas o fato de que não se deve receber menos, porém não se deve tomar mais do que compete a alguém segundo a lei. Enquanto o injusto, na sua insaciabilidade (*pleonektês*: b1s.), quer ter sempre mais, o justo atinge o meio entre fazer injustiça e sofrer injustiça. Além disso, Aristóteles introduz diferenças que nem sempre se tornam claras, mas que assumem, numa determinada fixação da escolástica, e até adiante na modernidade, um estatuto diretamente canônico.

As primeiras distinções têm lugar a partir do objeto. A justiça, na medida em que perfaz a virtude como um todo (*holê aretê*) – a filosofia escolástica fala de *iustitia universalis*: justiça universal –, é tida como a virtude perfeita (*aretê teleia*: *EN* V 3, 1129b26-1130a13). Já que é mais fácil ser virtuoso "nos assuntos próprios", quem o consegue também diante de um outro realiza um crescimento. A virtude como um todo, assim restringe Aristóteles contra Platão (*Leis* I 631c-d), é a justiça, porém somente com respeito a outros, não também com respeito a si mesmo. No Capítulo V 15, ele considera proibida, de fato, uma típica injustiça contra si mesmo, o suicídio; ele o interpreta, porém, como uma injustiça contra a pólis; Aristóteles considera defensável a idéia de Platão de uma injustiça contra si mesmo apenas num sentido metafórico (V 15, 1138*b*5s.).

Surpreendentemente, a justiça universal é igualada à justiça legal (*iustitia legalis*) (V 15, 1138*a*8-10, entre outras passagens). Na base está a noção de que as leis "falam sobre tudo" e, por exemplo, prescrevem o que a coragem exige: não abandonar o seu posto, ou o que pertence à temperança: não cometer nenhum adultério e nenhuma ação violenta (V 3, 1129*b*14-25). Apesar disso, não se precisa temer que aqui se esteja falando de uma moralização do direito e, ao mesmo de tempo, de uma sobre-exigência da ordem jurídica. Afinal, na visão de Aristóteles, as leis não podem exigir as virtudes correspondentes, mas apenas as suas obras (*erga*) (V 3, 1129*b*19s.). Além disso, elas se satisfazem *de facto* com uma parte das virtudes, com as proibições, que, tal como a proibição do adultério, eram tidas então como infração jurídica.

Aristóteles também se coloca contra a concepção tradicional de que numa boa pólis impera entre a integridade dos cidadãos e as leis da pólis uma perfeita correspondência. Ele relativiza a justiça legal através de um segundo tipo, a justiça como parte especial (*en merei aretê*: V 4ss.). Ela, a *iustitia particularis*, ocupa-se com os bens externos que, no âmbito da vida política, têm o peso de pré-condições. Aristóteles designa como "bens fundamentais sociais" (Rawls) – seguramente, sem exigir a sua distribuição – cargos e dignidades (honra: *timê*), rendimento, respectivamente, dinheiro (*nomisma*) e saúde, respectivamente, segurança (*sôtêria*: V 4, 1130*b*2).

A justiça particular subdivide-se (V 8, 1132*b*24s.) em (1) justiça de distribuição (*nemêtikon dikaion*), a *iustitia distributiva*, e (2) na justiça que ordena o trânsito de negócios (*diorthôtikon*; também *epanorthôtikon*: 1132*a*18), a qual desde Tomás de Aquino se chama *iustitia commutativa* (justiça de troca), não introduzida dessa maneira por Aristóteles. A sua medida é a proporcionalidade aritmética ("a:b = b:c"). A justiça ordenadora divide-se, por sua vez, em um "domínio voluntário", o direito divil de hoje – somente nele pode-se falar de justiça de troca e também nesse caso só quando se trata de bens –, e em "domínio involuntário", o direito penal de hoje, junto ao qual novamente são diferenciados "delitos ocultos" de "delitos violentos". Digna de nota é a constância das áreas do direito; o que Aristóteles delineia (V 5, 1131*a*1-9) é praticamente sem exceção até hoje.

Enquanto para Platão o dinheiro sempre foi suspeito, não mais do que um mal necessário, Aristóteles apresenta, no contexto da justiça ordenadora, a primeira teoria do dinheiro escrita na Europa. Com uma clareza impressionante, ele descreve a sua essência e função. Na medida em que o dinheiro torna comparáveis artigos e serviços extremamente diferentes, ele possibilita os múltiplos processos de troca de uma sociedade com divisão de trabalhos. "O gênio de Aristóteles", reconhece ainda

Marx, "brilha justamente em que ele descobre na expressão de valor dos produtos uma relação de igualdade. Somente a barreira histórica da sociedade em que ele vivia o impede de descobrir no que então 'em verdade' consiste essa relação de igualdade" (*Das Kapital*, MEW 23, 74). Marx tem em vista o trabalho humano. O fato de que Aristóteles, em contrapartida, orienta-se em valor de uso e de necessidade, e define, por isso mesmo, o dinheiro como representante da necessidade (*EN* V 8, 1133*a*29), pode-se entender também como alternativa para Marx.

A segunda diferença dirige-se não mais ao objeto, mas ao âmbito de validade do direito. Numa breve passagem, Aristóteles introduz um par conceitual que caracteriza praticamente até hoje o pensamento jurídico ocidental. Ele fala do direito natural (*to physikon*, respectivamente, *physei dikaion*) e do direito imposto (*to nomikon*: V 10, 1134*b*18-1135*a*5; cf. *Rhet.* I 13, 1373*b*4ss.); mais tarde, diz-se direito natural e direito positivo. Importante para essa diferenciação é a oposição apresentada em *Rhet.* I 10 de um direito especial e um direito universal, comum a todos os seres humanos, seguramente não-escrito. O direito natural – e igualmente o direito universal – corresponde à idéia moral do direito e destaca-se, em Aristóteles, através de duas características: a universalidade – ele tem por toda parte o mesmo poder – e a não-arbitrariedade, isto é, ele não depende da opinião dos seres humanos. Notavelmente, Aristóteles não discute a possibilidade de um conflito com o direito positivo; somente na *Retórica* (I 13) ele a admite com respeito à *Antígona*, de Sófocles.

Enquanto hoje o direito natural freqüentemente é tido como obsoleto, pensando-se num ideal que permanece eternamente igual a si, Aristóteles o entende como mutável (*kinêton*). Contudo, não fica totalmente claro se ele visualiza o próprio ideal ou somente as realizações sempre imperfeitas como mutáveis. Em todo caso, ele não pensa num sistema pronto de proposições jurídicas de validade universal, que deve aparecer no lugar do direito positivo. Na *Ética*, ele nem sequer apresenta critérios; e na *Política*, na teoria das constituições, ele repete essencialmente apenas o pensamento do bem comum (ver Capítulo 16, "Domínio de livres sobre livres"). Assim, em Aristóteles, o direito natural consiste numa "idéia regulativa", no bem comum não definido mais detalhadamente, e contém exatamente com isso uma potência de crítica à sociedade; de mais a mais, ele desiste de apresentar princípios definidos. Talvez, porém, com a pólis ideal que esboça nos últimos dois livros da *Política*, ele apresente uma tentativa de resgatar concretamente a intenção do direito natural. Porém, as reflexões que constam ali não se submetem, ao menos não expressamente, aos dois critérios de universalidade e não-arbitrariedade.

A terceira diferenciação de Aristóteles, aquela da justiça em relação à eqüidade (*epieikeia*: *EN* V 14), diz respeito a uma correção do que é mandado pela lei. Pensável é a correção como "melhoramento"; caso o legislador não tenha sido suficientemente cuidadoso, impõe-se um nivelamento. A *Ética* aponta para essa tarefa, falando, com efeito, da lei dispensada apressadamente (V 3, 1129*b*25). A eqüidade ocupa-se, porém, com uma outra correção, aquela realizada em aplicações concretas; como leis são universais segundo o seu conceito, elas não fazem justiça a cada caso particular. A eqüidade preserva tanto uma exatidão mesquinha quanto uma exatidão sem misericórdia. Cícero, a partir daí, pode-se apoiar em Aristóteles, quando em *De officiis* (I 10, 33) afirma do direito mais elevado que ele pode reverter-se na suma injustiça (*summum ius summa iniuria*). Contudo, o romano referido em Cícero joga com uma ambigüidade: na primeira parte, trata-se de um direito garantido juridicamente; na segunda parte, trata-se de algo como uma injustiça moral.

Aquele que age com eqüidade está pronto a ceder mesmo quando tem a lei a seu favor (*EN* V 14, 1137*b*34-1138*a*3). A respeito de uma renúncia desse tipo Kant diz, com bom motivo (*Doutrina do Direito*, "Apêndice à introdução à doutrina do direito"), que ela não se deixa forçar. Aristóteles está de acordo com isso na medida em que designa a instância autorizada para correções revestidas de pressão, o juiz, de fato como justiça viva ou dotada de alma (*dikaion empsychon*: V 7, 1132*a*22), mas não a liga com a eqüidade. E a *Retórica* (I 13, 1374*b*19-22) compromete o juiz (*dikastês*) expressamente com a lei, permitindo somente ao árbitro (*diaitêtês*), que em Atenas é uma instituição independente, a saber, o olhar para a eqüidade.

Ainda que a justiça e a eqüidade sejam introduzidas como duas virtudes, elas não são tidas como atitudes diferentes (*EN* V 14, 1138*a*3). Situações que exigem a eqüidade são, em certa medida, um caso-teste no qual se põe à prova a sua justiça. Dirigida contra uma subsunção mecânica, a eqüidade desafia a capacidade de juízo e, nesse sentido, complementa a prudência (cf. VI 11, 1143*a*19-24). Enquanto a eqüidade torna alguém pronto para a correção da lei em todos os casos, a prudência firma a correção exata. Já que também as outras virtudes têm de ser justas para com o caso particular, poder-se-ia esperar no caso delas igualmente um corretivo. No entanto, porque elas, à diferença da justiça, não estão comprometidas com regras, rejeitam até mesmo, como "meio para nós", uma obrigação desse tipo, já lhes é imanente o que a eqüidade consegue somente como corretivo: uma flexibilidade aberta à situação.

Uma vez que regras restringem a justiça do caso particular, poder-se-ia querer prescindir por completo das regras. Platão defende exatamente essa opinião na *Política*, quando afirma: "O melhor é quando não as leis têm poder, mas o homem real dotado de percepção" (294a). Aristóteles coloca-se na *Política* (III 15) a mesma alternativa; porém, em oposição a Platão, não toma por prescindíveis nenhuma das duas posições, nem a justiça de regra das leis nem a justiça do caso particular da eqüidade. As leis são melhores na medida em que, diferentemente dos seres humanos, são totalmente livres de paixões; o ser humano, em contrapartida, sabe melhor aconselhar de modo individual (*Pol.* III 15, 1286a17-21). Aqui se abre a dupla tarefa, não livre de tensões, que a linguagem cotidiana conserva na conexão de "correto e eqüânime"[1] e de "todos os que pensam de modo eqüânime e justo". Por um lado, o direito precisa da norma geral em sua preocupação pela igualdade; por outro lado, tem-se de fazer jus ao caso particular na sua especificidade inconfundível.

EXISTÊNCIA TEÓRICA OU POLÍTICA?

A reflexão final da *Ética* (X 6-9) decide sobre a até então aberta concorrência entre o *bios theôrêtikos*, a vida teórica, e o *bios politikos*, a vida político-moral. Nesse sentido, desempenham um papel tanto os pontos de vista semânticos do fim supremo e da autarquia quanto – ao lado do prazer – a ação própria para o ser humano. Como o ser humano diferencia-se do animal através do logos, a conseqüência fica à mão. A primazia deve-se àquela vida que Aristóteles vê conduzida exemplarmente por Anaxágoras e Tales (*EN* VI 7, 1141*b*3). O protótipo de um ser humano exemplar é aquele que sabe coisas difíceis e impressionantes, mas sem utilidade (*b*6-8). Ele é o cientista e filósofo voltado não à aplicação, mas ao puramente teórico (*Pol.* VII 1-3, especialmente 1325*b*14-32). Para Aristóteles, a vida da *theôria* satisfaz os critérios da felicidade, como, por exemplo, a autarquia, em máxima medida, porque a *theôria*, diferentemente da vida política, não carece nem de bens exteriores nem dos concidadãos e amigos, frente aos quais se age de modo justo, generoso, etc. (*EN* X 7, 1177*a*29-32). Além disso, a *theôria* está livre da ameaça através de circunstâncias adversas. E como uma práxis que é realizada por causa dela mesma (*Met.* I 2, 982*b*24-28), ela traz em si a sua justificação. (A teoria tem, a propósito, uma origem sagrada e designa a visita a cerimônias cúlticas. No significado secularizado de Aristóteles, o entendimento original ainda está presente somente no objeto da teoria, o eterno.)

A tese da primazia decidida da *theôria* poderia ser, na época, ainda mais provocativa do que hoje. Na época de Aristóteles, ainda não existem quaisquer instituições de ciência há muito estabelecidas e altamente reconhecidas; instalações semelhantes a instituições, tal como a Academia de

---

[1] N.de T. A expressão corriqueira, no caso, pertence à língua alemã, a saber, *recht und billig*.

Platão, são consideradas com suspeita (cf. a aguda crítica aos filósofos nas *Nuvens*, de Aristófanes, bem como na *República* de Platão [VII 500b]; cf. também *Górgias* 484dss., entre outras passagens). A isso se contrapõe a proposição introdutória da *Metafísica* com uma "genial estratégia avançada", com o estatuto antropológico do puro desejo de saber. Além disso, assim complementa a *Ética* (X 7, 1177a22-27), o desejo de saber produz para o ser humano o mais elevado prazer em maravilhosa pureza e constância. E a *Poética* testemunha: "O aprender não é o mais prazeroso somente para os filósofos, mas também para os outros seres humanos; contudo, esses poucos se juntam a isso" (4, 1448b13-15). Além disso, com a *theôria* fica-se próximo do divino, e se é maximamente amado pela deidade (*EN* X 9, 1179a30). A famosa exigência de Platão, de que os filósofos deveriam tornar-se reis, para que se chegasse ao fim da desgraça para os estados (*República* V 473c-d; cf. *Ep.* VII 326a-b), ainda reconhece o hoje apreciado critério de "relevância social"; somente a apologia de Aristóteles, de uma *theôria* pura, rejeita-os sem compromissos.

Invocando Aristóteles, Jean Bodin declarará na obra *Six Livres de la république* (1583: Capítulo I 1) como "idêntico" o "supremo bem do indivíduo e do estado". Contra isso fala, porém, a primazia do *bios theôrêtikos*. Mesmo a interpretação cuidadosa de W. Jaeger (1954, 3.ed., Bd. 1, p. 16s.), a idéia de um "humanismo político", segundo o qual o ser humano desdobra plenamente as suas possibilidades somente no âmbito da pólis, é válida em Aristóteles apenas de modo limitado. Afinal, o *bios theôrêtikos*, que eleva a razão e com ela a humanidade, é, visto por si só, apolítico.

Notavelmente, a primazia da existência teórica fica expressamente de fora e, em verdade, não vale irrestritamente. Também a existência político-moral pode reivindicar pretensão à felicidade. Afinal, o simplesmente não-necessário, a liberdade da *theôria*, é possível apenas com base num elevado estado de desenvolvimento econômico e cultural. Além disso, somente poucos seres humanos são capazes da vida correspondente; e mesmo para eles a *theôria* apresenta-se como um estado de vida que faz do ser humano, na medida em que se esforça, de fato imortal (*athanatizien EN* X 7, 1177b33), porém lhe é possível sempre por pouco tempo, num instante perfeitamente preenchido (*Met.* XII 7, 1072b14s.).

Na medida em que o ser humano se concentra na realização do divino em si, ele se ergue além da vida político-moral. Os filósofos, que, segundo Aristóteles, não mais se tornam reis no sentido platônico, retiram-se da pólis. Eles o fazem não por algo como resignação – porque esperanças políticas são frustradas –, nem por responsabilidade política deficiente, mas por percepção da própria essência. O ser humano, graças à sua natureza definida no logos, está inclinado a exceder a vida política; e ali onde ele realiza essa superação, é "ser humano acima de tudo" (*EN* X 7, 1178a7).

Na proposição do rei filósofo, Platão defende uma unidade de filosofia e pólis que os filósofos, contudo, não trazem a termo espontaneamente (*República* VII 519b-521b). Aristóteles contrapõe a essa unidade relativa não algo como a desavença, a separação estrita de existência política e teórica. A superação da natureza da pólis deve ser entendida de modo "mais dialético" do que um tipo de transcendência imanente: a superação permanece ligada com aquilo que é superado. Como o ser humano se vê voltado às necessidades da vida e em conseqüência delas, embora não somente por causa delas, à vida em comum com os seus iguais, o *bios theôrêtikos* não satisfaz as condições semânticas da felicidade absolutamente. Na relação com o *bios politikos*, ele se comprova, sim, como dominante, mas sem dúvida, como fim digno de preferência, somente de modo relativo e não de modo absoluto. Ao critério do desejável de modo não-sobrepujável, a vida teórica basta somente em conexão com a vida política. Esta apresenta, para a maioria das pessoas, a forma na qual elas conseguem viver por causa delas mesmas; para algumas poucas, porém, ela forma a estrutura dentro da qual elas se erguem à *theôria* e para a qual, dado que são antes compostas de corpo e alma (X 7, 1177b28s.), e não quaisquer inteligências puras, elas sempre retornam de novo. Ali, a vida política é uma alternativa; aqui ela é, para a vida teórica, uma forma suplementar. Quem se vende à vida teórica leva uma vida parcialmente suprapolítica, mas nenhuma existência extrapolítica.

Para concluir, uma nota crítica. Como a vida política é definida pelos elementos que a *Ética* elabora, através das virtudes de caráter, da prudência e da mais elevada forma de amizade, que existe por causa dela mesma, leva-se essa vida não por causa de qualquer vantagem; ela é, em sentido aristotélico, livre. Apesar disso, buscamos em vão na reflexão conclusiva da *Ética* uma indicação desse tipo.

15

ANTROPOLOGIA POLÍTICA

SOBRE A ATUALIDADE DA "POLÍTICA"

Com todo o respeito pelo pensamento jurídico e de estado de outras culturas – uma real teoria, a conexão de reflexões filosóficas de fundamento com pesquisa empírica e avaliação normativa, remete aos gregos. Depois que em Homero a ordem de direito ainda é tomada como sagrada, são as tragédias respectivas de Ésquilo (por exemplo, a *Orestia*), de Sófocles (*Antígona*) e de Eurípedes (*Orestes*), bem como os historiadores, Heródoto e Tucídides, que, junto com os sofistas, preparam o caminho para os dois excepcionais teóricos: Platão e Aristóteles. Ambos tratam o seu objeto, a política, incluindo o direito, a justiça e o estado, numa unidade sem par de poder analítico e especulativo. Porém, para a primeira investigação discursiva em sentido pleno, temos de esperar por Aristóteles.

A intenção diretiva de Platão, o esboço de um "estado segundo o desejo" (cf. *Pol.* II 1, 1260b28s.), permanece de fato presente. Aristóteles discute detalhadamente o tamanho, a disposição da terra e a conexão com o mar, as situações sociais, a idade de matrimônio e a educação, até mesmo a distribuição de terra. Antes de se ocupar com o ideal, ele investiga, contudo, a pólis real, os seus fundamentos, as estruturas e os riscos. O texto correspondente, uma obra-prima de ciência política, que busca até hoje a sua igual, a *Política*, é com justiça estudada não somente por filósofos, filólogos e historiadores, mas também por teóricos do direito e da constituição, por cientistas políticos, inclusive por cientistas sociais empiricamente orientados.

Muitos dos ensinamentos repercutem ao longo da Idade Média e da primeira modernidade, até a Revolução Americana e Francesa, e não raramente para além desse período. O acento da equivocidade de "domínio" (*Pol.* I 1); a afirmação central de uma antropologia política (I 2); os começos de uma teoria da economia (I 3-13) junto com a crítica conseqüente ao juro e às práticas de usura (*Pol.* I 10, 1258a38ss.) e a não menos séria justificação da escravidão; uma discussão histórico-problemática da constituição (II); o modelo de uma teoria comparativa da forma (morfologia) do político (III-IV), incluindo o pensamento de formas de estado legítimas e ilegítimas; os traços fundamentais de uma sociologia política, incluindo uma patologia do político (V); uma teoria da democracia que também reflete sobre os vícios de conseqüência (VI 1-5); uma utopia política no sentido do esboço de uma coletividade ideal (VII-VIII) – de modo notável, muitos temas e teses importantes ou remetem a Aristóteles, ou obtêm graças a ele um tratamento autorizado por séculos.

A *Política*, com efeito, não é "obra de uma mera pancada d'água". Se os seus oito Livros formam de fato, desde o início, uma unidade, nesse caso eles não são lidos tão fluentemente como talvez a *Ética*, porém ainda assim oferecem uma doutrina essencialmente coerente. Sem dúvida, ela contém elementos ligados ao tempo e à época. Já nos é estranho o pequeno tamanho das coletividades; em comparação com as cidades-estado que se formam nas apertadas áreas costeiras do Egeu, mesmo os menores estados de hoje se apresentam como grandes sociedades desordenadas. Além disso, dá-se na ordem jurídica uma densidade de regulação amplamente menor, e faltam juízes e juristas profissionais. Acima de tudo, domina uma medida em democracia direta que é desconhecida não somente às nossas democracias representativas, mas também ao exemplo hodierno de democracia direta, os cantões suíços com comunidades territoriais. Outros elementos, em especial a escravidão e, respectivamente, a propriedade do corpo, são em contrapartida escandalosas; seguramente eles são dados, à época, praticamente em toda parte e permanecem conservados mesmo na Europa e nos Estados Unidos até o século XIX.

O elemento até hoje mais importante em termos de teoria do estado é, contudo, conhecido dos gregos. As suas coletividades são competentes para o direito civil e o direito penal; elas reclamam tributos, convocam para o serviço de guerra, desterram para o exílio por meio de um ostracismo (*ostrakismos*) e condenam, pode-se pensar em Sócrates, para a morte. Em resumo: elas conhecem poderes públicos e, com isso, um domínio em sentido neutro do conceito. E, vista metodicamente, a *Política*, à semelhança da *Ética*, tem o bastante para si sem elementos metafísicos. Aristóteles argumenta antropologicamente e em termos de teoria social, de teoria da instituição ou de comparação de constituições, ocasionalmente com relação à biologia – quando ele declara o todo segundo a essência (*physei, ousia*) como anterior à parte (*Pol.* I 2, 1253a20-22), ou diz que a natureza nada faz em vão (1253a9) – mas sempre livre da metafísica. Também com relação à sua conexão de teoria e empiria, bem como com o interesse prático-político, a *Política* de Aristóteles é declaradamente moderna.

Uma direção sociofilosófica mais recente, o comunitarismo, apóia-se com prazer em Aristóteles. Afinal, já ele deve ter sido cético contra princípios de justiça universais e, ao invés disso, ter advogado pelas formas particulares de vida e pelas formas de vida de pequenas comunidades. Na verdade, Aristóteles relativiza as tradições da própria sociedade; sabe, contudo, do caráter diferenciado do "bom e justo"; e, ao invés de apoiar-se meramente na proveniência (*nomô*), engaja-se por instâncias pré e suprapositivas (*physei*). Em lugar nenhum ele defende costumes e tradições que não são previamente medidos em obrigações universais, mas pelo menos amplamente (*hôs epi to poly*) reconhecidos. E a partir do fato de que se aprendem virtudes não numa sociedade mundial abstrata, mas dentro da própria comunidade, não decorre que se vive com base apenas nas particularidades da própria comunidade. Segundo Aristóteles, aprende-se em primeira instância algo de validade universal: frente aos perigos, não se reage nem covardemente nem temerariamente, mas sim com coragem; não se procede com o dinheiro nem com desperdício nem com mesquinhez, mas com generosidade; com relação à dor e ao prazer alguém se destaca através de temperança, etc.

Quando aqueles comunitaristas que advogam por uma vida comum o mais livre possível do estado apóiam-se na apreciação que Aristóteles faz da amizade, então passam os olhos por cima do fato de que Aristóteles, com efeito, acentua o valor de filiações e relações pessoais; ao mesmo tempo, porém, sabe que elas não substituem nem a ordem jurídica nem os ofícios políticos, ou seja, os poderes públicos. Contra a ausência de governo ele cultiva um ceticismo profundo e, ao invés disso, reconhece para a requerida ordem jurídica e do estado, a seu modo, até mesmo princípios universais de justiça. Com efeito, ele não apresenta nenhum catálogo de direitos fundamentais e humanos, porém insere proibições jurídicas, por exemplo, as proibições de furto, abuso, homicídio, roubo e ofensa (*EN* V 5, 1131a5-9), com os quais se engaja indiretamente pelos direitos fundamentais correspondentes: pela proteção da propriedade, pela integridade do corpo e da vida e pelo direito a um bom nome. Direitos políticos de colaboração lhe são, a propósito, óbvios. Também o "bem de uma comunidade" não tem o enredo antiuniversalista presumido pelos comunitaristas. Trata-se, para Aristóteles, do pensamento, de fato vago, mas universalista segundo a intenção do bem-estar. (Para a crítica a uma cobrança comunitarista de Aristóteles, ver também Nussbaum, apud Patzig, 1990).

"POLÍTICO POR NATUREZA"

Provém de Aristóteles a palavra fundamental de uma antropologia política: o ser humano é *physei politikon zôon* (sobre isso, ver Höffe, 2003, p. 134-141). No início da *Política* (I 2, 1253*a*2s.), ela aparece em conexão com três outras afirmações: a pólis é a comunidade perfeita (1252*b*28), ela é natural (1253*a*2; cf. *a*18s.) e por natureza anterior à casa e aos indivíduos (1253*a*19; cf. *a*25). Todos os quatro teoremas são reconhecidos, ao longo de séculos, quase sem contradição; somente no início da modernidade eles se defrontam com uma crítica crescente. Caso ela devesse ser correta, então os teoremas desceriam para uma *via antiqua* que é rendida pela *via moderna*.

A objeção mais aguda vem de Hobbes. Como ele toma o ser humano menos por um ser social do que por um ser de conflito, vê em sociedades políticas "não só associações, mas também pactos para cujo travamento confiança e contratos são necessários" (*De cive*, I 1, nota). A partir daí, ele deduz a clara contratese de que a coletividade é criada não pela natureza, mas pela arte (*art*; *Leviathan*, Introdução). E um erro posterior de Aristóteles reside na acepção de que no estado deveriam reger não seres humanos, mas leis (*Leviathan*, Capítulo 46).

À primeira objeção de Hobbes advém mais tarde a objeção, em termos de teoria da legitimação, de que Aristóteles deduz de sentenças sobre o ser humano, como ele é, o modo como ele deve viver juntamente com os seus iguais; ele comete, portanto, a falácia do ser-dever.[1] Finalmente, o ser humano, já por isso mesmo, não pode ser nenhum animal político, porque as comunidades historicamente correspondentes surgiram tardiamente.

A última objeção, histórica, pode ser enfraquecida de modo relativamente fácil; ela admite, de fato, um conceito de natureza estático, ainda que Aristóteles utilize um conceito dinâmico. E contra a objeção de teoria de legitimação ele conecta momentos descritivos e normativos uns com os outros. De acordo com o padrão de processos biológicos, "natureza" significa no contexto da antropologia política um desenvolvimento, segundo três pontos de vista: o princípio e ao mesmo tempo motor, o fim e o decurso do desenvolvimento.

De acordo com o significado intermediário, a natureza tem a ver com a essência do ser humano e da auto-realização. Aristóteles não afirma que a humanidade já se organiza sempre em repúblicas-estado, mas certamen-

---

[1] N. de T. Mais comumente conhecida como "falácia naturalista", em que, de uma acepção *de fato*, passa-se para uma acepção *de dever*.

te que o *ergon tou anthrôpou*, o desempenho característico do ser humano (ver Capítulo 14, "O princípio da felicidade") só se realiza plenamente em uma pólis-comunidade. Segundo uma objeção posterior, Aristóteles compara tanto os seres humanos individuais quanto as comunidades da casa com órgãos, os quais são capazes do seu desempenho característico somente no âmbito do organismo todo e vivo (*Pol.* I 2, 1253a20-22). Com isso, ele defende não aquele entendimento organológico que declara a coletividade como um organismo hierarquicamente estruturado, no qual há funções qualitativamente diferentes, tanto dominantes quanto servientes. Contra isso já fala que aquela parte do ser humano, os seres somente servientes, os escravos, para Aristóteles não são cidadãos, enquanto a outra parte, os cidadãos, uma vez que a comunidade é determinada pelos livres (ver Capítulo 16, "Domínio de livres sobre livres"), estão ordenados uns com os outros lado a lado, ou seja, em princípio com os mesmos direitos. Com a analogia do orgânico, Aristóteles acentua o vínculo com a pólis, essencial para os indivíduos e para as comunidades pré-políticas. Com respeito aos indivíduos, esse vínculo é essencial só para a maioria, não para todos. Afinal, há seres humanos que são incapazes de comunidade – nesse caso, certamente como um animal selvagem (*thêrion*) – e seres humanos que graças à auto-suficiência incomum – nesse caso, como um Deus (*theos*) – não precisam em absoluto da comunidade (*Pol.* I 2, 1253a27-29).

Aristóteles também não sucumbe a uma "falácia biologista", segundo a qual comunidades políticas formam-se "por si sozinhas" sem uma obra própria consciente do ser humano. Ele fala de alguém que chama a pólis à vida, denominando-o de originador dos maiores bens (*Pol.* I 2, 1253a31), e contrapõe-se com isso a Hobbes, razão pela qual, à diferença da exposição em Keyt (1987, apud Keyt e Miller, 1991), os dois pensadores não formam nenhum ou-ou, que recai na mera alternativa de *via antiqua* e *via moderna*. Aristóteles admitiria para Hobbes certamente um momento do artificial; contudo, rejeita a representação de que o político é artificial no sentido de não-natural, uma vez que está no caminho da própria definição do ser humano. Ao mesmo tempo, mostra-se um aspecto comum essencial: Aristóteles, como Hobbes, volta-se contra a noção de que o estado é o lugar que alheia o ser humano da sua essência, seja através do luxo e da decadência (assim Platão, no segundo nível da pólis), seja através de restrição não-taxável de liberdade (assim a crítica anarquista ao estado). Para ambos, o estado é antes uma forma de sociedade que beneficia o ser humano.

"Moderno" é Aristóteles também no sentido de que põe o ser humano no seu contexto com animais sub-humanos; afinal, a propriedade do político igualmente se encontra nos animais. Em *Hist. an.* I 1, Aristóteles diferencia os animais que vivem sozinhos dos animais que vivem em bandos, agrupa os últimos em animais que vivem dispersos e os "políticos", introduzindo como exemplo para animais "políticos" o ser humano, as abelhas, as vespas, as formigas e o grou. Todos eles realizam na vida comum um desempenho comunitário (*koinon ergon*: 487*b*33-488*a*10). A segunda passagem principal para o conceito do político (*Pol.* I 2) não toma de volta a determinação biológica, mas a complementa por meio de uma utlização comparativa. Nesse sentido, o ser humano não é primeiramente um animal político, mas certamente ele é mais (*politikon...mallon*) do que as abelhas e qualquer outro animal de bando (*Pol.* I 2, 1253*a*8s.).

Seria possível entender o crescimento de modo puramente quantitativo. Contudo, para Aristóteles, não se trata disso; num primeiro momento também não do político genuinamente, conforme o entendimento de hoje, isto é, de ofícios e de instituições, do direito e da luta pelo poder. Ele parte antes do *koinon ergon* já contido no conceito biológico. E junto a esse ele deposita valor menos na confiabilidade da cooperação – quem presta atenção em contendas, até mesmo em guerras, dificilmente pode tomar o ser humano como mais cooperativo do que abelhas e formigas – do que na qualidade. Interessa essencialmente a um animal só a vida, simplesmente (*zên*); ao ser humano, em contraposição, a vida bem-sucedida (*eu zên*). Aristóteles também é "moderno" pelo fato de que desdobra o pensamento recentemente atual da subsidiariedade – a comunidade/sociedade como subsídio: como ajuda e apoio para os indivíduos, e as formas mais elevadas de comunidade/sociedade como ajuda e apoio para os inferiores, em última análise, porém, os indivíduos.

A fundamentação da natureza política por Aristóteles realiza-se em quatro séries de argumentação extremamente densas, das quais três são esquematizadas aqui. A primeira série de argumentação (*Pol.* I 2, 1252*a*26-1253*a*7) assume a idéia platônica de que o indivíduo não é suficiente para si mesmo (*ouk autarkês*), mas precisa de muitos companheiros (*pollôn endees*: *República* II 369b). Contudo, Aristóteles expande o pensamento e trata-o, diferentemente de Platão, não apenas no sentido econômico da divisão do trabalho e facilitação da vida. Ele parte de duas formas de mútua dependência. Na mutualidade, soa um momento normativo, o qual, na sua modéstia, numa justiça de permuta, Aristóteles uma vez mais pode aparecer como moderno: devido a um impulso semelhante ao instinto (*hormê*: 1253*a*30), a sexualidade, homem e mulher unem-se; e com base no talento qualitativamente diferente, senhor e servo, por conseguinte, escravo, trabalham juntos. Soma-se a isso, em outras passagens, como terceira relação, aquela das crianças (carentes de auxílio) com os pais. A partir da tríplice conexão, surge a fundamental unidade social e, ao mesmo tempo, econômica: a casa (*oikos, oikia*). Uma vez que as crianças crescidas fundam as suas próprias famílias e casas, forma-se – eis o segundo nível de desenvolvimento – uma comunidade de casas de mesma proveniência, uma aldeia (*kômê*), no sentido de uma parentela e, respectivamente, de um clã. De várias parentelas forma-se certamente a pólis, aquela comunidade na qual não mais os laços de sangue representam o elemento decisivo, mas sim o interesse pela vida bem-sucedida.

Enquanto a primeira série de argumentação em favor da pólis baseia-se em impulsos sociais naturais, em parte biológicos (homem-mulher, pais-filhos), em parte biológico-econômicos (senhor-servo/escravo), a segunda apóia-se na capacidade lingüística e racional (I 2, 1253*a*7-18). Contudo, ambas as argumentações não são plenamente diferentes; afinal, o escravo destaca-se por um déficit de razão, pela carência em entendimento de previsão (*Pol.* I 2, 1253*a*31-34). Ambas as determinações fundamentais da antropologia ocidental, a natureza política e a natureza lingüística e racional do ser humano, estão, portanto, ligadas uma com a outra. Sem a capacidade racional, o ser humano não pode realizar a sua natureza política, enquanto a capacidade racional desdobra-se, com efeito, no âmbito da pólis, mas somente fora dela consegue chegar à plenitude do *bios theôrêtikos* (ver Capítulo 14, "Existência teórica ou política?").

Aristóteles diferencia três níveis e ordena-lhes, a cada vez, um grau de capacidade de comunicação. Do primeiro nível, um grau elementar de racionalidade prática, o sentimento de dor e prazer, dispõem também os animais; ele torna possível o político na sua forma mais simples, ou seja, a sobrevivência do indivíduo e do gênero. Do segundo e ao mesmo tempo primeiro nível genuinamente racional, a capacidade de refletir sobre o que é benéfico e prejudicial, pode-se diferenciar o fim diretivo elementar da sobrevivência em fins parciais e intermediários e formar as conexões de finalidade definidas para tanto. Finalmente, o logos consegue transcender o ponto de vista de benefícios particulares, alcançando, por meio disso, a dimensão genuinamente política, uma comunidade não meramente de bom e ruim, mas também de direito e injustiça (*Pol.* I 2, 1253*a*14-18).

Contra a antropologia desenvolvida até aqui, ergue-se a reflexão hobbesiana de que o político é entendido apenas como forma de cooperação. Como a cooperação quer ser organizada, mas está ameaçada por conflitos, por viajantes de estribo[2], precisa de ofícios e instituições com estruturas de pressão. Na realidade, também a pólis grega não é o caso especial de uma coletividade sem elementos de domínio.

Assim, a *Política* trata de leis e da obediência à lei, muito detalhadamente de cargos e instituições, até mesmo dos mesmos três poderes públicos que nós conhecemos da teoria moderna da divisão dos poderes (*Pol.* IV 14). Tanto mais surpreendente seria se na antropologia política (*Pol.* I 2)

---

[2] N. de T. Cf., no original, a expressão *Trittbrettfahrer*. A idéia que se quer transmitir é a de pessoas que simplesmente se aproveitam dos bens ou dos esforços alheios.

se falasse de fato muito de cooperação, porém nada de competências de pressão e de domínio. O político genuinamente obteria, então, um caráter apolítico, e Aristóteles votaria *per silentium* por algo que é defendido expressamente só na modernidade, na época da Revolução Francesa: ele se colocaria a favor da ausência de governo. Caso se apoiasse somente na cooperação, ele não poderia sobretudo alcançar o seu fim de argumentação, a saber, a reconstrução da pólis a partir das suas partes; a partir da natureza social somente não se pode estabelecer nenhuma ordem social com estrutura de pressão, "não se" pode "fazer nenhum estado".

Além das duas reflexões mencionadas até aqui, Aristóteles aduz um terceiro grupo de argumentos; porém, é lido superficialmente por Hobbes e muitos outros: a respeito do ser humano que vive fora da pólis, ele diz com toda evidência que é "ávido por guerra" e, mais adiante, que é um "animal selvagem". Aristóteles diz ainda que o pior de tudo é a injustiça armada (*Pol.* I 2, 1253*a*6, *a*29, *a*33s.). Aqui, antecipa-se uma parte das sentenças hobbesianas da "guerra de todos contra todos" e do ser humano que é um lobo para o ser humano. Além disso, não se deve ler o conceito de direito e de justiça (*dikaion*) meramente a partir da natureza social. Em resumo: aquela leitura hobbesiana que vê na antropologia política de Aristóteles apenas a natureza social é surpreendentemente unilateral. Para Aristóteles, à diferença de Hobbes, não há somente *um* remédio contra o perigo da guerra; pelo menos tão importante quanto o direito e a justiça é a amizade (ver Capítulo 15, "A amizade e outras pressuposições").

As três séries de argumentação esquematizadas não parecem totalmente coerentes. O primeiro argumento liga a pólis à tarefa mais pretensiosa do *eu zên*, da vida boa e bem-sucedida, enquanto os outros dois argumentos satisfazem-se com o proveito recíproco de uma comunidade de direito e justiça. No decorrer da *Política*, ambas as determinações são assumidas: a primeira, a da boa vida, por exemplo, no Capítulo III 9 (1280*a*32, *b*33), e a segunda no Capítulo III 12 (1282*b*17: *politikon agathon to dikaion*). Realmente resgatado é antes o segundo objetivo. Ainda que a pólis assuma também tarefas de educação, ela não é responsável nem pela forma plena da felicidade, a vida teórica, nem, no âmbito da vida política, pela plena medida de virtude. Ela se contenta com o quinhão devido ao co-semelhante (ver Capítulo 15, "A amizade e outras pressuposições"), de maneira que a virtude "costumeira" do bom cidadão (*politês spoudaios*) não coincide com a virtude perfeita (*aretê teleia*; *Pol.* III 4, 1276*b*16ss., respectivamente, *b*34).

De acordo com o primeiro e inespecífico entendimento de *politikon*, a natureza política diz apenas o seguinte: não é sozinho que o ser humano é feliz, mas só na vida conjunta com os seus iguais. E o segundo e específico entendimento precisa a forma da vida conjunta: não na sexualidade ou no trabalho, não no "auto-abastecimento" econômico (cf. *Pol.* VII 6, 1326*b*27-

30) e no bem-estar econômico, também não no auxílio contra violadores da lei e na paz interna e externa o ser humano chega a si mesmo, mas só quando reconhece esses pontos de vista, em vez de empurrá-los para o lado, e ao mesmo tempo os transcende, na medida em que os integra numa vida ambiciosa. Desse modo, o "político" abrange um amplo espectro. Começa quase apoliticamente com as relações econômicas das casas; eleva-se quando se trata de relacionamentos de parentes, da comunidade de culto e da comunidade cultural, bem como da proteção para dentro e para fora. E política do modo mais forte é a pólis através da comunidade de direito e justiça. Que o ser humano – em termos de um primeiro nível de subsidiariedade – é indicado para a vida em comum com os seus iguais, que ele é um ente social (*ens sociale*) e que – eis o segundo nível de subsidiariedade – as chances da vida comum somente se realizam numa comunidade de livres e iguais que organizam, eles mesmos, a sua vida comum, que ele é um animal genuinamente político (*ens politicum*): nessa dupla afirmação está o significado comum a ambas as leituras da natureza política afirmada por Aristóteles. Contudo, contra o compromisso de uma coletividade para a felicidade dos seus cidadãos, sobretudo na exigente interpretação da felicidade, por Aristóteles, como realização das chances da razão inerentes ao ser humano ou, algo mais geral, como auto-realização e humanidade, a modernidade tornou-se cada vez mais cética. Entrementes, ela duvida que as relações de direito e de estado tenham as possibilidades de auxiliar os cidadãos para a auto-realização. Acima de tudo, ela teme que um direito e um estado, que apesar de tudo se procura, intrometa-se no livre jogo das forças sociais e na esfera privada do indivíduo, desenvolvendo, a partir daí, tendências totalitárias, no mínimo não-liberais, e contrariando o fim próprio, a humanidade.

Em Aristóteles, é preciso diferenciar entre uma definição formal e uma definição substancial de felicidade. Formalmente, a felicidade, para ele, não é nenhum fim "positivo", e sim um fim necessário, a saber, aquele horizonte no qual todos os fins costumeiros e todos os interesses encontram o seu sentido. E, por isso, pode-se concordar com a definição formal de Aristóteles, mesmo quando se é crítico, contra o seu conceito substancial de felicidade, ou fundamentalmente ou no âmbito do debate político de legitimação. Além disso, deve-se diferenciar um significado direto de um significado meramente indireto da pólis para a boa vida, o que Aristóteles, porém, nem sempre respeita (por exemplo, não em VII 2, 1325*a*7ss.). Ademais, não se pode esquecer que a pólis grega, como um lugar abrangível, com uma topografia e cidadania familiares, é não só uma associação de finalidade, mas também a terra natal, oferecendo já por isso muito mais chances diretas de humanidade do que o estado contemporâneo no seu caráter sistêmico. Além disso, residem no último, graças aos seus multifacetados meios burocráticos e policiais, possibilidades de abuso muito maiores do que numa pólis antiga. Não por último, não se pode interpretar de modo demasiado enfático, na idéia da boa vida, o elemento normativo. Mesmo que o próprio Aristóteles não dê atenção suficiente para esse ponto, a pólis é vantajosa também para aqueles que buscam uma vida de prazer ou uma vida de negociante, isto é, perseguem estratégias de vida que contrariam a definição substancial de felicidade. Sobretudo aqui ele não utiliza nenhum conceito pessoal, mas um conceito político da boa vida, o qual consiste numa comunidade de direito e justiça.

AMIZADE E OUTRAS PRESSUPOSIÇÕES

Aristóteles não seria um dos mais significativos pensadores políticos se tivesse identificado somente a natureza política do ser humano e tivesse deixado de lado as pré-condições e os limites do político. O elemento mais importante é a amizade. Ela pertence não simplesmente ao mais necessário na vida (*EN* VIII 1, 1155a4s.). Na medida em que a pólis existe para a boa vida, ela é remetida a "parentescos e uniões de estirpes, bem como cooperativas de doação e formas da vida social"; e elas todas são "a obra da amizade, afinal, amizade não é outra coisa que a decisão de viver um com o outro" (*Pol.* III 9, 1280b36-39; cf. *EN* VIII 13). Aristóteles não restringe a amizade ao caso particular do "romântico", a amizade bem pessoal da alma, mas antes se refere àquele tipo de relação intencional (cf. "decisão") e ao mesmo tempo, em todo caso não no molde da pólis, não-institucionalizada.

A amizade é tratada na *Ética* (VIII-IX; cf. II 7, 1108a26-30; *EE* VII; também *Rhet.* II 4), porque não se trata de relações institucionais e porque as relações com a justiça são estreitas. Na amizade entre iguais, há três tipos (*EN* VIII 3-8 e 15). Ou se chega ao proveito comum ou à alegria comum ou, porém – assim a forma plena, a "amizade de caráter" –, ao verdadeiramente bom e, ao mesmo tempo, ao próprio amigo. Em todos os três motivos, mostra-se a amizade como um reflexo social da relação que o ser humano assume consigo mesmo; afinal, "ninguém quer tornar-se um outro" (IX 4, 1166a20s.). No tipo de amizade em que alguém entra, ele mostra o que, em última análise, conta para ele na vida.

Outras amizades repousam em desigualdade (VIII 8-10; também VIII 12-13 e 16). Incidem aqui as relações entre pais e filhos, entre homem e mulher, mesmo aquela entre senhor e escravos; tratados como seres humanos, estes últimos também são capazes de amizade (VIII 13, 1161b5s.). Na sua pluralidade de companheirismo, amizade juvenil e confiança pessoal, de contato de viagem, de hospitalidade e relações em família e vizinhança, também – em termos modernos – de vida em agremiação, correntes e redes de utilidade, até mesmo as raras conexões por causa do bem (VIII 6, 1157*b*23; 13, 1161*a*13-27), as amizades operam em contraposição à guerra hobbesiana de todos contra todos. Elas promovem aquela união entre os seres humanos que ainda não cresce a partir dos cargos e instituições da pólis. Dessa maneira, elas cuidam da coesão política e são por isso, para Aristóteles, ainda mais importantes ao legislador do que a justiça (VIII 1, 1155*a*23s.). Entre amigos não se precisa da justiça (contudo, precisa-se sim em amizades baseadas no proveito: *EN* VIII 15, 1162*a*16ss.), e certamente os justos precisam ainda adicionalmente da amizade (VIII 1, 1155*a*26s.).

Para a amizade, precisa-se da capacidade de entrar em relações verdadeiras com outros, sem perder-se na sua independência. Para esse fim, é preciso libertar-se de dois tipos de afetos: do coquetismo inoportuno e da adulação calculada, por um lado, e do polemismo e da rudeza, por outro lado. Já que ambos os afetos estão em relação de contrariedade um com o outro, pertence também à amizade aquela mediania (*EN* II 7, 1108*a*26-30; cf. *EE* III 7, 1233*b*30-33) que conhecemos das virtudes de caráter e que decorre de uma relação refletida, tanto bem-pensada quanto superior, com os afetos.

À pergunta a quem se deve sobretudo amar, a si mesmo ou a um outro, responde a *Ética* de um modo, inicialmente, surpreendente: o bom ser humano deve amar a si mesmo (*philautos*; cf. *EE* VII 6), enquanto o mau (*mochtêros*) não o pode. O argumento de Aristóteles: o bom ser humano age moralmente e, a partir disso, beneficia tanto a si mesmo quanto aos outros; ele se engaja pelos seus amigos e pela sua pátria; dependendo da ocasião, oferece dinheiro e, em caso de necessidade, até mesmo a sua vida. No entanto, como o ser humano mais segue a paixões más, ele prejudica tanto a si quanto aos seus semelhantes (*EN* IX 8, 1169*a*11ss.). Segundo Aristóteles, pois, certamente apenas no caso do bom ser humano, a felicidade própria forma com a felicidade dos outros uma unidade; o amigo e um "outro eu" (IX 4, 1166*a*32; 9, 1170*b*6; *EE* VII 12, 1245*a*30). Aqui, soluciona-se um problema fundamental do eudaimonismo, a pergunta sobre como alguém que se compromete com o princípio da felicidade ainda assim consegue ser altruísta (cf. Annas, 1993, III Capítulo 12). Ele o consegue porque entra em amizades "em nome da felicidade", amizades que vão muito além do próprio benefício. (Sobre a pergunta se o feliz carece da amizade, ver também EN IX 9-11.) Assim o altruísmo, também sem que fosse expressamente pedido, tem um lugar natural dentro da ética eudaimonística. Ele se dirige, contudo, somente a alguns, de fato não a poucos, mas certamente não a todos os seres humanos. Uma cordialidade humana geral, um amor ao próximo segundo o modelo da parábola bíblica do samaritano, não está à vista.

A teoria aristotélica da amizade estende-se para dentro da crítica à *República*, de Platão (*Pol.* II 1-6, sobre isso Stalley, apud Keyt e Miller, 1991). Diante das relações anônimas da comunidade de mulheres, de crianças e da comunidade de posse, Aristóteles defende as vantagens das relações pessoais: há menos conflito, discussão e atos violentos; cultiva-se maior cuidado um pelo outro; as relações sociais são mais claras. Contra algo que às vezes se alega contra ele, ele protesta expressamente: contra uma absorção do indivíduo na comunidade política. Quando já se utilizam esses etiquetamentos, então Aristóteles não se coloca ao lado do comunitarismo, mas a um "liberalismo social" (ver Capítulo 16, "Domínio de livres sobre livres").

Uma segunda pré-condição da pólis tem lugar nos elementos a partir dos quais se constrói a pólis e aos quais Aristóteles, tal como indica a crítica a Platão, permite um direito próprio. Não só as relações econômicas, mas também as relações de homem e mulher e as dos pais com os filhos, surgem a partir de motivos pré-políticos. Pré-políticas são igualmente as regularidades dessas relações, motivo pelo qual uma coletividade não pode suspendê-las, mas apenas pode desrespeitá-las. A *Política* – e também nisso ela se comprova como relativamente moderna – reconhece como óbvios os "direitos próprios" correspondentes. A parte que é dedicada à estrutura e às regularidades da comunidade da casa (*Pol.* I 3-13) não é tocada pela filosofia política, em sentido mais estrito, em lugar algum no seu direito próprio. Também a ciência, incluindo a filosofia, segue regularidades próprias.

Uma pré-condição posterior relaciona-se de modo mais complexo com a pólis. A virtude de caráter é tanto uma pressuposição quanto uma conseqüência da pólis, finalmente algo que se estende para além dela: (1) ela é uma pressuposição na medida em que, sem ela, a existência e o bem-estar da pólis são ameaçados. No ser humano virtuoso, as leis experimentam uma concordância livre, de modo que o seu momento de pressão fica menor e a pólis não tem de recorrer permanentemente aos seus meios de pressão, fato que apenas a sobrecarregaria ou, porém, conduz à sua perversão, ou seja, a um estado totalitário. Aqui, Aristóteles realiza uma percepção que o liberalismo moderno somente pouco a pouco recuperou: que ele mesmo está ligado a uma moral que vai de encontro a ele. (2) Uma conseqüência da pólis são as virtudes, porque a maioria delas diz respeito a relações sociais ou políticas, tal que se as exercita na vida dentro da pólis. Finalmente, (3) elas se estendem para além da pólis no sentido de que a virtude do cidadão abrange somente uma parte da virtude perfeita; junto aos regentes, contudo, a virtude do cidadão deve coincidir com a virtude do ser humano (III 4, 1277*a*12ss.). Aristóteles admite, além disso, que é impossível que o estado consista somente de seres humanos perfeitos (Pol. III 4, 1277*a*37s.). Também a pólis não é responsável pela vida boa como um todo, mas, essencialmente, apenas pela dimensão comum de justiça e injustiça (cf. *Pol.* I 2, 1253*a*15-18, entre outras passagens). A tese muitas vezes citada da *Ética*, de que o indivíduo e a pólis perseguem o mesmo bem (I 1, 1094*b*7ss.; cf. *Pol.* VII 1, 1323*b*40ss. e VII 15, 1334*a*11s.), merece, a partir disso, uma interpretação modesta. De fato, a pólis deixa prontas para a vida boa a estrutura econômica, social e jurídica; a vida nessa estrutura, porém, cada cidadão tem ele mesmo de determinar mais de perto e ele mesmo conduzir. E, nesse aspecto, nem sempre coincidem o bem pessoal e a coletividade.

A pólis encontra um limite ainda mais incisivo na natureza-logos. Ela não serve nem exclusivamente nem primariamente à práxis cooperativa. Ao contrário, a forma mais elevada da auto-realização humana, a teoria, pertence à *eupraxia*, ao bem agir (*Pol.* VII 3, 1325*b*14ss.). Talvez Aristóteles faça alusão a ela quando diz do ser humano que, graças à sua autarquia, não precisa da comunidade, que ele é ou ruim ou, então, mais elevado do que o ser humano (ligado à comunidade) (1253*a*4; cf. 28). Em todo caso, a natureza política, por motivos de toda sorte, não é o todo do ser humano; a vida no estado não coincide com a humanidade plena.

A argumentação aristotélica é, até hoje, convincente – contudo, apenas no que é fundamental. Afinal, pelo menos dois pontos de crítica se impõem. Por um lado, ela lança aos poderes públicos um "olhar paliativo" na medida em que observa primariamente o seu potencial de ordem e diminui o caráter de domínio. Por outro lado, há um déficit notável. Ainda que haja, junto aos gregos, instituições comuns, por exemplo, os Jogos Olímpicos ou o Oráculo de Delfos, bem como moedas comuns, ligas de comércio e de guerra, além de relações com coletividades fora da Grécia, falta, para a teoria correspondente de uma comunidade de direito que sobrepassa a pólis e é pelo menos intra-helênica, mesmo o começo. Também a conferência da paz convocada por Filipe II, após a sua vitória sobre os atenienses e os tebanos (338 a.C.), da qual se origina uma liga pan-helênica, liga essa que deve produzir uma paz universal, não encontra nenhum reflexo em Aristóteles. Numa advertência política a Alexandre, ele deve ter, com efeito, desenvolvido a visão de um estado mundial, de uma cosmopólis com uma constituição e um governo, e sem guerra (Stein, 1968). Que uma obra tão rica em temas como a *Política* não contenha quaisquer abordagens nessa direção, dá antes um voto, ceticamente, contra a idéia de que o texto correspondente, transmitido somente am árabe, tenha sido da autoria de Aristóteles. Na perspectiva "internacional", que Aristóteles sem dúvida respeita (*Pol.* II 6, 1265*a*20ss.), ele é certamente o "filho" de uma cultura acostumada com a guerra. Ele de fato vê ocasião –

não diferentemente de Platão (*República* II 373d-e) – para armar-se para a guerra, mas nenhuma ocasião para trabalhar ainda numa ordem "internacional" do direito. Um aristotélico da primeira modernidade, João Althusius, ainda tomará em perspectiva na sua *Politica* (1964, 3.ed., c. 17, §§ 25-33) aquelas unidades mais abrangentes que foram desenvolvidas na sua época. De resto, ele assume o modelo-base da argumentação aristotélica: conceito fundamental do político é a *consociatio symbiotica*, a comunidade de vida. A sua menor forma é constituída pelo casamento, sobre o qual sucessivamente e organicamente o todo social está formado: primeiro a família e a cooperativa (cooperação), então a comunidade, a cidade, o território, a província e, finalmente, o reino. Com os últimos dois níveis sociais, Althusius vai além da orientação de Aristóteles na pólis particular. Contudo, também nele está ausente o pensamento de uma ordem jurídica de alcance mundial.

16

JUSTIÇA POLÍTICA

DESIGUALDADES ELEMENTARES

Ainda que Aristóteles defina o ser humano através da capacidade lingüística e racional, não admite para ele, com base nesse talento, uma igualdade elementar jurídica e política. Ao contrário, ele justifica as desiguladades do seu tempo, ou seja, a ausente igualdade de direitos de escravos, bárbaros e mulheres. Ao menos uma parte dos argumentos apresentados tem caráter ideológico.

Escravos

Os escravos – ativos nas minas e serviços de ofícios, em governâncias privadas e em bens agrários – estão colocados juridicamente numa situação ainda pior do que os helotas[1]. Com efeito, também helotas, que existem, por exemplo, em Esparta, estão excluídos de posse territorial e direitos políticos, bem como obrigados a tributos aos seus senhores; eles vivem, porém, num lugar fixo. Escravos, em contrapartida, são comprados ou capturados na guerra, podendo novamente ser vendidos. Advém à posição juridicamente ainda inferior a ausência de domicílio fixo, a ausência da terra natal.

---

[1] N. de T. A palavra helota, do grego *helôtês*, designa os escravos da cidade-estado de Esparta.

Enquanto outros, por exemplo, o sofista Alquidamas, duvidam da conformidade ao direito por parte da escravidão (cf. Eurípedes, *Ion* 854ss.; também *Pol.* I 3, 1253*b*20s.), Aristóteles afirma que há escravos não somente *bia*, com base na força, mas também *physei*: por natureza, isto é, com bom motivo (*Pol.* I 4-7; cf. VII 14, 1334*a*2: há seres humanos que merecem ser escravos; cf. Schofield, apud Patzig, 1990; Schütrumpf, 1991, I, 234ss.). Na *Política*, ele assume escravos de nascença e senhores de nascença (I 5, 1254*a*23s.). Surpreendentemente, esse pensamento está ausente em outros escritos, como, por exemplo, na *Ética a Eudemo* e na *Magna Moralia*, ainda que também essas obras tratem sobre a escravidão.

A idéia de que há escravos de nascença é, apesar de todo o respeito diante de Aristóteles, um puro escândalo. Num tratamento mais próximo, ameniza-se certamente um pouco o escândalo. A relação de senhor e escravo deve servir ao bem-estar recíproco (*Pol.* I 2, 1252*a*30-34; I 5-7 e 13); está, portanto, fincada na reciprocidade e, com ela, na justiça: é senhor por natureza quem, graças à sua capacidade intelectual, pode atingir o provimento pela sua vida; é escravo por natureza quem, por carência dessa capacidade, ou seja, com base num *handicap* condicionado à disposição, por causa de um impedimento de nascença, é remetido a alguém que pensa por ele e, além disso, tem um corpo que é apto para o "fornecimento do necessário" (I 5, 1254*b*22ss.).

De fato, pode ser necessário, num impedimento intelectual extremo, o que corresponde ao aspecto jurídico da escravidão, o estatuto de minoridade. Apesar disso, fala contra Aristóteles uma série de argumentos, por exemplo, que o déficit intelectual dificilmente é tão freqüente que poderia ser aplicado a algo como 35% até 40% da população; e tão grande é, na Atenas clássica, a cota de escravos. Além disso, o impedimento intelectual justifica-se na melhor das hipóteses para trabalhos menos ambiciosos e uma remuneração inferior, mas não para desigualdade jurídica e política. Ademais, o impedimento intelectual não deve conectar-se a uma capacidade mais elevada para trabalho corporal. De resto, a posição de Aristóteles não é consistente; em *Pol.* VII 10 (1330*a*32s.), ele recomenda prometer aos escravos a liberdade como salário pelo seu desempenho, o que no caso de escravos de nascença seria uma tolice. Ele também admite que pode haver amizade com um escravo, na medida em que se o vê não como escravo, mas como ser humano (*EN* VIII 13, 1161*b*5s.).

O terceiro motivo de legitimação para a escravidão dado por Aristóteles, após o déficit intelectual e a condição corporal, agora uma fraqueza de caráter, a ausência de coragem (VII 7, 1327*b*27s.), lembra o capítulo famoso "Senhor e escravo" da *Fenomenologia do Espírito*, de Hegel. Se se é um senhor ou um escravo, decide-se, aqui, não com base na capacidade de pensamento prospectivo, mas na prontidão para uma luta pela vida e para a morte. Contudo, a partir de ausência de prontidão não decorre nenhum *direito* à desigualdade jurídica e política, mas, na melhor das hipóteses, *o fato* do ser vencido. De resto, Aristóteles considera a relação de senhor e escravo não realmente a partir da reciprocidade, mas sim do ponto de referência do senhor. Este quer dedicar-se a atividades de ócio e precisa, a partir daí, ao lado dos instrumentos costumeiros que servem à produção, ainda de "instrumentos vivos" como auxílios à ação (*Pol.* I 4). Quem é pobre demais serve-se, a modo de substituição, de um boi (I 2, 1252*b*129); quem, no entanto, pode bancar para si escravos toma para si um administrador e dedica-se à política ou à filosofia (I 7, 1255*b*35-37). Aqui, a situação inverte-se. O déficit reside no senhor, que não se atreve ao trabalho (corporal) e, daquilo que parece ser uma divisão de trabalho justa, tira na verdade o proveito maior. A *Política* assume, a partir daí, com direito um déficit em justiça, mas somente para a escravização a modo forçado através de guerras (*Pol.* I 6). Por outro lado, Aristóteles não faz nenhum elogio à escravidão; ao contrário, ele não vê na introdução de escravos nada edificante (VII 3, 1325*a*25s.); ainda assim, mesmo a pólis ideal constrói sobre essa instituição (VII 10, 1330*a*25-33). Além disso, não podemos esquecer que a primeira declaração de direitos humanos, a *Virginia Bill of Rights,* é promulgada num estado escravocrata.

Bárbaros

Como bárbaros os gregos designam não de modo neutro os membros de uma comunidade lingüística estranha, mas os seres humanos que não falam a língua da alta cultura, o grego; a palavra onomatopaica descredita o que fala uma língua estranha como culturalmente inferior. No período clássico, por exemplo, em Heródoto, os bárbaros, assim como os egípcios e persas, são admirados por causa da sua ciência, sabedoria e humanidade (por exemplo, *Histórias* VII 136, em que Heródoto relata sobre a generosidade que o rei persa Xerxes exerce em relação aos espartanos). Apesar disso, Aristóteles cita em concordância a palavra do poeta (Eurípedes, *Ifigênia em Aulis*, V. 1400): "Que gregos dominam sobre bárbaros, é conveniente" (*Pol.* I 2, 1252*b*8). Aqui, ele deduz prerrogativas políticas a partir da superioridade cultural e fortalece a palavra poética, na medida em que coloca o bárbaro no nível do escravo de nascença. Como motivo para tanto, ele alude a que lhe falta "o dominador por natureza". O déficit em pensamento prospectivo já não pode estar certo, porque também os egípcios, os persas, etc., gozam de épocas de florescência econômica e cultural e de estabilidade política.

Ésquilo apresenta, na obra *Os persas* (V.181-199), o mundo dos bárbaros e dos gregos como ordenamentos de vida de igual dignidade; apenas é criticada a tentativa de forçar os gregos a um reino estranho. Também

Antífon, um contemporâneo de Sócrates, contesta de forma contundente toda diferença antropológica: "Por natureza somos todos, em todas as relações, constituídos igualmente, tanto bárbaros quanto gregos" (Diels e Kranz, 87 B 44). Nesse sentido, Alexandre tratará todos os povos como de igual direito e tentará até mesmo fundir as suas camadas de liderança umas com as outras.

Ainda que Aristóteles não se associe a essa avaliação, relacionando-se antes com aquela singularidade político-constitucional, ele não permite que o domínio de livres sobre livres, o qual interpreta como preferência dos gregos frente aos não-gregos (*Pol.* VII 14, 1333*b*27-29), seja prejudicado em sua curiosidade de pesquisador. Na *Retórica*, ele desafia repetidamente para o estudo comparado das relações políticas (por exemplo, I 4, 1360*a*30-37); e a constituições como aquela de Cartago ele tributa a sua alta consideração (*Pol.* II 11, 1272*b*24s.).

Mulheres

Mulheres em Atenas são juridicamente dependentes de um tutor, na maioria das vezes do pai ou do marido. O cônjuge não é escolhido livremente; negociações são monitoradas pelo tutor, um direito legítimo de sucessão está ausente, mas elas podem, como filhas herdeiras, passar o patrimônio aos seus filhos. Por outro lado, as mulheres são juridicamente livres, têm uma pretensão jurídica a provimento e gozam de proteção de queixa no caso de tratamento ruim. As sentenças de Aristóteles a respeito disso não são totalmente unificadas. Por um lado, a mulher é tida, com respeito à virtude, como inferior aos homens (*Pol.* I 13, 1260*a*20-24); além disso, a casa inteira, portanto, também a esposa, é regida monarquicamente (*Pol.* I 7, 1255*b*19). Por outro lado, a *Ética* enfraquece a primazia de um domínio somente aristocrático e fala de uma divisão do trabalho (VIII 12, 1160*b*32s.; VIII 13, 1161*a*22s.). Em *Pol.* I 12-13, a relação é definida até mesmo como "política", ou seja, como uma relação entre iguais. Pela porta de trás de um comparativo, Aristóteles introduz, porém, novamente a desigualdade; com efeito, o homem não é o único apto à liderança; contudo, numa maior medida, é o mais apto (*hêgemonikôteron*: *Pol.* I 12, 1259*b*2).

Devido a um instituto de direito da época, que autoriza a filha herdeira, ou seja, autoriza mulheres para o "governo" da casa (*EN* VIII 12, 1161*a*1-3; cf. *Pol.* II 9, 1270*a*26ss.), e divido ao fato de que em outros povos as mulheres regem (*gynaikokratoumenoi*: *Pol.* II 9, 1269*b*24s.), Aristóteles, o empirista, poderia ter dúvida da sua hipótese da capacidade inferior de liderança da mulher. Ainda assim, ele aponta para a posição ativa das mulheres na constituição espartana (*Pol.* II 9) e também reconhece que as mulheres constituem "a metade dos livros" (I 13, 1260b19). Mais freqüentes e mais importantes são, porém, as suas sentenças na contradireção; assim, ele cita Sófocles, *Aias* (V. 293): "à mulher traz o calar-se a glória" (*Pol.* I 13, 1260a30). Ademais, fala-se, na passagem correspondente, da virtude não do bom ser humano, mas do bom homem (*aretê andros agathou*: III 4, 1276b17), além disso, com respeito às crianças, meramente dos filhos (VIII 3, 1338a31). Desse modo, Aristóteles segue também aqui a uma práxis predominante: ainda que em determinadas culturas (cf. as sacerdotisas délficas de Apolo) e em festas importantes as mulheres desempenhem um papel dominante, ainda que em Homero e nas tragédias entrem em cena grandes figuras de mulheres – Penélope, Antígona, Ifigênia, Medéia – e a nós também se contrapõe, nas figuras dos vasos, uma vida de mulheres rica em atividade cultural e pública; a nós, no entanto, opõe-se precipuamente o grego como cidadão, soldado, dirigente da ordem da casa e pai de família, isto é, como um homem.

DOMÍNIO DE LIVRES SOBRE LIVRES

A antropologia política de Aristóteles (*Pol.* I 2) opera com uma condição mínima de legitimidade social, a saber, com a vantagem recíproca para cada envolvido. Pode-se falar aqui de uma justiça *legitimadora* da pólis: como a organização política coloca melhor cada ser humano, ela é justa em comparação com a sua ausência. A *Política*, de Aristóteles, também contém elementos para uma justiça normativa da pólis. Eles se encontram nas reflexões sobre a *archê*.

Que a sociedade precisa de uma *archê*, um domínio ou governo, isso Aristóteles em nenhum lugar põe em dúvida. Um motivo para isso poderia residir em que ele, na expressão *archê*, atenta menos para o caráter de pressão do que ao momento de ordem e condução, observando, por isso mesmo, na ausência de *archê* primariamente desordem, ausência de liderança e ilegalidade. Tal como Homero (*Ilíada* II 703 e 726), Heródoto (*Histórias* IX 23), Eurípedes (*Hekabe* V. 607; *Ifigênia em Aulis* V. 914) e Platão (*República* VIII 558c e 560e), assim também Aristóteles na *anarchia*, na liberdade de domínio, não vê chance nenhuma para a liberdade, mas um motivo para a decadência militar e política (*Pol.* V 3, 1302b27-31). A ausência de governo vale, para ele, como tão pouco digna de desejo quanto um navio – o quadro clássico para o estado em pequena escala (*Pol.* III 4, 1276b20ss.; cf. já Platão, *República* VI 488ass.) – que viaja sem capitão; Aristóteles vê o domínio como um fato "a partir da natureza" (*Pol.* I 2, 1252a31-34). Numa passagem, ele fala com efeito de *mê archesthai* (VI 2, 1317b15), do não ser regido. Ele se pergunta ali somente se seria possível interpretar a democracia de tal modo e rejeita a interpretação. Na Antigüidade, é somente Heródoto (*Histórias* III, 80-83) quem relata de um superior persa, Otanes, que luta por uma perfeita democracia com o argumento de que ele nem quer dominar nem ser dominado.

Tão óbvia é para Aristóteles a existência do domínio, tão pouco óbvia é para ele o tipo mais próximo. Um domínio legítimo é delimitado de cinco modos: o primeiro limite está contido no diferenciado conceito aristotélico de domínio. Em seguimento a ele, faz uma diferença caso se conduza a pólis, se domine como rei, se esteja à frente de uma casa ou se comande escravos (*Pol.* I 1, 1252*a*7-13; cf. VII 3, 1325*a*27-30). Enquanto o senhor da casa, em grego *despotês*, ou seja, o déspota, domina sobre não-livres, o regente da pólis domina sobre livres. Aqui, domínio é definido a partir do cidadão e, ao mesmo tempo, delimitado: domínio legítimo dirige-se aos livres, isto é, a seres humanos que pertencem a si mesmos e vivem por causa de si mesmos (*Pol.* I 7, 1255*b*20s.; *Met.* I 2, 982*b*26). O livre nem assume uma posição subalterna nem se ocupa com um trabalho assalariado (*Pol.* VIII 2, 1337*b*5ss.), uma vez que ele, graças à sua riqueza, pode deixar para os outros o cuidado com a subsistência da vida e dedicar-se às questões públicas. Além disso, ele não se agarra temerosamente ao seu dinheiro; destaca-se, antes, pela generosidade.

Nesse momento, é conveniente um excurso sobre o campo conceitual "liberdade", o qual Aristóteles – como os gregos – ainda não vê como unidade; ele conhece, porém, a pluralidade dos seus fenômenos parciais (cf. Raaflaub, 1985). Falta a Aristóteles o supratítulo, porém não uma consciência do problema igualmente rica e diferenciada. Destaquemos os seus mais importantes pontos de vista:

1. O conceito de teoria da ação, de voluntário (*hekôn* e, respectivamente, *hekousion*), significa sobretudo a liberdade negativa de uma pessoa; quem age voluntariamente não age nem a partir de pressão externa nem a partir de desconhecimento, mas espontaneamente a partir de si mesmo.
2. Para o conceito positivo correspondente de liberdade da ação, Aristóteles utiliza a expressão *prohairesis*, decisão refletida. (Sobre o ponto 1 e 2, ver Capítulo 13, "Decisão e faculdade de juízo".)
3. Um outro conceito de liberdade é a absoluta-suficiência, a *autarkeia*. (ver Capítulo 14, "O princípio da felicidade".)
4. A liberdade em sentido econômico, e a partir daí em sentido jurídico e político, chama-se *eleutheria*. Nesse sentido, livre é quem, à diferença do escravo, não se encontra na posse de um senhor e, a partir daí, existe por causa de si mesmo e da vida boa (cf. *Met.* I 2, 982*b*26). Submetido, na vida comum com os seus

iguais, somente à lei e a um serviço ordenado de ofícios, ele é politicamente livre num duplo sentido: em sentido positivo, que ele alternadamente rege e é regido (*Pol.* VI 2, 1317*b*2s.), e em sentido negativo, que ele pode viver como quer (*b*12).

Aristóteles tem conhecimento, portanto, de três das até hoje decisivas dimensões para o liberalismo político. Enquanto conforme o afamado tratado de Benjamin Constant, *De la liberté des anciens comparée à celle des modernes* (1819), a Antigüidade conhece somente a segunda dimensão, a política, e não também a terceira, a dimensão pessoal – a primeira dimensão não desempenha papel nenhum em Constant –, a filosofia de Aristóteles dispõe tanto da liberdade econômica quanto da liberdade política positiva, a co-determinação democrática, a qual, a propósito, estende-se para além da nossa democracia e até mesmo da liberdade política negativa, ou seja, pessoal: do direito de viver segundo as suas próprias preferências e representações. Contudo, a terceira dimensão não é garantida em termos de direitos fundamentais e está disponível apenas para uma pequena parte da população: para os homens livres, à diferença dos estrangeiros estabelecidos (Metöken), dos escravos e das mulheres. E que ali onde a primeira dimensão está faltando se tenha de criar, através de dimensão social-estatal, um equilíbrio, isso Aristóteles não vê.

(5) Num sentido prático-moral, livre é, para Aristóteles, quem, ao invés de fixar-se nas suas posses ou de desperdiçá-las, trava com os bens exteriores uma relação soberana, destacando-se, portanto, através da generosidade (*eleutheriotês*). (6) Finalmente, uma coletividade é livre quando dá a si mesma as leis, ou seja, dispõe de *autonomia* (cf. *Pol.* V 11, 1315*a*4-6).

Os seis pontos de vista estão ligados uns com os outros e, em conjunto, desempenham um papel na *Política*. Quando o domínio se dirige, na sua forma política específica, aos livres (e equiparados; *Pol.* I 7, 1255*b*20), quando a pólis é definida como uma comunidade de livres (*Pol.* III 6, 1279*a*21) e quando se leva freqüentemente em consideração os cidadãos na sua liberdade, ocorre, sobretudo com respeito ao ponto de vista (4), a liberdade na forma tríplice de independência econômica, jurídica e política. A ela corresponde em parte, no âmbito político, a conexão do ponto de vista (3), da autarquia de uma pólis, com o ponto de vista (6), da sua autonomia. Para a liberdade como independência de uma pessoa, o ponto de vista (2) é pressuposto, a capacidade de decisão tratada na *Ética*, e para tanto o ponto de vista (1), a liberdade negativa, é igualmente conhecido a partir da *Ética*. A autarquia (3), novamente, tem importância não só na *Política*, mas também na *Ética*: naquela destaca a "polis" como forma de comunidade, e nesta o princípio da felicidade.

Após esse excurso, voltemo-nos para os elementos de normatividade do domínio: enquanto Platão advoga, na proposição do rei-filósofo, em favor do bom regente, Aristóteles engaja-se pela (boa) lei (cf. *Pol.* III 16, 1287a18ss.). Aqui, ele segue o poeta Píndaro, altamente venerado na Grécia (em torno de 518-446 a.C.), para o qual a lei (sem paixão) é "rei de todos" (segundo Platão, *Górgias* 484b, cf. *Ep.* VIII 354c). A *segunda* limitação do domínio justo consiste no "Rule of Law", no *domínio da lei* (III 11, 1282b2s.). Através de determinações gerais e a serem aplicadas igualmente para os envolvidos, é criada aquela igualdade de direito que reage contra o perigo de que os seres humanos, porque agem de preferência segundo o seu próprio bem, facilmente se tornam tiranos (*EN* V 10, 1134a35-b2). As leis são livres de todas as paixões e procedem de ponderações há muito continuadas, diga-se: de rica experiência (*Rhet.* I 1, 1354a-b2). O que é dado com elas, contudo, é somente aquela igualdade de direito de primeiro nível, a aplicação neutra da regra, a qual admite a posição jurídica desigual de escravos e mulheres. Além disso, Aristóteles, em consciência dos limites que são inerentes a regras gerais, põe ainda corretivo ao lado da lei, a eqüidade (ver Capítulo 14, "Justiça, direito natural e eqüidade"). A Grécia, a propósito, não conhece nem juristas de profissão nem outros especialistas profissionais, razão pela qual a lei é tanto mais próxima ao povo ("democrática") quanto menos juridicizada; em lugar do especialista jurista, aparece como que o especialista, o retórico (ver Capítulo 4, "Retórica").

Já Aristóteles diferencia três poderes públicos (*Pol.* IV 14-16). Nessa diferenciação, que é precursora da idéia de divisão de poderes, fica manifesta uma *terceira* delimitação de domínio (*Pol.* IV 14, 1297b37ss.): a instância de conselho corresponde aproximadamente ao legislativo, afinal, ela decide sobre guerra e paz, sobre ligas e contratos, sobre leis, sobre a escolha e a prestação de contas dos funcionários (*EN* VI 8, 1141b32s. introduz a legislação de modo próprio e à diferença do aconselhamento). Os funcionários formam o executivo; e como terceiro item há a jurisdição. *De facto,* há ainda um segundo tipo, até mesmo duplo, de divisão de poderes, no qual, porém, Aristóteles não se aprofunda. Na Grécia, as diferentes cidades-estado dividem-se no poder, e essas, como um todo, dividem a influência com o "centro espiritual" de Delfos.

Na sua doutrina – de poderosa repercussão – das duas vezes três constituições e, respectivamente, formas de estado, Aristóteles distingue as constituições orientadas no bem comum (*to koinê sympheron*) daquelas orientadas no bem dos dominadores (*to ôn archontôn*), chamando as primeiras simplesmente de justas, e as outras, em contrapartida, de equivocadas (*Pol.* III 6, 1279a17-20). (Em Hobbes, perde-se esse critério: *Leviathan,* Capítulo 19.) Segundo esse quarto critério, são legítimas: a monarquia, mas não a tirania, a aristocracia, mas não a oligarquia (o domínio dos ricos, razão pela qual ela melhor se chama plutocracia) e, finalmente, a *politia*[2], mas não a democracia, pois sob isso Aristóteles entende um domínio dos pobres (ver Capítulo 16, "Democracia ou estado civil"), a qual é tomada seguramente, entre as "constituições ruins", como aquela que é ainda "a mais suportável" (*Pol.* IV 2, 1289b2-5). A tirania, no sentido mais distante possível, não deve ser comparada com as formas de estado da modernidade, com o absolutismo ou a ditadura, para não se falar do domínio totalitário. Um tirano grego não dispõe sequer aproximadamente das possibilidades de controle e de opressão dos aparatos modernos de estado. Oriundo de uma das famílias de liderança, ele se preocupa em criar primeiramente uma dinastia, um grupo armado de sequazes, buscando em seguida legitimar o domínio através de obras públicas (templos, fontes, fortificações), ou seja, através de contribuições para o bem comum. Também pertence a isso que ele aparece como mecenas para os poetas, os artistas plásticos e as festas cúlticas.

No capítulo correspondente da *Política* (IV 10), Aristóteles diferencia três tipos de tirano. Nesse sentido, ambos os primeiros dois tipos – o domínio único irrestrito, em determinados bárbaros, e o assim chamado domínio dos *Aisymneten* na Grécia arcaica (cf. também *Pol.* III 14-15) – correspondem àquele conceito político-moral neutro de tirano, o qual, como também Édipo, na tragédia *Oidipous tyrannos*, designa um regente único, que chegou ao poder por outro meio que a sucessão. Nos dois casos mencionados por Aristóteles, o domínio repousa em fundamento legal e dirige-se – porque escolhido pelo povo? – a obedientes voluntários (*Pol.* IV 10 1295a15s.); que, apesar disso, se rege a bel-prazer: $a17$, isso aparece como um acréscimo inconsistente. Somente o terceiro tipo e tirano próprio satisfaz o critério de rejeitabilidade:

1. sem estar sujeito a uma prestação de contas, rege o regente único
2. sobre todos os que são seus iguais e ainda melhores do que ele; e ocorre sobretudo
3. para a própria vantagem, e não para a dos sujeitados; e
4. ninguém lhe obedece voluntariamente ($a19$-22).

Apesar do seu alto significado criteriológico, o conceito de bem comum permanece propriamente apagado.

---

[2] N. de T. Cf., no original, a expressão *die Politie*, que é por certo, tal como a forma aqui adotada em português, uma adaptação da expressão grega *politeia*. Com ela, o autor refere-se à constituição mista que exclui formas de constituição que restringem competências de poder e de ofícios a uma única pessoa ou a poucas pessoas. Dessa maneira, a palavra também anuncia aquela forma de estado constitucional que, modernamente, é expressa pela palavra "república".

Aristóteles não explana o conceito imediatamente. A partir do quadro que ele desenha da pólis ideal, é possível obter alguns elementos. Em primeiro lugar, deve-se mencionar a defesa do território. Se se trata da disposição geográfica da cidade (*Pol*. VII 5, 1326*b*39-1327*a*7), inclusive da ligação com o mar (VII 6, 1327*a*18-25), se se trata de expansão territorial (VII 10, 1330*a*16-23) ou da disposição das estradas (VII 11, 1330*b*17-31), Aristóteles sempre deposita valor na segurança militar. Um segundo elemento são as relações de comércio (VII 5, 1327*a*7-10) ou as questões gerais de política econômica. Um terceiro elemento consiste na divisão do terreno arável. Aristóteles sugere quatro partes (não expressamente iguais): (1) uma posse comum (terra do estado), cujo rendimento cobre os custos das ações de cultivo e os custos para refeições comuns; e (2) uma posse privada, em que cada cidadão, tanto por motivos de justiça quanto para objetivar unanimidade contra vizinhos hostis, obtém duas parcelas, uma para a fronteira de território e uma no interior do território, situada próxima à cidade (VII 10, 1330*a*9-23). Um sistema misto desse tipo, de propriedade comum e privada, dirige-se contra ambos os extremos, tanto contra uma "socialização" completa, ou seja, uma estatização de chão e solo, quanto contra a mera posse privada de território. Nesse sentido, através da posse comum devem ser asseguradas duas coisas: por um lado, o financiamento de tarefas públicas (em Aristóteles, somente ações de cultivo); por outro lado, uma suficiente subsistência de vida ("refeições comuns") para cada cidadão.

Devido às tarefas sociais da propriedade comum, encontramos em Aristóteles abordagens de estatalidade do bem-estar e da justiça distributiva. Há refeições comuns que – segundo o modelo de Creta (II 10, 1272*a*19-21) e em oposição, por exemplo, a Esparta – a mão pública substitui (II 10, 1272*a*12ss.). O estado ideal preocupa-se, até mesmo por causa do seu significado elementar, com a água: a qual pode ser utilizada apenas para beber e não está à disposição para nenhuma outra necessidade (VII 11, 1330*b*11ss.). Em oposição a Nussbaum (apud Patzig, 1990), já por causa disso não se pode, porém, avaliar alto demais o alcance da estatalidade social de Aristóteles, porque ele se volta contra "instituições democráticas" como verbas de audiência, ainda que elas, de fato, possibilitem também aos mais pobres a participação na assembléia popular. Um outro elemento pode ser interpretado como de estado social só num primeiro olhar, mas não numa consideração mais exata: no âmbito da sua crítica à *República*, Aristóteles, na propriedade, declara-se a favor de uma forma mista; a posse (*ktêsis*) permanece privada, enquanto o usufruto (*chrêsis*) ocorre de modo comum. O usufruto comum deveria, contudo, ser entendido como estatalidade social somente se fosse intermediado de modo estatal. Aristóteles declara-se a favor não de uma forma estatal anônima e conduzida forçosamente a partir de um uso coletivo, mas a favor da forma pessoal e voluntária, da amizade destacada por liberalidade (apesar de VII 10, 1329*b*39ss.). Contra a estatalidade social, fala também a circunstância de que a pólis ideal de Aristóteles carrega fortemente traços aristocratas. Assim, o solo é dividido de fato para todos os cidadãos, mas é explorado economicamente por escravos (VII 10, 1330*a*25-33). E excluídos da cidadania estão, além dos escravos e dos estrangeiros agregados, também os trabalhadores manuais, os comerciantes e os camponeses comuns. Para a boa vida a ser promovida, resta somente aquele pequeno grupo de inativos nos ofícios, o qual se dedica na juventude ao serviço armado, na idade adulta à administração do estado e à ocupação jurídica e na velhice às tarefas sacerdotais (*Pol.* VII 9).

Caso sejam relacionadas as duas determinações que têm primazia, a delimitação diante da despotia e o compromisso para com o bem comum, então o domínio legítimo exclui – sempre com a restrição: somente no âmbito da verdadeira cidadania – tanto a repressão política ("o governo sobre não-livres") quanto a pilhagem ("o domínio para o bem próprio do dominador"). Em contrapartida, Aristóteles não conhece um princípio tão pretensioso quanto a igualdade de direitos de todos os seres humanos: seres humanos com plenos direitos não são nem escravos nem mulheres e crianças, na pólis ideal nem sequer os camponeses, trabalhadores manuais e comerciantes.

Finalmente, nas formas de estado orientadas ao bem comum, Aristóteles prefere o domínio dos muitos, a *politia*, àquelas constituições nas quais um, o rei, ou alguns poucos, os aristocratas, regem. (Curiosamente, em *EN* VIII 12, 1160*a*32-36, a *politia*, respectivamente, a timocracia é tida como pior, afinal, do que a monarquia ou a aristocracia). A *politia* é a constituição política *tout court*, a "pólis política" ou o "estado de cidadãos", no qual a cidadania – à qual pertence só uma parte da população – é definida através da participação política em sentido enfático, através do envolvimeno no governo. Intermediada pela tradução latina *res publica*, república, a *politia* está presente em todas as línguas européias como um ideal que exclui toda constituição que restringe as competências de poder e de ofícios a uma única pessoa ou a um pequeno grupo.

Hoje, "república" é, igualmente como a tradução para o alemão "estado livre"[3], um conceito de teoria constitucional, que designa um estado no qual o rei ou os nobres perderam o princípio de domínio. Pertencem ao modelo grego ainda dois outros elementos: a obrigação do domínio para com o bem comum e uma medida em democracia direta, num modo como nem mesmo os cantões suíços, com comunidades territoriais, conhecem. Os cidadãos em sentido pleno têm parte em todos os tribunais e ofícios do

---

[3] N. de T. Cf., no original, a expressão *Freistaat*.

governo (*Pol.* III 5, 1278*a*36) e regem a si mesmos de modo alternante (I 1, 1252*a*15s.). E, nesse aspecto, uma maioria dos cargos é cedida segundo o bilhete premiado (cf. *A república dos atenienses*, Capítulos 42-69), em que a grande quantidade de cargos públicos e funções respectivas aos ofícios é enumerada, até o mínimo detalhe, junto com formas de encomenda, prazos de ofícios e remunerações; sobre isso, ver Chambers, 1990). Com isso, rejeita-se também aquela fixação do poder que – devido ao seu sistema de representação e da profissionalização de representantes – predomina nas democracias modernas. Ao domínio absolutamente legítimo pertence, segundo Aristóteles, uma relação de reciprocidade e de simetria, o que corresponde à relação entre irmãos, os quais em certa medida, como órfãos, isto é, na ausência de um pai, regem a si mesmos de modo alternante. Na pólis, à qual Aristóteles vê os seres humanos determinados a partir da natureza, os cidadãos são em pleno sentido iguais, pares, equiparados uns aos outros como, talvez, os lordes na Câmara inglesa, os *confrères* na Academia francesa e os ordinários na clássica Universidade (alemã).

DEMOCRACIA OU ESTADO CIVIL?

O estado moderno, no que concerne à teoria de legitimação, repousa em dois pilares: no conceito de democracia em termos de teoria da constituição ("Todo poder emana do povo") e no conceito estrito de igualdade em termos de direitos humanos. Uma vez que Aristóteles não conhece a igualdade de direitos humanos e rejeita expressamente a democracia, o seu ideal político aparece como pré-moderno. Em sua crítica à democracia, ele se declara a favor não daquela constituição que é dissolvida pela democracia moderna, a monarquia. Antes, ele introduz, no conceito de democracia, uma diferenciação e toma por ideal a constituição que é um misto de democracia e oligarquia (*Pol.* IV 8-9 e 11ss.), ou seja, aquele estado civil (*politia*) que em sua definição como constituição mista é na verdade hoje desconhecido, mas que em seu conteúdo, agora sob o título "república", segue existindo.

1. Nas suas discussões sobre *Democracias*, Aristóteles relaciona a questão de teoria da constituição – "Quem é o soberano (*kyrios*)?" – à questão socioeconômica pelo grupo da população que possui a soberania. Na mais importante alternativa para a democracia, a oligarquia, os ricos são soberanos; na democracia, não é exatamente o povo como um todo, mas o grupo de pobres (*Pol.* IV 4, 1290*b*1s.). Sob isso não devem certamente ser entendidos mendigos, mas – com o que Aristóteles mostra-se como aristocrata –

camponeses, trabalhadores assalariados, trabalhadores manuais e comerciantes.

Sempre segundo o círculo de cidadãos capazes de regimento (admitidos para o domínio) e o alcance da sua competência de domínio, Aristóteles diferencia quatro formas e introduz, com isso, um conceito comparativo de democracia (IV 4). Comum às três primeiras formas é a ligação com a lei. No âmbito de uma estatalidade jurídica desse tipo, chega-se na primeira e mais fraca forma de democracia a um censo, a uma apreciação de contribuição. Na segunda e mais forte forma de democracia, basta a ascendência não-objetável. Na terceira e ainda mais forte forma, o critério de procedência é afrouxado e todos os cidadãos são capazes de regimento. Somente quando todos os cidadãos têm acesso aos ofícios e, além disso, o vínculo com a lei é suprimido, nessa quarta forma, a democracia alcança a sua forma radical ou plena. Nela, todos os cidadãos são capazes de regimento; e, tal como os líderes do povo (*dêmagôgoi*) querem, o povo pode, liberado de todas as afirmações legais, decidir sobre tudo nos plebiscitos e, portanto, permitir-se eclatantes rupturas jurídicas. Porque, nesse âmbito, costuma-se atentar não para o bem comum, mas somente para o próprio bem-estar, rege-se despoticamente sobre "os melhores"; a democracia radical torna-se uma tirania da maioria (IV 4, 1292*a*15ss.; cf. IV 14, 1298*a*31-33, entre outras passagens).

Na segunda apresentação das quatro formas de democracia (IV 6), Aristóteles nomeia o motivo para o reconhecimento ou o não-reconhecimento das leis. Ele reside surpreendentemente não, por exemplo, na percepção, em termos de teoria de legitimação, de que leis são apartidárias, ainda que Aristóteles, em outra passagem, conhece essa noção (por exemplo, *Pol.* III 15, 1286*b*17-21: ser livre de paixões). Antes, ele aduz o motivo socioeconômico de que ali se pode deixar que as leis rejam onde falta ao soberano, por exemplo, ao campesinato, o ócio (*scholê*) para a política permanente. No entanto, em se tornando as cidades maiores e sobretudo mais ricas, de modo que os pobres, agora especialmente trabalhadores manuais e assalariados (cf. IV 12, 1296*b*29s.), têm, graças ao pagamento correspondente, o ócio exigido para a política, nesse caso suspende-se a lei, e o povo assume o domínio como um todo (IV 6, 1292*b*41-1293*a*10).

Para a base da democracia, a liberdade, Aristóteles conhece dois conceitos: a liberdade política positiva, em conseqüência da qual se rege e se é regido alternadamente (VI 2, 1317*b*2s.), e a liberdade política negativa, o conceito notavelmente liberal de que se pode viver como se quer (*b*12; ver VII 12, 1316*b*24; VIII 4, 1319*b*30). A partir do primeiro conceito, tem-se como conseqüência as instituições democráticas (*b*27ss.): os cargos são ocupados por todos (os cidadãos); todas as decisões, ou ao menos as mais importantes, são tomadas na assembléia popular, etc.

Aristóteles critica, pois, sobretudo a democracia radical. Assim, por exemplo, ele se volta contra os fundos de audiência (para a participação na assembléia popular), que são financiados a partir de um imposto sobre posses e o confisco de propriedades (*Pol.* VI 5, 1320*a*17-24). Mais fundamental é a acusação de incompetência técnica: a assembléia popular é moralmente e intelectualmente sobreexigida (*Pol.* III 11, 1281*b*25ss.). Caso se olhe para a Guerra do Peloponeso, que foi rejeitada pelos ricos – eles deveriam pagar a frota –, sendo, em contrapartida, fortemente apoiada pelos pobres, talvez ele tenha razão; como é bem-conhecido, a guerra termina com a derrota de Atenas. Por outro lado, porém, Aristóteles também apresenta argumentos em favor da democracia. Por exemplo, ele considera a maioria, em determinadas questões, como mais competente do que uma pequena elite (III 11, 1281*a*39ss.).

A fundamentação é, de fato, surpreendentemente despreocupada e contradiz a acusação de incompetência: a virtude e a prudência de diferentes seres humanos devem simplesmente poder adicionar-se, de modo que em ambas, tanto na perspectiva do caráter quanto na intelectual, resulta uma competência coletiva superior. Trata-se, aqui, não da correção do argumento, mas do seu conteúdo pró-democracia. Pró-democrático é também o apontamento de que o bom cidadão tem de saber de ambos e poder ambos: deixar-se reger e ele mesmo reger (III 4, 1277*b*14s.). O que se quer dizer é a capacidade de ora obedecer e ora comandar, bem como a prontidão de atuar em ambas as funções "abnegadamente" para o bem comum.

2. *O estado civil*. O ideal político de Aristóteles consiste de uma mistura entre democracia e oligarquia. O ideal, não obtido de modo "dedutivo", traz ao conceito antes uma realidade que se distingue desde as reformas de Sólon. Aristóteles conecta novamente elementos de teoria da constituição com pontos de vista de uma sociologia política. Com a finalidade de um equilíbrio tanto político quanto social entre a elite dominante (rica) e a multidão (não tão rica), ele se declara a favor da exigência de uma classe média ampla; afinal, numa posse mediana obedece-se mais facilmente à razão e faz-se sentir mais facilmente a amizade. Além disso, tumulto e conflito ameaçam minimamente, e os melhores legisladores (Sólon, Licurgo, Carondas) são oriundos da classe média (*Pol.* IV 11).

A idéia de uma constituição mista já é observada na *História da Guerra do Peloponeso*, de Tucídides, na qual o desenvolvimento da constituição do ano de 411 a.C. é descrita. Para abordagens sobre uma teoria temos, porém, de esperar até a obra tardia de Platão, as *Leis* (III 693d*ss*.) e a

Oitava Carta (*Ep.* VIII 354a*ss*.); contudo, Platão orienta-se não em Atenas, mas na sua arqui-rival Esparta.

A pergunta sobre em que medida o estado civil e, respectivamente, a constituição mista está em paz com a democracia no sentido de hoje, isso se decide no conceito de democracia. A pergunta que subjaz à democracia moderna, aquela pela legitimação do domínio, Aristóteles de fato não se faz. Ele rejeita, porém, em parte expressamente, em parte tacitamente, as formas alternativas de legitimação para a democracia de hoje: que todo poder provém de Deus, ou de uma potência superior, ou de nascimento correspondente. Uma vez que a constituição mista está comprometida com o bem-estar de todos os envolvidos, com o bem comum, e uma vez que nela as decisões importantes são tomadas pela *ekklêsia*, a assembléia popular, ela pode ser amplamente tomada, tanto a partir do seu fundamento de legitimação quanto no sentido hodierno, como democrática. De resto, Aristóteles admite que "o que hoje chamamos de *politia* (e, por conseguinte, república), antes se chamava democracia" (*Pol.* IV 13, 1297*b*24s.). O pensamento republicano, portanto, isso não devemos esquecer, não tem a sua origem nem na Revolução Americana nem na Francesa, também não primeiramente na Roma republicana, mas já em Atenas; e aqui o seu mais importante teórico é Aristóteles.

Um outro aspecto comum do ideal político de Aristóteles com a modernidade está em que os funcionários públicos – na época de modo imediato, hoje de modo mediato – são eleitos pelo povo e a ele devem prestar contas. Os cargos do governo, em contrapartida, são transferidos a pessoas isoladas, as quais, para evitar degenerações da democracia, provêm via de regra da camada superior (cf. *Pol.* II 12, 1274*a*18ss.). Somente aqui se insere um elemento não-democrático, aristocrático e, por conseguinte, oligárquico. Por outro lado, entre a constituição mista e a democracia moderna há também sérias diferenças. Enquanto nas democracias modernas, representativas, ou bem está ausente o elemento de democracia direta ou só está desenvolvido de modo fraco, o estado civil da Antigüidade desconhece instituições como os direitos fundamentais e humanos, como os partidos e as alianças, como a imprensa ou um tribunal constitucional; e também não há ainda um legislador no sentido moderno.

Parte 5
Sobre a repercussão do pensamento de Aristóteles

A história da repercussão de Aristóteles é quase única. Até em torno do limiar do século VII para o século VIII, ou seja, por mais de dois milênios, a filosofia e as ciências são marcadas em parte pela recepção e pelo desenvolvimento posterior, em parte pela crítica, em todo caso, pelas idéias aristotélicas. Em parte diretamente, em parte maior passando pelas traduções latinas, muitos conceitos do Filósofo tornam-se elemento fixo das linguagens científicas, até mesmo das línguas cotidianas na Europa e nas terras fronteiriças. Igualmente, os nomes de numerosas disciplinas e, sobretudo, os seus conceitos fundamentais e os seus modelos de argumentação têm origem em Aristóteles. Mesmo após o seu enfraquecimento, no decorrer da primeira modernidade, Aristóteles sempre se torna de novo um ponto de contato importante do filosofar sistemático. Compreende-se que, dos caminhos freqüentemente esquecidos e ainda não-pesquisados em todos os sentidos, no que segue se venha a discursar apenas sobre uma pequena parte.

17

ANTIGÜIDADE E IDADE MÉDIA

PRIMEIRO PERÍODO

Pelos contemporâneos diretos, Aristóteles é apreciado sobretudo por causa dos seus trabalhos em lógica e ética, dificilmente por causa da pesquisa da natureza, tanto rica em conhecimento quanto sutil. Após a sua morte, ele obtém uma influência maior. Essa parte da escola de Atenas, a qual, com importância cambiante, afirma-se até o terceiro século depois de Cristo. Sob o seu primeiro líder, Teofrasto (372-287 a.C.), ela é objeto de afluência incomum; de acordo com Diógenes Laércio (V 2, 37), não há menos do que 2.000 alunos. Enquanto Teofrasto ainda preserva o amplo horizonte intelectual de Aristóteles – ele é conhecido por sua *Metafísica*, por seus escritos sobre botânica e pelo livro sobre os *Caracteres* –, no seu discípulo Estratão impõe-se em primeiro plano a pesquisa empírica da natureza. Em seguida, com Licon, começa o "sono da morte da filosofia de Aristóteles" (U. v. Wilamowitz). Em áreas específicas isoladas, ainda são produzidos resultados especiais, porém ficam de fora novos impulsos filosóficos. Quando muito em Rodes dá-se continuidade à tradição filosófica por meio do discípulo de Aristóteles, Eudemo, obtendo mais tarde, intermediada pelos estóicos Panécio e Posidônio, influência sobre Cícero.

Co-responsável pelo ocaso da escola peripatética é a perda da biblioteca oficial da escola. Por causa dessa perda, Aristóteles é conhecido, sim, no período helenístico, através dos seus diálogos e de alguns textos exotéricos[1], mas dificilmente através dos seus escritos doutrinais. Cópias que poderiam ter existido em Alexandria, também em Atenas e Rodes, não

---

[1] N. de R. Diz-se dos ensinamentos e doutrinas que, nas escolas da Antigüidade grega, eram transmitidas em público.

exercem nenhuma influência. Soma-se a isso um alto grau de especialização. Por um lado, isso tem como conseqüência que os grandes pesquisadores e eruditos do período helenístico devem ser contados na escola de Aristóteles: o geógrafo e historiador Dicearco de Messina (nascido antes de 340 a.C.); o fundador de um modelo heliocêntrico dos planetas, Aristarco de Samos (em torno de 310-230 a.C.); o matemático, geógrafo e astrônomo Ptolomeu (em torno de 85-160 d.C.); o criador da gramática e da sintaxe, Apolônio Díscolo, e o seu filho Herodiano (ambos século II d.C.), um sistemático da métrica e da prosódia; o médico, historiador e comentador de Aristóteles, Galeno (129-199 d.C.). Por outro lado, também será mais difícil dar continuidade à conexão feita por Aristóteles entre a pesquisa empírica e os interesses filosóficos (fundamentais). Além disso, uma prerrogativa de teoria da ciência, a ausência de um sistema homogêneo, contribui para a desintegração da escola de Aristóteles.

    É somente Andrônico de Rodes, o décimo primeiro chefe da escola, que fortalece novamente o ensino filosófico e organiza para esse fim, em Roma, a edição dos até então esquecidos tratados (segunda metade do século I d.C.). Segundo a tradição antiga, ele se apóia em manuscritos originais, que, com base em acasos felizes, quase inacreditáveis, chegam a Roma, o centro político e cultural da época: Neleu, que como último membro da escola de Aristóteles, herda os manuscritos de Teofrasto, leva-os para a sua cidade natal Skepsis, na Ásia Menor, perto da antiga Tróia. Ali, 200 anos mais tarde, eles são comprados por um amante dos livros, Apelicon, e, em Atenas, são tornados acessíveis aos interessados, contudo numa "edição" não especialmente confiável. Quando em 86 d.C., Sula, cônsul afeiçoado ao Peripatos, conquista Atenas, ele leva no seu espólio em livros e obras de arte também a biblioteca de Apelicon.

    Na seqüência da edição organizada por Andrônico, chega-se a uma Renascença de Aristóteles, que não tem meramente significado intelectual. Romanos influentes como o jovem Otaviano (Augusto) tomam lições junto a aristotélicos e, mais tarde, Marco Aurélio estabelece em Atenas uma cátedra para estudos de Aristóteles. Nessa época, a sua doutrina é em parte unificada, tal como no *Compêndio da ética aristotélica*. Em parte ela é associada a pensamentos platônicos, como, por exemplo, no pequeno escrito *Peri kosmou* (*De mundo*), *Sobre o mundo* (cf. Strohm, 1984, 3.ed.), o qual, por muito tempo, apesar da dúvida expressa por Próclo, é tido como resumo do próprio Aristóteles da sua cosmologia. O já citado Galeno apóia-se em parte em Platão, nas perguntas de ciência da natureza, mas, sobretudo em Aristóteles. Através da sua tentativa de fundar a medicina como ciência por meio da metodologia aristotélica, a filosofia ganha o peso de uma propedêutica da medicina. Ainda no século XIII, de acordo com o regramento correspondente do Imperador Frederico II (*Liber augustalis* III, 46), o futuro médico estuda primeiramente, por três anos, filosofia, acima de tudo lógica e teoria da ciência, e em seguida cinco anos de medicina.

Começando com Andrônico, aparecem no decurso da primeira Renascença de Aristóteles inúmeros comentários (cf. Moraux, 1973 e 1984; Sorabji, 1990). Escritos não somente por aristotélicos, mas também por estóicos e platônicos, num primeiro momento eles se dirigem sobretudo às *Categorias*, ou seja, à primeira ontologia de Aristóteles, mais tarde, como em Aspásio (primeira metade do século II d.C.), também à *Ética*. A antiga prática de comentário a Aristóteles atinge o seu ápice em Alexandre de Afrodísias, atuante em Atenas (em torno de 200 d.C.). Devido à clareza e à confiabilidade dos seus comentários, chama-se-o de "segundo Aristóteles" – e esquece-se com isso que, no lugar do próprio filosofar, entra a interpretação. Contudo, Alexandre não é um mero comentador. A partir da capacidade humana de refletir, ele tenta demonstrar a existência da liberdade da vontade, no sentido de liberdade de escolha. Também a ele se remete um diagrama lógico, a chamada ponte dos asnos (*pons asinorum*). E, através da sua equiparação do movente imóvel com o intelecto ativo (*nous poiêtikos*), ele se torna uma figura-chave na história da metafísica do espírito; passando pelo neoplatonismo, ele influencia Averróis e a mística alemã (ver Merlan, 1955; Krämer, 1967, 2.ed.).

No período após Alexandre de Afrodísias, Aristóteles, num primeiro momento, é empurrado para o segundo plano através de estóicos e epicureus, sendo considerado de novo somente pelos neoplatônicos. Esses buscam, em geral, uma síntese do pensamento platônico e aristotélico. Os grandes neoplatônicos, como Plotino (204-270) e sobretudo o seu discípulo Porfírio (240-325), também estão conscientes das diferenças doutrinais, sem por causa disso desistir da intenção de síntese. No neoplatonismo, Aristóteles é comentado com acribia, assim, por exemplo, por Temístio, em Constantinopla, é comentado o escrito *De anima* (século IV); pelo mestre de Próclo, Siriano, comenta-se a *Metafísica*; em Alexandria, primeiramente por Amônio, as *Categorias*, a *Hermenêutica* e os *Primeiros analíticos*, e finalmente por Simplício, discípulo de Amônio, as *Categorias*, *Sobre a alma*, *Sobre o céu* e a *Física*. Em especial, nos centros intelectuais da época, em Atenas, Constantinopla e Alexandria, a filosofia é ensinada com o auxílio de comentários a Aristóteles. O mais famoso dos textos escritos sobre Aristóteles por um neoplatônico é, porém, a introdução de Porfírio (*Isagôgê*) às *Categorias* de Aristóteles. Boécio a traduzirá, junto com a obra de Aristóteles, para o latim. Ainda hoje se costuma preceder às *Categorias* de Aristóteles o escrito de Porfírio.

CRISTIANISMO, ISLAMISMO E JUDAÍSMO

Todas as três religiões de revelação debatem – na seqüência histórica de cristianismo, islamismo e judaísmo – com Aristóteles. Para finalidades apologéticas, elas têm de se adequar ao nível intelectual da filosofia "pagã". Para tanto, assumem as proposições lógicas e de teoria da ciência do *Organon* e, com a sua ajuda, comprometem a teologia com clareza conceitual e caráter argumentativo estrito. Além disso, para a concepção de uma "prova" da existência de Deus, elas se orientam em *Física* VIII 5 e em *Metafísica* XII 6. Nesse sentido, elas fazem frente às obras filosóficas quase como a textos religiosos; cita-se e comenta-se, mas dificilmente se entra em análises críticas. Aristóteles é tido como o Filósofo, mesmo como "praecursor Christi in naturalibus", como o precursos de Cristo com respeito às coisas naturais, leia-se, coisas do mundo.

Em questões importantes, os teólogos têm realmente dificuldades com Aristóteles:

1. o conceito de movente imóvel dificilmente pode ser combinado com um entendimento pessoal de Deus;
2. o conceito cosmológico de um Deus auto-suficiente não deixa nenhum espaço para uma presciência divina ou para uma assistência para com o mundo;
3. em contradição com o pensamento da criação, Aristóteles considera o mundo eterno;
4. ele rejeita a imortalidade da alma;
5. à ética de Aristóteles é estranho um chamamento a mandamentos divinos.

A teologia do cristianismo primitivo reage de modo diferente a tais dificuldades. Os patrísticos latinos, platônicos cristãos como Tertuliano (ca. 160-220) e Jerônimo (347-419) não podem desculpar Aristóteles nem da crítica da doutrina das idéias nem das mencionadas noções contraditórias ao cristianismo. Excetuando-se João Escoto Eriúgena (810-877), o mundo latino conhece, até o século XII, um único mediador de Aristóteles de estatura: Boécio (em torno de 480-524/525), o "educador do Ocidente". Já que o seu plano de traduzir todas as obras de Aristóteles realiza-se apenas para o Organon, mas sem os *Segundos analíticos* (ca. 510-522), e disso restam conhecidas somente duas traduções, as *Categorias* e a *Hermenêutica* tornam-se os escritos aristotélicos mais discutidos na Idade Média. O programa de estudo das escolas dos mosteiros e das catedrais, sancionado sob Carlos Magno por mais de quatro séculos, isto é, as *septem artes liberales*, as sete artes livres, contém como uma única disciplina filosófica a lógica, com base nas *Categorias* e na *Hermenêutica*. Em contraposição, a patrística grega de Orígenes (ca. 185-250), passando por Gregório de Nissa (ca. 330-395) e Nemésio até o Pseudo-Dionísio Aeropagita (século V-VI), deixa-se inspirar fortemente por Aristóteles. Desde Leôncio de Bizâncio (século VI), ela faz até mesmo mais uso de Aristóteles do que de Platão. Somente Miguel Psellus (século XI) inverte novamente a primazia, enquanto o seu discípulo João Ítalo novamente dá preferência a Aristóteles.

O modelo para uma exegese de Aristóteles fiel ao texto, a escola de filósofos de Alexandria, não tem, por ausência de tendências religiosas e especulativas, quaisquer problemas com o novo poder, o cristianismo. Amônio, por exemplo, líder da escola desde 485, converte-se ao cristianismo, sem abandonar todas as teses contraditórias de Aristóteles. A academia de Atenas, contudo, não encontra nenhum compromisso com o cristianismo, razão pela qual, no ano 529, Justiniano proíbe o estudo da filosofia e da jurisprudência, o que acaba por resultar num fechamento da academia. Cem anos depois, Estevão de Alexandria é chamado para a capital do império romano do Oriente, Constantinopla (Bizâncio), que por quase 500 anos ergue-se a centro do estudo de Aristóteles (cf. Oehler, 1968). Enquanto a Europa latina ocupa-se somente com a *Hermenêutica* e as *Categorias*, estuda-se na Roma Oriental também a *Física* e a *Metafísica*, depois *Sobre as partes dos animais* e *Sobre a geração dos animais*, bem como a *Ética* e a *Política*.

Aristóteles ganha uma influência ainda maior nos cristãos siríacos, os nestorianos. No século V, em Edessa, eles fundam uma escola que assume a continuação daqueles tradutores de Antioquia e que é conduzida por uma excelente tradutor de Aristóteles, Ibas (morto em 475). Na Síria, surge também o escrito *Teologia de Aristóteles*, que, na verdade, contém uma paráfrase da metafísica de Plotino, das *Enéadas* IV-VI, e que cunha a futura recepção da *Metafísica*, influenciada pelo neoplatonismo. Algo semelhante ocorre com o *Liber de causis*: o que ainda Alberto Magno toma como a complementação da metafísica de Aristóteles é, na verdade, uma coletânea de excertos da *Elementatio theologica*, de Próclo.

A partir da Síria, Aristóteles chega ao espaço cultural árabe-islâmico, o qual se elevará a centro da filosofia e ciência. Os regentes árabes, de sua parte bons conhecedores de Aristóteles, colocam médicos siríacos a seu serviço, os quais trazem consigo, ao lado das obras de Ptolomeu e de Euclides, as obras de Aristóteles, e não meramente numa seleção. Somente a *Política* fica de fora, porque aqui se favorece a *República*, de Platão. No ano de 830, funda-se na capital do mundo árabe, Bagdá, uma academia, Bait-el-Hikma, a casa da erudição, que, através de traduções do grego, siríaco e pehlevi (medo-persa), deve tornar acessíveis em árabe todas as ciências. Ao mais importante tradutor, Hunain (Johannitius: século IX), igualmente sírio e cristão, denomina-se, devido aos seus méritos correspondentes, o "Cícero da cultura árabe" (Düring, 1954, p. 280).

O mais importante dentre os primeiros filósofos que escrevem em árabe, Al-Kindi (morto em 873), tradutor da *Metafísica*, lê Aristóteles no espírito do neoplatonismo. Algo semelhante vale para o matemático, teórico da música, filósofo e teólogo Al-Farabi (cerca de 870-950), a quem os contemporâneos enaltecem como o "segundo mestre" (depois de Aristóteles). Pelos seus inúmeros escritos, bem como pela *Teologia de Aristóteles*, pseudo-aristotélica, e pelo próprio Aristóteles, o filósofo e médico persa, o primeiro grande pensador do Islã, Ibn Sina (Avicena: 980-1037), é influenciado.

Desde o século VIII, o estudo de Aristóteles, da sua lógica e teoria da ciência, da sua física, metafísica e psicologia, da poética e da retórica, pertence ao cânone da formação árabe. Com a conquista de Bagdá pelos turcos (1055), chega ao fim essa época da tradição aristotélica árabe-islâmica. Apesar disso, Aristóteles não é totalmente perdido no Islã, uma vez que eruditos greco-árabes já antes se estabelecem na Sicília e sobretudo na Córdoba espanhola. Aqui, na "Bagdá do Ocidente", está em ação Ibn Rushd (Averróis: 1126-1198), que se torna, através dos seus comentários a Aristóteles, o grande mediador de Aristóteles para a escolástica européia. Averróis recusa o ceticismo religiosamente motivado de Al-Gazali (1058-1111) contra a filosofia e afirma, em vez disso, que uma metafísica racional é superior à teologia. Mais fiel a Aristóteles do que Avicena, ele abandona as noções de criação, de previsão divina e de uma imortalidade individual do ser humano, fundando, com isso, o averroísmo tão significativo nos séculos XIII e XIV.

A filosofia judaica obtém os primeiros impulsos aristotélicos nos séculos VII e VIII, da Síria e da Pérsia. Uma tentativa de demonstrar as verdades da fé através da razão já é empreendida por Saadja (882-942). Contudo, somente após a recepção das doutrinas de Al-Farabi e de Avicena pode-se falar de um aristotelismo judaico, desenvolvido no solo da cultura islâmica e na linguagem árabe. O primeiro escrito totalmente penetrado pelo espírito aristotélico é da autoria de Abraão Ibn David: *A fé sublime* (1161). Abraão declara o estudo de Aristóteles como pressuposição imprescindível do conhecimento da fé; diferentemente de Aristóteles, ele se fixa, porém, no pensamento da criação. O mesmo vale para o contemporâneo de Averróis, um erudito de categoria: Moisés Maimônides (1135-1204). Dele provém a obra mais importante do esclarecimento judaico na Idade Média, a obra *Dalalat al-Ha'irin* (*Guia dos Perplexos*), escrita em árabe, que relaciona as idéias de Aristóteles a elementos neoplatônicos, por exemplo, a doutrina da emanação, e que tem recepção em Alberto Magno, Tomás de Aquino e Duns Scotus. No período após Maimônides, Averróis estabelece-se, porém, no aristotelismo judaico; Levi ben Gerson (1288-1340), por exemplo, abandona a idéia de uma criação a partir do nada.

A GRANDE RENASCENÇA DE ARISTÓTELES

O mundo erudito da Idade Média, no que tange a Aristóteles, satisfaz-se por séculos com a *logica vetus*, com a "lógica velha", que consiste nas traduções latinas das *Categorias*, da *Hermenêutica* (*Sobre a interpretação*) e da *Isagôgê*, de Porfírio, bem como dos próprios tratados de lógica de Boécio. Também a primeira tradução vernacular, a propósito, para o alemão, preparada por St. Galler Mönch Notker (950-1022), diz respeito às *Categorias* e à *Hermenêutica*. Somente em 1120 é estabelecida no Ocidente uma segunda e agora mais rica recepção de Aristóteles, que se desenvolve até meados do século XIII como a mais poderosa Renascença de Aristóteles (cf. Kretzmann et al., 1982). Ela foi transmitida por um tipo novo de cientista, menos monástico do que profissional e orientado internacionalmente. Primeiro, aparecem outra vez as outras traduções do Organon feitas por Boécio. Com isso, começa o segundo período da lógica medieval, a *logica nova* (a "lógica nova"), que também incluía os *Analíticos* e a *Tópica* e que adquire o estatuto de uma propedêutica lógico-metodológica obrigatória para toda a Europa.

Não só porque ele é estudado continuamente em Atenas ou no local da sua primeira edição, em Roma, mas porque também passa pelo aristotelismo sírio-árabe e bizantino é que se estabelece, no Ocidente, o ainda mais rico Aristóteles, não mais limitado ao Organon (e, com ele, também Euclides, Ptolomeu, Hipócrates e Galeno). A necessária atividade de tradução tem início em Bizâncio (Tiago de Veneza), na Sicília e na Espanha (por exemplo, Gerardo de Cremona, em Toledo). Ela tem seguimento em Oxford (Roberto Grosseteste: em especial a *Ética a Nicômaco*) e atinge o seu ápice com o dominicano Guilherme de Moerbeke; as suas traduções servem como base de trabalho a Tomás de Aquino, o qual não lia em grego.

Ao lado da *Poética*, que é traduzida e, mesmo assim, permanece desconhecida, aparece nesse período a *Política*, de Aristóteles. Ela é comentada, a título de exemplo, por Alberto Magno, Tomás de Aquino e Nicolau de Oresme (século XIV), notavelmente, porém, não por juristas. Caso se tome o número de comentários como medida, nesse caso Aristóteles é recebido, apesar de tudo, principalmente como lógico, depois como metafísico e apenas em terceiro lugar como filósofo da moral e da política. Não obstante isso, a filosofia política toma de Aristóteles o seu começo como disciplina universitária. Através de dois escritos dirigidos contra as reivindicações papais de senhorio, a sua *Política* ganha influência mesmo para além de um mero estudo erudito. A obra de Dante sobre a monarquia (*De monarchia*, em torno de 1310) e o tratado de Marsílio de Pádua sobre a paz (*Defensor*

Figura 17.1
Aristóteles.
(Catedral de Chartres, Portal Real, século XII).

pacis, 1324) respiram o espírito aristotélico; nesse sentido, Dante reconduz o poder político a Deus, enquanto ele, segundo Marsílio, parte do povo.

A grande recepção de Aristóteles não fica inatacada. As numerosas proibições a Aristóteles, que são lançadas por parte da Igreja ou das universidades (por exemplo, 1196 em Córdoba, 1210 num Sínodo de Paris, 1215 no Concílio de Latrão), dirigem-se, porém, menos contra o aristotelismo como um todo do que contra as suas cotas contraditórias ao cristianismo. De qualquer modo, as proibições a Aristóteles não conseguem travar o significado sempre crescente do Filósofo. Em 19 de março de 1255, a importante Faculdade de Artes de Paris prescreve o estudo de todos os escritos de Aristóteles então conhecidos, ou seja, não apenas a *logica nova*, mas, por exemplo, também a *Física*, *Sobre a alma*, *Metafísica* e *Ética*. Pode-se dizer que, com esse reconhecimento da filosofia de Aristóteles, nasce a Faculdade de Filosofia, a saber, a sua independência frente à teologia. Em pouco tempo, vem a ser o caso que, por toda parte, e em muitos lugares pelo menos até o fim da Idade Média, Aristóteles forma o cerne, freqüentemente até mesmo o único conteúdo do estudo da filosofia.

A ainda seletiva recepção de Aristóteles é objeto de irrupção, pela primeira vez, pelo "doctor universalis", o pesquisador da natureza, o filósofo e teólogo Alberto Magno (1193-1280). Na medida em que ele, como pioneiro, torna o Aristóteles todo (incluindo também a pesquisa da natureza) frutífero para a teologia, ele se torna o propugnador daquele sistema de um aristotelismo cristão, estabelecido com elementos agostinianos, o qual o discípulo de Alberto, o "príncipe da escolástica" e "doctor communis", Tomás de Aquino (1225-1274), leva a um apogeu do pensamento medieval. Em meados do século XIII, Aristóteles é a autoridade intelectual dominante do Ocidente: o "mestre de todos os sábios", tal como o enaltece o grande filósofo leigo, Dante, na *Divina Comédia* ("Inferno", IV 131). Na Síria, o bispo jacobita e erudito Bar-Hebreu publica uma enciclopédia da filosofia aristotélica, com o título *Butyrum Sapientiae* ("A nata da sabedoria").

Três pontos são característicos para Alberto e Tomás. Ambos assumem, entre filosofia e teologia, uma clara separação metodológica, tal que a filosofia, antes definida como *ancilla theologiae*, como serva da teologia, pode dedicar-se às suas próprias questões. Além disso, ambos tendem a considerar a filosofia de Aristóteles como um edifício teórico coerente, isto é, como algo pronto e concluído, com o que a filosofia fica separada do inimigo mortal do pensamento vivo, o dogmatismo, apenas por um pequeno passo. Ambos acreditam, por fim, numa união harmoniosa de filosofia e cristianismo.

Para selecionar alguns elementos: em oposição a Averróis e ao próprio Aristóteles, Tomás entende que o mundo é uma criação de Deus e vê nisso a sua dignidade. Pertencem à perfeição das coisas criadas, porém, a sua independência e auto-eficácia, e ao ser humano a capacidade de conhecer a verdade por iniciativa própria. Desse modo, o mundo e a razão humana são libertados de toda tutela através da fé; ainda que estejam ordenados a Deus, eles ficam, em determinada medida, entregues a si mesmos. A doutrina tomasiana da existência de Deus, a ser demonstrada por cinco vias (*quinque viae*; Deus é para o mundo a primeira causa, o primeiro movente, o ente necessário, etc.), apóia-se de modo estreito em esboços aristotélicos – sobretudo em João Damasceno, Avicena, Averróis e Maimônides (cf. Seidl, 1986, 2.ed.). Começando com o logo muito comentado "escrito juvenil" *De ente et essentia*, Tomás valoriza novamente a ontologia de Aristóteles, como, por exemplo, a categorialidade do ente, os pares conceituais ato-potência e forma-matéria, bem como a matéria como princípio de individuação. Ao mesmo tempo, ele trabalha a teoria – em Aristóteles apenas aludida – daquelas determinações que advêm a cada ente como tal, os transcendentais: *ens* (ente), *unum* (uno), *verum* (no sentido de conhecível) e *bonum* (no sentido de valorável) (*De veritate* I 1). Em ontologia e teoria do conhecimento, Tomás defende um realismo, na medida em que atribui aos conceitos universais (gêneros, espécies) uma existência real. Com respeito à ação, aqui ele assume, de modo mais otimista do que Aristóteles, que todo ser humano tem, por natureza, uma inclinação à razão. E na ética ele assume o princípio de felicidade de Aristóteles. Contudo, a vida política adquire um peso muito menor do que em Aristóteles; além disso, ele desloca a felicidade plena para o além (*Summa theologiae* I-II q. 1-5); e às virtudes "naturais" de Aristóteles acrescentam-se ainda as sobrenaturais (I-II q. 55-67).

Tomás segue a Aristóteles na filosofia política, como mostram as partes respectivas da *Summa theologiae* (I-II q. 30-105: sobre a lei; II-II q. 57-79: sobre o direito e a justiça), ademais as partes pertinentes da *Summa contra gentiles* e os dois breves tratados *De regimine principum* (*Sobre o regime dos príncipes*) e *De regno* (*Sobre o domínio*). Tomás também aceita que o ser humano existe para o seu próprio benefício; apesar disso, ele não abandona a escravidão (*servitus*), a qual interpreta como conseqüência da queda pelo pecado. Ele toma o ser humano como um animal social, mais exatamente político, vê no estado a forma perfeita da comunidade e obriga as leis estatais ao bem comum. Nova é a noção de paz como meio para o bem comum; contudo, a paz, e isso novamente se aproxima de Aristóteles, é tida como obra da justiça (*opus iustitiae pax*). Através do abandono das tendências teocráticas, Tomás acentua o direito próprio do político. Sobre o direito natural ele afirma, de modo mais explícito do que Aristóteles, que não se poderia violar a *lex naturalis*, a lei natural; no mais, porém, a *lex humana*, a lei humana, é livre para encontrar as determinações mais específicas. Na acepção de que com a queda pelo pecado a razão humana perdeu a capacidade de reconhecer a justiça original (*Summa theologiae* I-II q. 91 a. 6), Tomás segue a Agostinho. No entanto, ele se diferencia de Aristóteles pelo fato de que a pesquisa empírica da natureza – diferentemente do que acontece em seu mestre Alberto – nele não ocupa papel nenhum.

A síntese que Tomás de Aquino constrói a partir de pensamentos cristãos, aristotélicos e oriundos de outras fontes filosóficas, o tomismo, de forma alguma se estabelece por toda parte. Independentemente disso, Aristóteles, também junto aos adversários do tomismo, adquire grande importância. De modo geral, desde a segunda metade do século XIII, as escolas filosóficas e teológicas diferenciam-se essencialmente por sua posição acerca de Aristóteles. Em Boaventura (1217-1274), que novamente subordina a filosofia à teologia, o aristotelismo é cunhado mais fortemente por Agostinho e, passando por ele, por Platão. A contraposição, representada por Sigério de Brabante (1235-1282), segue a Averróis, na medida em que também são reconhecidos elementos que contradizem aos artigos da fé cristãos, o que conduz à doutrina da dupla verdade e, finalmente, à emancipação plena da filosofia com relação à teologia. O propugnador da razão laica, Guilherme de Ockham (1285-1347/1349), na querela dos universais, em aproximação à crítica de Aristóteles à teoria das idéias, nega

Figura 17.2
Aristóteles à escrivaninha.
Escritos de ciências da natureza, Roma, 1457.
(Biblioteca Nacional da Áustria, Viena, Cod. Phil. gr. 64).

aos conceitos gerais (os universais) uma existência fora do espírito, defendendo com isso, em oposição a Tomás, um nominalismo. Ele também desenvolve o seu famoso princípio de economia no Comentário à *Física*; esse, contudo, não é realmente aristotélico (ver Capítulo 7, "Movimento").

Ainda no século XIV, a autoridade de Aristóteles encontra-se inabalada em muitos lugares: as novas fundações de universidades em Praga e Viena, em Colônia e Heidelberg, permanecem na insígnia do aristotelismo. Sem dúvida, formam-se no mesmo período, em Oxford e Paris (Buridano, Oresme, Alberto da Saxônia), movimentos contrários, os quais não se dirigem mais contra elementos anticristãos de Aristóteles, mas contra determinados teoremas da sua ontologia, teoria do conhecimento e filosofia da natureza. Por exemplo, é desenvolvida a chamada teoria do ímpeto, a qual se torna um passo importante da teoria do movimento aristotélica rumo à física (pré-)moderna (ver Clagett, 1961).

Devido à credulidade de autoridade na qual o aristotelismo ocidental em breve se solidifica, ele, que no século XI começa como vanguarda intelectual, torna-se cada vez mais reação filosófico-científica. Na época do humanismo e da Renascença, ele se defronta freqüentemente – e, de fato, visto tanto em termos de filosofia da natureza quanto em termos filosóficos e teológicos – com aguda rejeição. Nicolau de Cusa quer rejeitar para o pensamento especulativo até mesmo o princípio de não-contradição, um fundamento do aristotelismo escolástico (cf. a concepção de uma *coincidentia oppositorum*, isto é, *coincidentia contradictoriorum*). Se ele o consegue e se ele, na verdade, não quer significar nada, isso é uma outra questão. Por outro lado, começa, no final do século XV, primeiramente sob presságios filológicos, a terceira recepção de Aristóteles no Ocidente. O Filósofo, como muitos outros escritores da Antigüidade, é editado no texto original e traduzido tanto para o latim quanto para línguas vernaculares. Desse período provém o modelo para todas as edições completas posteriores, a *Aldina* (1495-1498), em cinco volumes.

18

PERÍODO MODERNO E ATUALIDADE

DESLIGAMENTO E RETOMADA

No final da Idade Média, o potencial de inovação de Aristóteles parece estar esgotado. Mesmo que se atente, pois, à ascensão das ciências da natureza matemático-experimentais ou à Reforma, ou à filosofia da subjetividade (Descartes) e às teorias políticas contratuais desde Hobbes, ou ao empirismo britânico ou à filosofia transcendental de Kant – as grandes inovações não são mais essencialmente inspiradas em Aristóteles. Apesar disso, é uma lenda da história do espírito quando se afirma que a modernidade apenas se desenvolve em emancipação a Aristóteles. O fato é que a terceira recepção de Aristóteles destaca-se por uma pluralidade que somente ajuda a dissolver a visão de mundo harmônica da Idade Média e à sua ligação com autoridades, dando espaço, em vez disso, ao espírito aristotélico de livre pesquisa. No humanismo italiano, a *Ética a Nicômaco* é trabalhada intensamente e integrada ao novo modo de pensar.

Comecemos com o período da Reforma: enquanto o teólogo que, sob requisição papal, negocia com Lutero na Dieta de Augsburgo, isto é, Caietano, leva a filosofia aristotélico-tomística a um novo florescimento, Lutero assume para com Aristóteles uma atitude separatista. Porque ele é marcado pelo agostinismo, mas sobretudo porque vê em Aristóteles um poder intelectual que ameaça desalojar as concepções bíblicas, em especial as doutrinas do pecado original e da crucificação de Jesus, Lutero dirige contra Aristóteles uma crítica em parte severa (por exemplo, *Weimarer Ausg.* I 365, VI 186, VII 282, VIII 127). Diante da concepção de muitos escolásticos de que sem Aristóteles ninguém se torna teólogo, ele propõe a exata contrapartida: "Ninguém se torna teólogo senão sem Aristóteles" (I 226). Por outro lado, ele ministra disciplinas sobre a *Ética*, elogia o Livro desta sobre a justiça como a melhor obra de Aristóteles (VI 345) e recomenda ler a *Lógica*, a *Retórica* e a *Poética* (VI 458; cf. Kohls, 1975; cf. Joest, 1967, p. 80ss.). A propósito, a teologia protestante recorre a Aristóteles sempre que vê os seus fundamentos sistemáticos ameaçados pelo misticismo e pelo carismatismo, com a finalidade de uma construção sistemática clara. Desde Melanchthon, a filosofia escolástica do protestantismo erige-se sobre os escritos *Tópica, Física, Sobre a alma* e *Ética*. Autores como, por exemplo, Taurellus (1546-1606), C. Timpler (1567/1568-1624) e J. Thomasius (1622-1684) integram até mesmo a *Metafísica*. E a luta contra o aristotelismo protestante, que começa no final século XVI com D. Hoffmann, não se dirige contra o próprio Aristóteles, mas contra uma intelectualização da fé.

O verdadeiro ataque contra Aristóteles ocorre por parte da pesquisa empírica da natureza, especialmente da física, da astronomia e da técnica interessada no domínio da natureza. Mesmo quando ele se justifica contra a dinâmica de Aristóteles (ver Capítulo 7, "Movimento"), não se pode ignorar os impulsos metodológicos que inclusive a pesquisa da natureza recebe a partir do comentário a Aristóteles. A escola de Pádua, marcada por Aristóteles (Pietro d'Abano, Hugo de Siena, G. Zabarella), diferencia, na esteira de uma nova interpretação da lógica e teoria da ciência aristotélicas, um método "indutivo" ("metodo risolutivo") de um método "dedutivo" ("metodo compositivo"). Galilei recorre a isso, mas substitui o procedimento ainda qualitativo por um processo quantitativo. Também o crítico de Aristóteles, Hobbes, toma parte no método resolutivo-compositivo de Pádua. Mesmo na teoria da ação (*Leviathan*, Capítulo 6) tem-se a impressão de que ela é inspirada em Aristóteles, talvez em *Mot. an.* 6-7.

Não obstante isso, é verdade que a mais recente pesquisa da natureza tem de debater com um aristotelismo adverso à empiria. Giordano Bruno pode, por isso mesmo, dizer que Copérnico em dois capítulos contribui mais para o conhecimento do que Aristóteles e todos os peripatéticos juntos. Por outro lado, Galilei critica que se faça das palavras de Aristóteles, e não do seu espírito de pesquisa, uma autoridade; portanto – assim Galilei –, se ele tivesse tido um telescópio, ele mesmo teria aderido às novas concepções (*Dialogo sopra i due massimi sistemi del mondo*, 1632, Florença, 1968, p. 76). Também Copérnico não é nenhum mero antiaristotélico; ao contrário, ele ainda entende a sua própria cosmologia heliocêntrica como um modelo real sob fundamentos (modificados) da *Física* aristotélica (*De revolutionibus orbium coelestium*, 1543, Prefácio).

Galilei, como se sabe, é forçado pela Inquisição a negar, de joelhos, o seu "erro" heliocêntrico. Poucos anos após a sua morte (1642), porém, dirigida contra o aristotelismo e os seus protetores, isto é, as igrejas e as universidades, surge uma nova instituição, as sociedades científicas, que são fundadas em rápida seqüência na Alemanha (Leopoldina, Halle, 1652), Itália (Academia del Cimento, 1657), Grã-Bretanha (Royal Society, Oxford,

1660) e França (Académie des Sciences, 1666). Da Royal Society diz o filósofo e teólogo inglês Glanvill, logo após a sua fundação, que a ela são atribuídos em pouco tempo mais sucessos do que a toda filosofia conceitual desde Aristóteles (*The vanity of dogmatizing... with some Reflections on Peripateticism...*, 1661). Apesar disso, Malebranche, ainda no ano de 1674, tem de afirmar com respeito a Paris o que Petrarca observara há mais de três séculos (*Epist.* 1, IX, 14): "Quem conhece alguma verdade até hoje ainda tem de mostrar que Aristóteles já a tinha visto; e, quando Aristóteles se contrapõe a ela, a descoberta será falsa" (*De la recherche de la verité*, Livro IV, Capítulo 3, Parágrafo III). Em muitas universidades e instituições eclesiásticas, em especial nas escolas de dominicanos e jesuítas, mas também junto aos protestantes, a filosofia aristotélico-tomística é tida, até o final do *Ancien régime*, como doutrina obrigatória – e, em alguns lugares, ainda além disso.

Embora, em muitos âmbitos, leia-se a filosofia e a história da ciência do período moderno como despotencialização de Aristóteles, o Filósofo, em outros domínios, mantém o seu significado. Aqui, apenas algumas poucas provas disso: uma repercussão própria é desdobrada, por exemplo, pela *Poética*. Ademais, Locke, apesar de criticar duramente a teoria aristotélica da ciência, recomendava a leitura do Livro II da *Retórica*; ora, com a sua ajuda aprende-se a conhecer o espírito humano (*Some thoughts concerning reading and study for a gentleman*, 1703/1720). E Kant, de fato, ajuda a enterrar mais ainda a autoridade de Aristóteles. Nesse aspecto, porém, ele se serve, sobretudo na *Crítica da razão pura*, de amplos caminhos de conceitos aristotélicos e aristotelísticos que lhe são mediados pela tradição aristotélica alemã – importante aqui é Christian Wolff. No seguimento de Kant, sobretudo no neokantismo, prevalece, então, a rejeição a Aristóteles.

O primeiro grande filósofo que, depois de muito tempo, estuda a obra de Aristóteles novamente de modo fundamental, até mesmo no original, é Hegel. Até hoje, o capítulo sobre Aristóteles das suas *Preleções sobre a história da filosofia* (*Werke*, Vol. 9, p. 132-249) é digno de leitura. Além disso, Hegel deixa-se influenciar por Aristóteles sobretudo na sua filosofia do direito. Enquanto as teorias contratuais do período moderno ancoram-se em indivíduos prontos, Aristóteles vê a pólis surgir a partir de relações sociais elementares. Mais explicitamente, e de modo muito mais diferenciado, porque partindo da moderna teoria da subjetividade, Hegel mostra que pertence à individualidade uma consciência de si mesma, a qual se constitui primeiramente em processos de interação e comunicação e só em formas institucionais – na família, na sociedade civil e no estado – possibilita uma vida bem-sucedida em todos os sentidos. Na *Enciclopédia*, Hegel deixa o ápice do Espírito absoluto, a (própria) filosofia, culminar na idéia aristotélica de *theôria*, no pensar a si mesmo do Espírito (divino) (Vol. 10, p. 395).

Para Fichte, em contrapartida, um outro representante do idealismo alemão, Aristóteles não desempenha nenhuma função. Por outro lado, ele é apreciado por Schelling, depois que este é chamado para Berlim, o local de trabalho de Hegel. As reflexões de Schelling, porém, não deixam quaisquer rastros. Algo semelhante parece ocorrer com a apreciação de Marx e Engels. Enquanto, por exemplo, *O Capital* fala do "grande pesquisador", até mesmo do "maior pensador da Antigüidade", "que analisou pela primeira vez a forma do valor, bem como tantas formas do pensamento, formas da sociedade e formas da natureza" (Vol. I, I, 1: MEW 23, 73 e 430), Aristóteles não encontra praticamente nenhuma ressonância positiva na mais recente teoria crítica.

ARISTOTELES-FORSCHUNG[1], NEO-ARISTOTELISMOS

Os séculos XIX e XX são ricos em estudos histórico-filológicos e sistemáticos. A base textual deles é preparada, por sugestão de F. Schleiermacher, pela Academia de Ciências da Prússia: ela edita a *Aristotelis Opera*. No ano da morte de Hegel, aparece o texto grego, sob a orientação de Immanuel Bekker, em dois volumes (1831); eles formam, desde então, a edição completa normativa. Mesmo que existam textos melhorados para obras isoladas, cita-se, até hoje, de acordo com os dados de páginas, colunas e linhas da edição de Bekker. O volume III da *Opera* (1831) contém traduções latinas da terceira recepção, a da Renascença; o volume IV traz os escólios (editados por Chr. A. Brandis: 1836), os quais são anotações antigas, e o volume V (1870) contém, ao lado da coleção de fragmentos a propósito da problemática (V. Rose), o até hoje paradigmático *Index Aristotelicus*, sob os cuidados de Hermann Bonitz. A mesma Academia edita as 15.000 páginas dos *Commentaria in Aristotelem Graeca* (23 volumes, 1882-1909; sob a direção de R. Sorabji, trabalha-se atualmente numa tradução para o inglês; Londres, 1987ss.).

Do grande número de grandes filólogos sobre Aristóteles, sejam referidos aqui ainda, para o século XIX, além de Bekker e Bonitz, somente H. Maier e A. Schwegler, e para o primeiro quarto do século XX H. v. Arnim, W. Jaeger, A. Jourdain, L. Robin e W.D. Ross. Importante para a tradução e o comentário é a série "Obras de Aristóteles em tradução para o alemão", fundada por E. Grumach e organizada por H. Flashar, bem como a *Clarendon Aristotle Series*, incitada por Austin, tendo J.L. Ackrill como editor-chefe.

---

[1] N. de T. A "pesquisa de Aristóteles".

De resto, Aristóteles pertence aos filósofos que são trabalhados no mundo inteiro. A título de exemplo, sejam mencionados a Escola de Lovaina (A. und S. Mansion, E. de Strycker, G. Verbeke), o Arquivo-Aristóteles de Berlim (P. Moraux) e o "Symposium Aristotelicum", que se realiza, desde 1957, com uma periodicidade de três anos.

No período após Hegel, Aristóteles obtém um significado mais que histórico-filológico com A. Trendelenburg e o seu aluno Franz Brentano, o qual, segundo o próprio testemunho, não pôde "encontrar, tendo nascido numa época do mais lastimável declínio da filosofia, nenhum [mestre] melhor do que Aristóteles" (Carta de 21.03.1916). Ademais, Lukasiewicz deve o desenvolvimento de uma lógica multivalente a um estudo intenso de Aristóteles. E da física do século XX pode-se dizer que está mais próxima de Aristóteles do que de Newton, porque abre mão da representação de partículas da matéria a modo de bolas de bilhar em favor de sistemas funcionais complexos. Em *Process and Reality* (1929, versão alemã 1979), o único "esboço" filosófico de nível "de uma cosmologia", no século XX, Whitehead elogia "a análise primorosa do conceito de 'geração' [*generation*]" feita por Aristóteles (Capítulo X, 1).

Aristóteles ganha permanente influência no primeiro Martin Heidegger, o qual é estimulado pela obra de estréia de Brentano, intitulada *Von der mannigfachen Bedeutung des Seienden nach Aristoteles*[2] (1862). O fato de que *Ser e tempo* (1927) origina-se de uma ocupação intensa com Aristóteles já se mostra exteriormente: Aristóteles é aquele que, ainda antes de Kant, é o autor mais citado. E, como reza o § 8, a segunda parte de *Ser e tempo*, que todavia nunca apareceu – *Diretrizes de uma destruição fenomenológica da história da ontologia* –, deveria interpretar, entre outros tratados de Aristóteles sobre o tempo, *Física* IV 10. Se Heidegger descobre em Aristóteles um pensamento que lhe é familiar, algo como uma "antropologia fenomenológica radical", ele efetua, como já indicam as preleções dos anos 1920 (por exemplo, *Gesamtausgabe* [= GA] Volumes 18, 19, 21-22), uma ligação tanto insistente quanto produtiva da análise do tempo em termos de filosofia da natureza (*Física* IV 10) com a teoria das formas do saber da *Ética* (*EN* VI e X 6-7; também *Met.* I 1-2) e com a discussão da verdade a partir da *Metafísica* (IV 7, VI 4; IX 10; sobre a *Met.* IX: GA Vol. 31). Nesse sentido, Aristóteles experimenta uma reinterpretação. Em lugar das análises relativamente independentes da existência filosófica e político-moral e em lugar da ampla separação de ontologia e ética, aparece em *Ser e tempo*, erguida para a ontologia a filosofia fundamental, uma análise da existência pré-filosófica.

---

[2] N. de T. *Do significado diverso do ente, segundo Aristóteles.*

Enquanto a ocupação de Heidegger com Aristóteles sedimenta-se em preleções, porém raramente em publicações, surge no seu círculo uma série de grandes monografias sobre Aristóteles. Os estudos de W. Bröcker, K. Ulmer e E. Tugendhat são tão influenciados por Heidegger quanto a seção sobre a "atualidade hermenêutica de Aristóteles" na obra *Verdade e método*, de Gadamer (1960, p. 295ss.).

Que na obra de Aristóteles ainda repousa mais potencial de inovação, isso se vê na reabilitação da filosofia prática, no âmbito de várias disciplinas, a qual se impõe em meados do século XX. Enquanto se reflete mais tarde sobre Kant como contrapeso, é Aristóteles, primeiramente, quem tem uma grande importância. Por exemplo, a renovação da filosofia política, por J. Ritter, é feita em nome de Aristóteles e Hegel. Além disso, Ch. Perelman, Th. Viehweg e W. Hennis, na tentativa de determinar métodos das ciências do direito e da política, característicos e diferenciados das ciências da natureza, recorrem à tradição da tópica e da retórica, e por conseguinte a Aristóteles. Ele também é importante na ética analítica, por exemplo, na sua discussão em torno dos conceitos fundamentais da teoria da ação e na sua rediscussão das virtudes (por exemplo, E. Anscombe, Ph. Foot, A. Kenny). E, mais recentemente, invoca-se a ética e a política de Aristóteles para desenvolver um contrapeso contra o esquecimento da tradição por parte da teoria crítica (O. Marquard) e contra a filosofia política do liberalismo (comunitarismo).

Diante do predominante significado para a filosofia prática, pareceria que Aristóteles tem ainda apenas um peso sistemático. A filosofia analítica da linguagem ensina algo melhor. A saber, a escola de Oxford manifesta uma afinidade com Aristóteles em vários aspectos: com a sua investigação das ambigüidades elementares (*pollachôs legomena*), com a sua teoria (por exemplo, *Soph. el.*) e práxis da crítica da linguagem, também com a sua discussão das aporias. Contudo, a tendência a reduzir toda a especulação filosófica em terapia da linguagem diverge de Aristóteles.

Na sua primeira fase, na discussão de questões filosóficas concentrada na linguagem ordinária, em J.L. Austin, a filosofia analítica recorre apenas a determinadas máximas metódicas de Aristóteles, enquanto ataca, em parte duramente, as suas teorias, sobretudo a ontologia. Sob a palavra-chave "antiessencialismo", Quine rejeita, do modo mais conseqüente, toda forma de metafísica da substância. Porém, já Ryle coloca-se contra isso, na medida em que recorre à capacidade de Aristóteles de encontrar diferenciações conceituais fundamentais (*The Concept of Mind*, 1949, p. 112 e p. 149). Ainda mais importante é o "ensaio de uma metafísica descritiva", de Strawson, na sua obra *Individuals* (1959; em alemão *Einzelding und logisches Subjekt*, 1972). A sua idéia de uma metafísica não-revisionista suspende o anátema analítico contra a ontologia da substância e dá lugar à prontidão para um *good old-fashioned Aristotelian essentialism*[3] (Brody, apud *Synthese*, 1975). A metafísica não-revisionista contenta-se com uma descrição da estrutura real do nosso pensamento sobre o mundo. Com os chamados sortais (cf., por exemplo, D. Wiggins, *Sameness and Substance*, 1980), isto é, expressões substantivas que dizem *o que* um determinado objeto é, poderia ser redescoberto o conceito aristotélico de predicado substancial. Também a noção de "espécies naturais" como uma classe elementar de sortais faz lembrar Aristóteles.

Para finalizar esta "breve história" da repercussão de Aristóteles, permita-se um comentário geral: uma discussão filosófica tem como intenção não o resgate ou a apologia de uma obra, mas antes um melhor entendimento da natureza e do ser humano. Nesse sentido, trata-se não tanto de uma redescoberta de Aristóteles, porém mais da capacidade de, através da recepção produtiva do mesmo, levar o pensamento adiante. A pergunta relativa a se ainda hoje Aristóteles contém um potencial de inovação, decide-se, por isso mesmo, não apenas na sua obra, mas também na força de inovação dos seus leitores.

---

[3] N. de T. (...) para um "bom e antiquado essencialismo aristotélico".

Anexos
CRONOLOGIA

384 a.C.	Nasce Aristóteles em Estagira (Calcídia); o seu pai, Nicômaco, é médico na corte real macedônica.
367-347	Primeira estadia em Atenas: estudos na Academia de Platão; discussão com a filosofia tardia de Platão, inclusive com o ensaio doutrinal "Sobre o bem"; surgimento dos escritos lógicos (Organon), bem como dos primeiros esboços da *Física*, *Metafísica*, *Ética* e *Retórica*.
Em torno de 350	Tensões políticas entre Macedônia e Atenas; a convicção pró-macedônica de Aristóteles dificulta a sua residência em Atenas.
347	Morte de Platão; a convite de Hérmias de Atarneu, Aristóteles dirige-se para Assos (Ásia Menor).
345/344	Em Mitilene (Lesbos), trabalho conjunto com Teofrasto (especialmente nas áreas da zoologia e da botânica).
342/341	A pedido de Filipe II, da Macedônia, Aristóteles torna-se preceptor do filho do rei, Alexandre, que assume pouco depois (340/339) as funções de estado na Macedônia.
341/340	Casamento com Píthias, a irmã (ou a sobrinha) do então assassinado Hérmias.
338	Batalha de Queronéia; a Macedônia torna-se o poder dominante no mundo grego.
335/334	Aristóteles retorna a Atenas; atividade de ensino no Liceu ("Peripatos") em Licabetos.
323	Morte de Alexandre; o novo movimento antimacedônico de Atenas dirige-se também contra Aristóteles.
323/322	Remoção para Cálquis (Eubóia), para a casa de sua mãe.
322	Ali morre Aristóteles, na idade de 62 anos.
Século III a.C.	Declínio da Escola Aristotélica, o Peripatos.
Em torno de 50 a.C.	Primeira edição completa dos escritos internos da escola, através de Andrônico de Rodes, em Roma; divisão da

	obra em quatro grupos temáticos (Organon; escritos éticos, políticos e retóricos; escritos de filosofia da natureza, de biologia e de psicologia; a *Metafísica*). Começo da atividade de comentadores, mas também perda dos diálogos aristotélicos, pelos quais ainda Cícero foi fortemente influenciado.
Em torno de 200	Auge da tradição antiga de comentários a Aristóteles, com Alexandre de Afrodísias. Em conexão a isso, comentadores neoplatônicos (Porfírio, Jâmblico, Simplício) tentam uma síntese de elementos platônicos e aristotélicos; neoplatônicos cristãos (João Filopono, Elias, Olimpiodoro) fazem a mediação entre Aristóteles e o cristianismo.
Século VI	Boécio traduz e comenta *Categorias* e *Sobre a interpretação*; Aristóteles se faz presente na primeira Idade Média Ocidental apenas através dessa "Logica vetus".
Século VII	Aristóteles ganha importância – primeiramente como autoridade em filosofia da natureza – no mundo sírio e árabe.
830-1055	Em Hunain ibn Ishaq, Al-Farabi e Ibn Sina (Avicena), formação de um abrangente aristotelismo árabe, o qual tem efeito sobre a teologia islâmica.
Século IX	Começo da recepção ocidental de Aristóteles, em João Scotus Eriúgena.
Século XII	Ibn Rushd (Averróis) e outros comentadores árabes e judeus fazem a mediação de Aristóteles no mundo latino.
Séculos XI-XIII	Tradução de quase todo o *Corpus Aristotelicum* para o latim, razão pela qual as ciências da natureza emancipam-se da teologia e obtêm um impulso significativo.
Século XIII	A recepção ocidental de Aristóteles, através de Sigério de Brabante (averroísmo), Alberto Magno e Tomás de Aquino, leva à tese da independência da filosofia diante da teologia.
1210/1231 entre outros	Proibição doutrinal eclesiástica dos escritos aristotélicos, especialmente da *Física* e da *Metafísica*.
1255	A Universidade de Paris incorpora oficialmente os escritos de Aristóteles ao seu programa de ensino.
1500-1650	Surgimento de aristotelismos disparatados, entre outros o aristotelismo da Renascença italiano (P. Pomponazzi), o aristotelismo protestante em Melanchthon e o tomismo jesuíta.
Séculos XVI-XVII	Medidas eclesiásticas contra a ciência da natureza antiaristotélica em Copérnico e Galilei. Antiaristotelismo de filosofia da natureza em F. Bacon e P. Gassendi.
1831-1837	Edição normativa de Aristóteles por I. Bekker, sob requisição da Academia de Ciências da Prússia.

REFERÊNCIAS

OBRAS E AUXÍLIOS

Edições da obra completa e edições isoladas em grego

A edição clássica das obras reunidas, cujo número de páginas e linhas até hoje se cita, foi oportunizada sob requisição da Real Academia de Ciências da Prússia:

Bekker, I. (Hrsg.): Aristotelis Opera, 5 Bde. Berlin 1831-1870 (Bde. I-II: griech. Text, Bd. III: lat. Renaissance-Übersetzungen, Bd. IV: Scholia, Bd. V: Fragmente).

Bonitz, H.: Index Aristotelicus, Neuausgabe besorgt von O. Gigon. Berlin 1960; Einzelausgabe des Index Aristotelicus: Graz ^{2}1955* (um imprescindível índice de palavras).

Uma coletânea ultrapassada, porém não-substituída dos fragmentos conservados:

Rose, V.: Aristotelis qui ferebantur librorum fragmenta. Leipzig^3 1886 (cf. também *Ross, W. D.*: Aristotelis fragmenta selecta. Oxford 1955).

Edições isoladas confiáveis e acessíveis podem ser encontradas na série "Scriptorum Classicorum Bibliotheca Oxoniensis" (Oxford Classical Texts) 1894ss.

Textos com introduções e comentários ainda sempre preferíveis (com inúmeras reimpressões, em parte melhoradas):

Ross, W. D., Oxford, Clarendon Press:

_____ Metaphysics, 2 Vols., 1924.

---

* N. de R. No original, o número sobrescrito corresponde à edição da obra mencionada. Na tradução, optou-se por manter esse mesmo critério nas referências.

_____ Physics, 1936.
_____ Prior and Posterior Analytics, 1949.
_____ Parva Naturalia, 1955.
_____ De Anima, 1961.

Importantes edições isoladas comentadas:

Bonitz, H. 1849: Aristotelis Metaphysica, 2 Bde. Bonn (reimpressão Hildesheim 1960).

Brunschwig, J. 1967: Topiques. Tome I: Livres I-IV. Paris.

Burnet, J.: The Ethics of Aristotle. London 1900.

Cope, E. M. 1877: The Rhetoric of Aristotle with a Commentary. Cambridge.

Düring, I.: Aristotle's Chemical Treatise. Meteorologica IV. Göteborg 1944.

Grant, A.: The Ethics of Aristotle, 2 Vols. London 1857.

Hicks, R. D.: De Anima. Cambridge 1907.

Joachim, H. H.: De Generatione et Corruptione. Oxford 1922.

Lucas, D. W. 1968: Aristotle. Poetics. Oxford.

Newman, W. D.: The Politics of Aristotle, 4 Vols. Oxford 1887-1902, Reprint 1950.

Schwegler, A. 1847-1848: Die Metaphysik des Aristoteles. Grundtext, Übersetzung und Commentar nebst erläuternden Abhandlungen. Tübingen.

Traduções e comentários

The Complete Works of Aristotle. The Revised Oxford Edition, ed. by J. Barnes, 2 Vols. Princeton 1984.

Aristoteles: Werke in deutscher Übersetzung (com comentários histórico-filológicos e filosóficos), fundada por *E. Grumach*, organizada por *H. Flashar*, Berlin, até o momento:

_____ Kategorien (*K. Oehler*), ³1997.
_____ Peri hermeneias (*H. Weidemann*), ²2002.
_____ Analytica posteriora, 2 Bde. (*W. Detel*), 1993.
_____ Rhetorik (*Ch. Rapp*), 2002.
_____ Nikomachische Ethik (*F. Dirlmeier*), ¹⁰1999.
_____ Eudemische Ethik (*F. Dirlmeier*), ⁴1985.
_____ Magna Moralia (*F. Dirlmeier*), ⁵1983.
_____ Politik, Buch I (*E. Schütrumpf*), 1991.
_____ Politik, Buch II und III (*E. Schütrumpf*), 1991.
_____ Politik, Buch IV-VI (*E. Schütrumpf/H. J. Gehrke*), 1996.

_____ Politik, Buch VII-VIII (*E. Schütrumpf*), 2005.

_____ Staat der Athener (*M. Chambers*), 1990.

_____ Physikvorlesung (*H. Wagner*), ⁵1995.

_____ Meteorologie, Über die Welt (*H. Strohm*), ³1984.

_____ Über die Seele (*W. Theiler*), ⁷1994.

_____ Parva Naturalia II: De memoria et reminiscentia (*R. A. H. King*), 2004.

_____ Parva Naturalia III: De insomniis, De devinatione per somnum (*Ph. J. van der Eijk*), 1994.

_____ Zoologische Schriften II und III: Über die Bewegung der Lebewesen, Über die Fortbewegung der Lebewesen (*J. Kollesch*), 1985.

_____ Opuscula I: Über die Tugend (*E. A. Schmidt*), ³1986.

_____ Opuscula II und III: Mirabilia (*H. Flashar*) und De Audibilibus (*U. Klein*), ³1990.

_____ Opuscula V: De coloribus (*G. Wöhrle*), 2000.

_____ Opuscula VI: Physiognomonica (*S. Vogt*), 2000.

_____ Problemata Physica (*H. Flashar*), ⁴1991.

_____ Fragmente III: Historische Fragmente (*M. Hose*), 2002.

Na "Biblioteca do Mundo Antigo", em tradução com introdução e notas por *O. Gigon*, novamente impressas como livro de bolso pela Deutscher Taschenbuchverlag, München:

_____ Einführungsschriften, 1982 (Zürich 1961).

_____ Vom Himmel, von der Seele, von der Dichtkunst, 1983 (Zürich 1950).

_____ Die Nikomachische Ethik, 1991 (Zürich/Stuttgart 1951, ²1967).

_____ Politik, 1978 (Zürich 1955).

Na "Biblioteca Filosófica Meiner", Hamburg, uma edição mais antiga é em parte retrabalhada:

_____ Kategorien. Lehre vom Satz (*E. Rolfes*), 9. Nachdr. 1974.

_____ Lehre vom Schluß oder Erste Analytik (*E. Rolfes*, neu eingeleitet von *H. G. Zekl*), 1992.

_____ Lehre vom Beweis oder Zweite Analytik (*E. Rolfes*; neu eingeleitet mit Bibliogr. v. *O. Höffe*), 11. verbesserte Neuauflage 1990.

_____ Topik (*E. Rolfes*; neu eingeleitet von *H. G. Zekl*), 1992.

_____ Sophistische Widerlegungen (*E. Rolfes*), 13. Nachdr. 1968.

_____ Physik (*H. G. Zekl*), 2 Bde., gr.-dt., 1987 und 1988.

_____ Über die Seele (übers. von *W. Theiler*, eingeleitet und kommentiert v. *H. Seidl*), gr.-dt., 1995.

_____ Metaphysik (*H. Seidl*), 2 Bde., gr.-dt., ³1989 und ³1991.

_____ Nikomachische Ethik (*E. Rolfes*; hrsg. von *G. Bien*), ⁴1985.

_____ Politik (*E. Rolfes*; neu eingeleitet v. *G. Bien*), ⁴1981.

_____ Organon, Bd. 1: Topik; Topik, neuntes Buch oder Über die sophistischen Widerlegungsschlüsse, hrsg., übers., mit Einl. und Anm. von *H. G. Zekl*, gr.-dt., 1997.

_____ Organon, Bd. 2: Kategorien; Hermeneutik, hrsg., übers., mit Einl. und Anm. von *H. G. Zekl*, gr.-dt., 1998.

_____ Organon, Bd. 3/4: Erste Analytik/Zweite Analytik, hrsg., übers., mit Einl. und Anm. von *H. G. Zekl*, gr.-dt., 1998.

Traduções na Biblioteca Universal Reclam, Stuttgart:

_____ Kategorien (*I. W. Rath*), 1998.

_____ Topik (*T. Wagner/Ch. Rapp*), 2004.

_____ Kleine naturphilosophische Schriften (*E. Dönt*), 1997.

_____ Metaphysik (*F. F. Schwarz*), 1970.

_____ Nikomachische Ethik (*F. Dirlmeier*; Anmerkungen von *E. A. Schmidt*), 1969.

_____ Politik (*F. F. Schwarz*), 1989.

_____ Rhetorik (*G. Krapinger*), 1999.

_____ Poetik (*M. Fuhrmann*), gr.-dt., 1982.

_____ Der Staat der Athener (*P. Dams*), 1975.

_____ Über die Welt (*O. Schönberger*), 1991.

Na série "Interpretando os Clásicos", organizada por *O. Höffe*, Berlin:

_____ Metaphysik. Die Substanzbücher (Hrsg. *Ch. Rapp*), 1996.

_____ Nikomachische Ethik (Hrsg. *O. Höffe*), 1995.

_____ Politik (Hrsg. *O. Höffe*), 2001.

Algumas traduções isoladas, com comentários:

_____ Prior Analytics, traduzida e comentada por *R. Smith*, Indianapolis 1991.

_____ Il cielo. Introdução, tradução e explanações por *A. Jori*, Milano 2002.

_____ De anima, traduzida e comentada por *R. D. Hicks*, London 1907, Amsterdam ²1965.

_____ De motu animalium, traduzida e comentada por *M. C. Nußbaum*, Princeton 1978.

_____ Metaphysik, übersetzt von *H. Bonitz*, neu hrsg. v. *U. Wolf*, Hamburg 1994.

_____ Metaphysik, übersetzt von *F. Bassenge*, Berlin 1960.

_____ La Metafisica, traduzida e comentada por *G. Reale*, 2 Vols. Napoli 1968.

_____ Metaphysik, übersetzt, mit Einleitung Anmerkungen von H. G. Zekl, Würzburg 2003.

_____ Metaphysik, übersetzt und eingeleitet von Th. A. Szlezák, Berlin 2003.

_____ La décision du sens. Le livre Gamma de la Metaphysique. Introdução, texto. Tradução e comentário por B. Cassin e M. Narcy, Paris 1989.

_____ Metaphysik Z, übersetzt und kommentiert von M. Frede und G. Patzig, München 1988.

_____ L'Éthique à Nicomaque, traduzida e comentada por R. A. Gauthier e J. Y. Jolif, 4 Vols., Löwen ²1970.

_____ Nicomachean Ethics, traduzida e comentada por T. Irwin, Indianapolis ²1999.

_____ Nicomachean Ethics, traduzida, introduzida e comentada por S. Broadie e Ch. Rowe, Oxford 2002.

_____ Politik, übersetzt von F. Susemihl, neu hrsg. v. U. Wolf, Hamburg 1994.

_____ Politics, traduzida e comentada por C. D. C. Reeve, Indianapolis 1998.

_____ On Rhetoric. A Theory of Civic Discourse, Newly Translated with Introducions, Notes, and Appendices by G. A. Kennedy, New York/Oxford 1991.

_____ Protreptikos. hrsg. v. I. Düring, Frankfurt a. M. 1969.

Traduções bastante literais, com notas crítico-sistemáticas, oferece a "Clarendon Aristotle Series", organizada por J.L.Ackrill, Oxford.

_____ Categories and De Interpretatione (J.L.Ackrill), 1963.

_____ Posterior Analytics (J. Barnes), ³1994.

_____ Topics I and VIII (R. Smith), 1997.

_____ Physics I and II (W. Charlton), ²1983.

_____ Physics III and IV (E. Hussey), 1983.

_____ De Generatione et Corruptione (C. J. F. Williams), 1982.

_____ De Anima II and III (D. W. Hamlyn), ²1993.

_____ De Partibus Animalium I and De Generatione Animalium I (D. M. Balme), ²1992.

_____ On the Parts of Animals I-IV (J. G. Lennox), 2002.

_____ Metaphysics III and XI 1-2 (A. Madigan), 1999.

_____ Metaphysics IV-VI (C. Kirwan), ²1993.

_____ Metaphysics VII and VIII (D. Bostock), 1994.

_____ Metaphysics XIII-XIV (J. Annas), ²1988.

_____ Nikomachean Ethics VIII and IX (M. Pakaluk), 1998.

_____ Eudemian Ethics I, II and VIII (M. Woods), ²1992.

_____ Politics V and VI (D. Keyt), 1999.

Demais comentários importantes sobre obras específicas podem ser encontrados nas áreas temáticas respectivas.

LÉXICOS

Bonitz, H.: Index Aristotelicus. Neuausgabe besorgt von O. Gigon. Berlin 1960. Einzelausgabe des Index Aristotelicus: Graz ²1955 (um índice de palavras indispensável).

Höffe, O. 2005 (Hrsg.): Aristoteles-Lexikon. Stuttgart.

LITERATURA SECUNDÁRIA

Exposições gerais e coletâneas

Ackrill, J. L. 1981: Aristotle – The Philosopher. Oxford (versão alemã: Aristoteles. Eine Einführung in sein Philosophieren. Berlin/New York 1985).

Allan, D. J. 1955, ²1970: The Philosophy of Aristotle. Oxford (versão alemã: Die Philosophie des Aristoteles. Hamburg).

Anscombe, G. E./Geach, P. T. 1973: Three Philosophers: Aristotle, Aquinas, Frege. Oxford.

Barnes, J. 1982: Aristotle. Oxford (versão alemã: Aristoteles. Eine Einführung. Stuttgart 1991).

_ (ed.) 1994: The Cambridge Companion to Aristotle. Cambridge.

Buchheim, Th. 1999: Aristoteles. Freiburg i. Br.

Buchheim, Th./Flashar, H./King, R. A. H. (Hrsg.) 2003: Kann man heute noch etwas anfangen mit Aristoteles? Hamburg.

Cherniss, H. ²1964: Aristotle's Criticism of Plato and the Academy. Baltimore 1944.

Chroust, A.-H. 1973: Aristotle. London.

Detel, W. 2005: Aristoteles. Leipzig.

Düring, I. 1957: Aristotle in the Ancient Biographical Tradition. Göteborg, Acta Universitatis.

_____ 1966: Aristoteles, Darstellung und Interpretation seines Denkens. Heidelberg.

Düring, I./Owen, G. E. L. (eds.) 1960: Aristotle and Plato in the Mid-fourth Century. Göteborg.

Flashar, H. ²2004: Aristoteles. In: ders. (Hrsg.), Grundriß der Geschichte der Philosophie, Die Philosophie der Antike (Ueberweg), Bd. 3. Basel/Stuttgart, p. 175-457.

Guthrie, W. K. C. 1981: Aristotle: An Encounter. In: A History of Greek Philosophy VI, Cambridge.

Jackson, H. 1920: Aristotle's lecture room. In: Journal of Philosophy 35, p. 191-200.

Jaeger, W. ²1955: Aristoteles. Grundlegung einer Geschichte seiner Entwicklung. Berlin.

Jori, A. 2003: Aristotele. Mailand.

Kiernan, Th. P. 1961: Aristotle Dictionary. New York.

Lear, J. 1988: Aristotle. The Desire to Unterstand. Cambridge.

Lloyd, G. E. R. 1968: Aristotle. The Growth and Structure of his Thought. Cambridge.

Merlan, Ph. 1946: The Successor of Speusippus. In: Transactions of the American Philological Association 77 (²1976: Kleine philosophische Schriften. Hildesheim/New York, p. 144-152).

Moraux, P. 1962: Aristote et son école. Paris.

_____ (Hrsg.) 1968: Aristoteles in der neueren Forschung. Darmstadt.

_____ (Hrsg.) 1975: Die Frühschriften des Aristoteles. Darmstadt.

Moraux, P./Wiesner, J. (Hrsg.) 1983: Zweifelhaftes im Corpus Aristotelicum. Akten des 9. Symposium Aristotelicum. Berlin/New York.

Moravcsik, J. M. E. (ed.) 1968: Aristotle. A Collection of Critical Essays. London.

Mueller-Goldingen, Ch. 2003: Aristoteles. Hildesheim.

Rapp, Ch. 2001: Aristoteles. Hamburg.

Reale, G. 1975: Storia della filosofia antica II: Platone e Aristotele. Mailand, ⁶1988, p. 375-607.

Ross, W. D. ⁵1949: Aristotle. London.

Russell, B. ⁸1975: History of Western Philosophy. London, p. 173-217.

Zeller, E. ⁴1921: Die Philosophie der Griechen, in ihrer geschichtlichen Entwicklung dargestellt. Zweiter Teil, Zweite Abteilung: Aristoteles und die alten Peripatetiker. Leipzig.

Conhecimento e ciência

Barnes, J. 1969: Aristotle's Theory of Demonstration. In: Phronesis 14, p. 123-152.

_____ 1993: Aristotle's Theory of Sciences. In: Oxford Studies in Ancient Philosophy XI, p. 225-241.

Barnes, J./Schofield, M./Sorabji, R. (eds.) 1975: Articles on Aristotle, Vol. 1: Science. London.

Beriger, A. 1989: Die aristotelische Dialektik. Ihre Darstellung in der Topik und in den Sophistischen Widerlegungen und ihre Anwendung in der Metaphysik M 1-3. Heidelberg.

Bernays, J. 1880: Zwei Abhandlungen über die aristotelische Theorie des Dramas. Berlin.

Berti, E. 1981 (ed.): Aristotle on Science. The 'Posterior Analytics'. Proceedings of the Eighth Symposium Aristotelicum. Padua.

Brandis, Ch. A. 1835: Über die Reihenfolge der Bücher des Aristotelischen Organons und ihre griechischen Ausleger. In: Historisch-philologische Abhandlungen der Königl. Akad. d. Wiss. zu Berlin 1833. Berlin, p. 249-291.

Chen, C.-H. 1976: Sophia. The Science Aristotle Sought. Hildesheim/New York.

Cole, T. 1991: The Origins of Rhetoric in Ancient Greece. Baltimore.

Corcoran, J. 1974 (ed.): Ancient Logic and Its Modern Interpretations. Dordrecht.

Crivelli, P. 2004: Aristotle on Truth. Cambridge.

Devereux, D./Pellegrin, P. (eds.) 1990: Biologie, logique et métaphysique chez Aristote. Actes du séminaire CNRS-NSF. Paris.

Ebbinghaus, K. 1964: Ein formales Modell der Syllogistik des Aristoteles. Göttingen.

Ebert, Th. 1995: Was ist ein vollkommener Syllogismus des Aristoteles? In: Archiv für Geschichte der Philosophie 77, p. 221-247.

Else, G. 1957: Aristotle's Poetics. The Argument. Cambridge/Mass.

Evans, J. D. G. 1977: Aristotle's Concept of Dialectic. Cambridge.

Flashar, H. 1974: Aristoteles und Brecht. In: Poetica 6, p. 17-37.

v.Fritz, K. 1971: Grundprobleme der antiken Wissenschaft. Berlin/New York.

_____ 1978: Schriften zur griechischen Logik, 2 Bde. Stuttgart.

Fuhrmann, M. ²1992: Einführung in die antike Dichtungstheorie. Darmstadt.

Furley, D. J./Nehamas, A. (eds.) 1994: Aristotle's Rhetoric. Philosophical Essays. Proceedings of the 12th Symposium Aristotelicum. Princeton.

Garver, E. 1994: Aristotle's Rhetoric. An Art of Character. Chicago/London.

Gaskin, R. 1995: The Sea Battle and the Master Argument: Aristotle and Diodorus Cronus on the Metaphysics of the Future. Berlin/New York.

Granger, G. G. 1976: La théorie aristotelicienne de la science. Paris.

Grimaldi, W. M. A. 1980/1988: Aristotle. Rhetoric I/II. A Commentary. New York.

Halliwell, S. 1986: Aristotle's Poetics. London.

Hager, F. P. (Hrsg.) 1972: Logik und Erkenntnislehre des Aristoteles. Darmstadt.

Hartmann, N. ²1957: Aristoteles und Hegel. In: ders., Kleinere Schriften, Bd. II. Berlin, p. 214-252.

Hellwig, A. 1973: Untersuchungen zur Theorie der Rhetorik bei Platon und Aristoteles. Göttingen.

Hiltunen, A. 2001: Aristoteles in Hollywood. Das neue Standardwerk der Dramaturgie. Bergisch Gladbach (versão inglesa 1999).

Hintikka, J. 1972: On the Ingredients of an Aristotelian Science. In: Noûs 6, p. 55-69.

_____ 1973: Time and Necessity. Studies in Aristotle's Theory of Modality. Oxford.

_____ 1980: Aristotelian Induction. In: Revue internationale de philosophie 34.

Höffe, O. 2001: Durch Leiden lernen. Ein philosophischer Blick auf die antike Tragödie. In: Deutsche Zeitschrift für Philosophie 3, p. 331-351.

Horn, Ch./Rapp, Ch. 2005: Intuition und Methode. Abschied von einem Dogma der Platon- und Aristoteles-Exegese. In: Philosophiegeschichte und Logische Analyse, p. 11-45.

Irwin, T. 1989: Aristotle's First Principles. Oxford.

Jones, J. 1986: Aristotle on Tragedy. London.

Kahn, Ch. 1978: Questions and Categories. Aristotle's Doctrine of Categories in the Light of Modern Research. In: *H. Hiz* (ed.), Questions. Dordrecht, p. 227-278.

Kapp, E. 1920: Die Kategorienlehre in der aristotelischen Topik. In: *ders.*, Ausgewählte Schriften, hg. von H. und I. Diller. Berlin 1968, p. 215-253.

_____ 1965: Der Ursprung der Logik bei den Griechen. Göttingen (versão inglesa New York 1942).

Kennedy, G. A. 1963: The Art of Persuasion in Greece. Princeton.

Kneale, W./Kneale, M. 1962: The Development of Logic. Oxford.

Kretzmann, N. 1974: Aristotle on Spoken Sound Significant by Convention. In: J. Corcoran (ed.), Ancient Logic and Its Modern Interpretations. Dordrecht, p. 3-21.

Larkin, T. 1971: Language in the Philosophy of Aristotle. The Hague.

Lear, J. 1980: Aristotle and Logical Theory. Cambridge.

Lesher, J. H. 1973: The Meaning of Nous in the Posterior Analytics. In: Phronesis 18, p. 44-68.

Leszl, W. 1970: Logic and Metaphysics in Aristotle. Aristotle's Treatment of Types of Equivocity and its Relevance to his Metaphysical Theories. Padua.

Liske, M.-Th. 1994: Gebrauchte Aristoteles *epagoge* als Terminus technicus für eine wissenschaftliche Methode? In: Archiv für Begriffsgeschichte 37, p. 127-151.

Lukasiewicz, J. ³1958: Aristotle's Syllogistic from the Standpoint of Modern Formal Logic. Oxford.

Luserke, M. (Hrsg.) 1991: Die Aristotelische Katharsis. Dokumente ihrer Deutung im 19. und 20. Jahrhundert. Hildesheim u. a.

Maier, H. 1896-1900: Die Syllogistik des Aristoteles, 3 Bde. Tübingen.

Mansion, S. (ed.) 1961: Aristote et les problèmes de méthode. Communications présentées au Symposium Aristotelicum tenu à Louvain. Louvain/Paris.

Marx, Fr. 1900: Aristoteles' Rhetorik. Leipzig. In: Rhetorica. Schriften zur aristotelischen und hellenistischen Rhetorik, hrsg. von R. Stark. Hildesheim 1968, p. 36-123.

McKirahan, R. D. 1992: Principles and Proofs. Aristotle's Theory of Demonstrative Science. Princeton.

Menne, A./Öffenberger, N. (Hrsg.) 1983, 1985 und 1988: Zur modernen Deutung der aristotelischen Logik, Bd. I: Über den Folgerungsbegriff in der aristotelischen Logik, Hildesheim/New York; Bd. II: Formale und nicht-formale Logik bei Aristoteles, Hildesheim/New York; Bd. III: Modallogik und Mehrwertigkeit, Hildesheim/New York.

Miller, J. W. 1938: The Structure of Aristotle's Logic. London.

Modrak, D. 2001: Aristotle's Theory of Language and Meaning. Cambridge.

Nortmann, U. 1996: Modale Syllogismen, mögliche Welten, Essentialismus. Eine Analyse der aristotelischen Modallogik. Berlin/New York.

Oehler, K. 1962: Die Lehre vom noetischen und dianoetischen Denken bei Platon und Aristoteles. Ein Beitrag zur Erforschung des Bewußtseinsproblems in der Antike. München.

Owen, G. E. L. 1961: Tithenai ta phainomena. In: *S. Mansion* (ed.), Aristote et les problèmes de méthode. Louvain, p. 83-103.

_____ 1968: (ed.): Aristotle on Dialectic. The Topics. Proceedings of the Third Symposium Aristotelicum. Oxford.

de Pater, W. A. 1965: Les Topiques d'Aristote et la dialectique platonicienne. Fribourg.

Patterson, R. 1995: Aristotle's Modal Logic. Essence and Entailment in the Organon. Cambridge.

Patzig, G. ³1969: Die aristotelische Syllogistik. Logisch-philologische Untersuchungen über das Buch A der „Ersten Analytiken". Göttingen.

Prantl, K. ³1955: Geschichte der Logik im Abendlande, Bd. 1. Leipzig 1855, Graz/ Berlin.

Primavesi, O. 1996: Die Aristotelische Topik. Ein Interpretationsmodell und seine Erprobung am Beispiel von Topik B.

Rapp, Ch. 1993: Aristoteles über die Rechtfertigung des Satzes vom Widerspruch. In: Zeitschrift für philosophische Forschung 47, p. 521-541.

_____ 1996: Aristoteles über die Rationalität rhetorischer Argumente. In: Zeitschrift für philosophische Forschung 50, p. 197-222.

Reinhardt, T. 2000: Das Buch E der Aristotelischen Topik. Untersuchungen zur Echtheitsfrage. Göttingen.

Rorty, A. O. (Hrsg.) 1992: Essays on Aristotle's Poetics. Princeton.

_____ (ed.) 1996: Essays on Aristotle's Rhetoric. Berkeley.

Seel, G. 1982: Die Aristotelische Modaltheorie. Berlin/New York.

Smith, R. 1993: Aristotle on the Uses of Dialectic. In: Synthese 96, p. 335-358.

Solmsen, F. ²1975: Die Entwicklung der Aristotelischen Logik und Rhetorik. Berlin.

Spengel, L. 1851: Über die Rhetorik des Aristoteles. Abhandlung der bayrischen Akademie der Wissenschaften, philosophisch-philologische Klasse 6, 2. München.

Sprute, J. 1982: Die Enthymemtheorie der aristotelischen Rhetorik. Göttingen.

Welsch, W. 1987: Aisthesis. Stuttgart.

Whitaker, C. W. A. 1996: Aristotle's De Interpretatione. Contradiction and Dialectic. Oxford.

Wörner, M. H. 1990: Das Ethische in der Rhetorik. Freiburg/München.

Wolf, U. 1979: Möglichkeit und Notwendigkeit bei Aristoteles und heute. München.

Ciência da natureza, filosofia da natureza e psicologia

Althoff, J. 1991: Warm, Kalt, Flüssig, Fest bei Aristoteles. Stuttgart.

Barnes, J./Schofield, M./Sorabji, R. (eds.) 1979: Articles on Aristotle, Vol. 4: Psychology and Aesthetics. New York.

Burnyeat, M. 2002: De Anima II 5. In: Phronesis 47, p. 29-90.

Cassirer, H. 1932: Aristoteles Schrift „Von der Seele" und ihre Stellung innerhalb der aristotelischen Philosophie. Tübingen.

Caston, V. 1998: Aristotle and the Problem of Intentionality. In: Philosophy and Phaenomenological Research 58, p. 249-298.

――――― 1999: Aristotle's Two Intellects. In: Phronesis 44, p. 199-227.

――――― 2005: The Spirit and The Letter: Aristotle on Perception. In: Salles, R. (ed.): Metaphysics, Soul, and Ethics in Ancient Philosophy. Oxford, p. 245-320.

Cooper, J.: Aristotle on Natural Teleology. In: *M. Schofield/M. Nussbaum* (eds.) 1982: Language and Logos. Cambridge, p. 197-222.

Craemer-Ruegenberg, I. 1980: Die Naturphilosophie des Aristoteles. Freiburg/München.

Devereux, D./Pellegrin, P. (eds.) 1990: Biologie, logique et métaphysique chez Aristote. Paris.

Dierauer, U. 1977: Mensch und Tier im Denken der Antike. Amsterdam.

Düring, I. (Hrsg.) 1969: Naturphilosophie bei Aristoteles und Theophrast. Heidelberg.

――――― 1961: Aristotle's Method in Biology. In: *Mansion, S.* (ed.): Aristote et les problèmes de méthode. Communications présentées au Symposium Aristotelicum tenu à Louvain. Löwen/Paris, p. 213-221 (versão alemã in: *G. A. Seeck* (Hrsg.). Die Naturphilosophie des Aristoteles. Darmstadt 1975, p. 49-58).

Ebert, Th. 1983: Aristotle on What is Done in Perceiving. In: Zeitschrift für philosophische Forschung 37, p. 181-198.

Everson, S. 1997: Aristotle on Perception. Oxford.

Fortenbaugh, W. W. 1975: Aristotle on Emotion. London.

Frede, M. 1987: The Original Notion of Cause. In: *Idem*, Essays in Ancient Philosophy. Oxford, p. 125-150.

Furley, D. J. 1967: Two Studies in the Greek Atomists. Princeton.

Furth, M. 1988: Substance, Form, and Psyche: An Aristotelian Metaphysics. Cambridge.

Freudenthal, G. 1995: Aristotle's Theory of Material Substance, Heat and Pneuma, Form and Soul. Oxford.

Gill, M. L. 1989: Aristotle on Substance. The Paradox of Unity. Princeton.

Gill, M. L./Lennox, J. G. 1994: Self-Motion. From Aristotle to Newton. Princeton.

Gotthelf, A. (ed.) 1985: Aristotle on Nature and Living Things. Pittsburgh/Bristol.

Gotthelf, A./Lennox, J. (eds.) 1987: Philosophical Issues in Aristotle's Biology. Cambridge.

Granger, G. G. 1976: La théorie aristotelicienne de la science. Paris.

Heath, T. 1949: Mathematics in Aristotle. Oxford.

Horn, H. J. 1994: Studien zum dritten Buch der aristotelischen Schrift *De Anima*. Göttingen.

Horstschäfer, T. M. 1998: Über Prinzipien. Eine Untersuchung zur methodischen und inhaltlichen Geschlossenheit des ersten Buches der *Physik* des Aristoteles. Berlin/New York.

Jedan, Chr. 2000: Willensfreiheit bei Aristoteles? Göttingen.

Johansen, T. K. 1998: Aristotle on the Sense-Organs. Cambridge.

Judson, L. (ed.) 1991: Aristotle's *Physics*. A Collection of Essays. Oxford.

King, R. A. H. 2001: Aristotle on Life and Death. London.

Kosman, L. A. 1969: Aristotle's Definition of Motion. In: Phronesis 14, p. 40-62.

Krämer, H. J. 1968: Grundbegriffe akademischer Dialektik in den biologischen Schriften von Aristoteles und Theophrast. In: Rheinisches Museum 111, p. 293-333.

Kullmann, W. ²1979: Wissenschaft und Methode. Interpretationen zur aristotelischen Theorie der Naturwissenschaft. Berlin/New York.

Kullmann, W. 1998: Aristoteles und die moderne Wissenschaft. Stuttgart.

Kullmann, W./Föllinger, S. (Hrsg.) 1997: Aristotelische Biologie. Intentionen, Methoden, Ergebnisse. Akten des Symposiums über Aristoteles' Biologie vom 24.–28. Juli 1995. Stuttgart.

Lear, J. 1982: Aristotle's Philosophy of Mathematics. In: Philosophical Review 91, p. 161-192.

Lesky, E. 1951: Die Zeugungs- und Vererbungslehre in der Antike und ihr Nachwirken. Mainz.

Lewis, F. A./Bolton, R. (ed.) 1996: Form, Matter and Mixture in Aristotle. Oxford.

Lloyd, G. E. R. 1961: The Development of Aristotle's Theory of the Classifications of Animals. In: Phronesis 6, p. 59-81.

Lloyd, G. E.R./Owen, G. E. L. (eds.) 1978: Aristotle on Mind and Senses. Cambridge.

Lloyd, G. E. R. 1996: Aristotelian Explorations. Cambridge.

Le Blond, J.-M. 1939, ³1973: Logique et méthode chez Aristote. Étude sur la recherche des principes dans la 'Physique' aristotelicienne. Paris.

Meyer, J. B. 1855: Aristoteles Thierkunde: ein Beitrag zur Geschichte der Zoologie, Physiologie und alten Philosophie. Berlin.

Modrak, D. K. W. 1987: Aristotle. The Power of Perception. Chicago.

Nussbaum, M. C./Rorty, A. O. (eds.) 1992: Essays on Aristotle's *De anima*. Oxford.

Nuyens, F. 1948: L'évolution de la psychologie d'Aristote. Paris.

Pellegrin, P. 1982: La classification des animaux chez Aristote: statut de la biologie et unité de l'aristotélisme. Paris.

Preus, A. 1975: Science and Philosophy in Aristotle's Biological Works. Hildesheim/New York.

Ricken, F. 1998: Zur Methodologie von Aristoteles De Anima B 1-3. In: Bijdragen. Tijdschrift voor filosofie en theologie 59, p. 391-405.

Robinson, H. M. 1974: Prime Matter in Aristotle. In: Phronesis 19, p. 168-188.

Seeck, G. A. (Hrsg.) 1975: Die Naturphilosophie des Aristoteles. Darmstadt.

Solmsen, F. 1960: Aristotle's System of the Physical World. Ithaca/New York.

Sorabji, R. 1972: Aristotle on Memory. London.

_____ 1980: Necessity, Cause, and Blame. Perspectives on Aristotle's Theory. Ithaca/New York.

_____ 1983: Time, Creation, and Continuum. Theories in Antiquity and the Early Middle Ages. London.

Theiler, W. 1924: Zur Geschichte der teleologischen Naturbetrachtung bis auf Aristoteles, Berlin, ^{2}1965.

Wardy, R. 1990: The Chain of Change. A Study of Aristotle's Physics VII. Cambridge.

Waterlow, S. 1982: Nature, Change, and Agency in Aristotle's Physics. Oxford.

_____ 1982: Passage and Possibility. Oxford.

Wieland, W. ^{3}1992: Die aristotelische Physik. Untersuchungen über die Grundlagen der Naturwissenschaften und der sprachlichen Bedingungen der Prinzipienforschung bei Aristoteles. Göttingen.

Filosofia primeira ou metafísica

Albritton, R. 1957: Forms of Particular Substances in Aristotle's Metaphysics. In: Journal of Philosophy 54, p. 699-708.

Arpe, C. 1938: Das ti ên einai bei Aristoteles. Hamburg.

Aubenque, P. ^{3}1972: Le problème de l'être chez Aristote. Paris.

_____ (ed.) 1979: Études sur la Métaphysique d'Aristote. Paris.

_____ 1983: Sur l'inauthenticité du livre K de la Métaphysique. In: Moraux, P./Wiesner, J. (eds.) 1983: Zweifelhaftes im Corpus Aristotelicum. Berlin/New York, p. 318-344.

Burnyeat, M. (ed.) 1979: Notes on Book Z of Aristotle's Metaphysics. Oxford.

_____ (ed.) 1984: Notes on Book Êta and Thêta of Aristotle's Metaphysics. Oxford.

Elders, L. 1972: Aristotle's Theology. A Commentary on Book Lambda of the Metaphysics. Assen.

Fine, G. 1993: On Ideas. Aristotle's Criticism of Plato's Theory of Forms. Oxford.

Frede, D. 1970: Aristoteles und die 'Seeschlacht'. Das Problem der Contingentia Futura in De Int. 9. Göttingen.

Frede, M. 1978: Individuen bei Aristoteles. In: Antike und Abendland 24, p. 16-39.

_____ 1987a: Substance in Aristotle's Metaphysics. In: ders., Essays in Ancient Philosophy. Oxford, p. 72-80.

_____ 1987b: The Unity of Special and General Metaphysics. In: ders., Essays in Ancient Philosophy. Oxford, p. 81-95.

Frede, M./Charles, D. (eds.) 2000: Aristotle's *Metaphysics* Lambda. Oxford.

Gill, M. L. 1989: Aristotle on Substance. The Paradoxe of Unity. Princeton (N. J.).

Graeser, A. (Hrsg.) 1987: Mathematics and Metaphysics in Aristotle – Mathematik und Metaphysik bei Aristoteles. Akten des X. Symposium Aristotelicum. Bern/Stuttgart.

Graham, D. W. 1987: Aristotle's Two Systems. Oxford.

Hafemann, B. 1998: Aristoteles' transzendentaler Realismus. Inhalt und Umfang Erster Prinzipien in der „Metaphysik". Berlin/New York.

Hager, F. P. (Hrsg.) 1975: Metaphysik und Theologie des Aristoteles. Darmstadt.

Happ, H. 1971: Hyle. Studien zum aristotelischen Materie-Begriff. Berlin.

Hartmann, E. 1977: Substance, Body and Soul. Aristotelian Investigations. Princeton (N. J.).

Heidegger, M. 1958: Vom Wesen und Begriff der PHYSIS. In: Wegmarken, Frankfurt/M., 1967, p. 237-299.

Hübner, J. 2000: Aristoteles über Getrenntheit und Ursächlichkeit. Der Begriff des *eidos choriston*. Hamburg.

Inciarte, F. 1994: Die Einheit der Aristotelischen Metaphysik. In: Philosophisches Jahrbuch 101, p. 1-21.

Jaeger, W. 1912: Studien zur Entstehungsgeschichte der Metaphysik des Aristoteles. Berlin.

Jansen, L. 2002: Tun und Können. Ein systematischer Kommentar zu Aristoteles' Theorie der Vermögen im neunten Buch der „Metaphysik". Frankfurt a.M.u.a.

Krämer, H. J. ²1967: Der Ursprung der Geistmetaphysik. Untersuchungen zur Geschichte des Platonismus zwischen Platon und Plotin. Amsterdam.

_____ 1973: Aristoteles und die akademische Eidoslehre. Zur Geschichte des Universalienproblems im Platonismus. In: Archiv für Geschichte der Philosophie 55, p. 119-190.

Leszl, W. 1975: Aristotle's Conception of Ontology. Padua.

Lewis, F. A. 1991: Substance and Predication in Aristotle. Cambridge.

Liske, M.-Th. 1985: Aristoteles und der aristotelische Essentialismus. Individuum, Art, Gattung. Freiburg/München.

Loux, M. 1991: Primary OUSIA. An Essay on Aristotle's Metaphysics Z and H. Ithaca.

Manuwald, B. 1989: Studien zum Unbewegten Beweger in der Naturphilosophie des Aristoteles. Stuttgart.

Mesch, W. 1994: Ontologie und Dialektik bei Aristoteles. Göttingen.

Nortmann, U. 1997: Allgemeinheit und Individualität. Die Verschiedenartigkeit der Formen in „Metaphysik Z". Paderborn.

Oehler, K. 1973: Der höchste Punkt der antiken Philosophie. In: *E. Scheibe/G. Süssmann* (Hrsg.). Einheit und Vielheit. Göttingen, p. 45-59.

_____ 1984: Der Unbewegte Beweger bei Aristoteles. Frankfurt a.M.

Owen, G. E. L. 1960: Logic and Metaphysics in Some Earlier Works of Aristotle. In: *Düring/Owen* (ver 1), p. 13-32.

_____ 1965: The Platonism of Aristotle. In: Proceedings of the British Academy 51, p. 125-150.

Owens, J. ³1978: The Doctrine of Being in the Aristotelian Metaphysics. A Study in the Greek Background of Medieval Thought. Toronto, Pont. Inst. of Medieval Studies.

Preus, A./Anton, J. P. (eds.) 1992: Aristotle's Ontology. Albany.

Rapp, Ch. 1995a: Allgemeines konkret. Ein Beitrag zum Verständnis der Aristotelischen Substanzlehre. In: Philosophisches Jahrbuch 102, p. 83-100.

_____ 1995b: Identität, Persistenz und Substantialität. Freiburg/München.

Reale, G. ⁶1994: Il concetto di filosofia prima e l'unità della Metafisica di Aristotele. Mailand.

Reiner, H. 1954: Die Entstehung und ursprüngliche Bedeutung des Namens Metaphysik. In: Zeitschrift für philosophische Forschung 8, p. 210-237.

_____ 1955: Die Entstehung der Lehre vom bibliothekarischen Ursprung des Namens Metaphysik. Geschichte einer Wissenschaftslegende. In: Zeitschrift für philosophische Forschung 9, p. 77-99.

Scaltsas, T./Charles, D./Gill, M. L. (eds.) 1994: Unity, Identity, and Explanation in Aristotle's Metaphysics. Oxford.

Schmitz, H. 1985: Die Ideenlehre des Aristoteles, 3 Bde. Bonn.

Spellmann, L. 1995: Substance and Separation in Aristotle. Cambridge.

Steinfath, H. 1991: Selbständigkeit und Einfachheit. Zur Substanztheorie des Aristoteles. Frankfurt a.M.

Sykes, R. D. 1975: Forms in Aristotle: Universal or Particular? In: Philosophy 50, p. 311-331.

Tugendhat, E. ⁴1988: TI KATA TINOS. Eine Untersuchung zu Struktur und Ursprung aristotelischer Grundbegriffe. Freiburg i. Br.

_____ 1983: Über den Sinn der vierfachen Unterscheidung des Seins bei Aristoteles. In: *E. Tugendhat*, Philosophische Aufsätze. Frankfurt 1992.

Wedin, M. V. 2000: Aristotle's Theory of Substance. The *Categories* and *Metaphysics* Zeta. Oxford.

Wiggins, D. 1980: Sameness and Substance. Oxford.

Witt, Ch. 1989: Substance and Essence in Aristotle. Ithaca/London.

Ética e política

Allan, D. J. 1963/1964: Aristotle's Criticism of Platonic Doctrine concerning Goodness and the Good. In: Proceedings of the Aristotelian Society 64.

Anagnostopoulos, G. 1994: Aristotle on the Goals and the Exactness of Ethics. Berkeley e outras.

Annas, J. 1993: The Morality of Happiness. Oxford.

Aubenque, P. 1963: La prudence chez Aristote. Paris.

Barnes, J./Schofield, M./Sorabji, R. (eds.) 1978: Articles on Aristotle, Vol. 2: Ethics and Politics. New York.

Bien, G. 1973: Die Grundlegung der politischen Philosophie bei Aristoteles. Freiburg i. Br./München.

Bostock, D. 2000: Aristotle's Ethics. Oxford.

Broadie, S. W. 1991: Ethics with Aristotle. New York.

Buddensiek, F. 1999: Die Theorie des Glücks in Aristoteles' „Eudemischer Ethik". Göttingen.

Charles, D. 1984: Aristotle's Philosophy of Action. London.

Cooper, J. M. 1975: Reason and Human Good in Aristotle. Cambridge.

_____ 1999: Reason and Emotion. Essays on Ancient Moral Psychology and Ethical Theory. Princeton.

Dahl, N. O. 1984: Practical Reasons, Aristotle, and Weakness of the Will. Minneapolis.

Davidson, D. 1980: How is Weakness of the Will Possible? In: *Idem*, Essays on Actions and Events. Oxford (versão alemã in: *Idem*, Handlung und Ereignis. Frankfurt a. M., 1985, p. 43-72).

Detel, W. 1995: Griechen und Barbaren. In: Deutsche Zeitschrift für Philosophie 43, p. 1019-1043.

Dihle, A. 1994: Die Griechen und die Fremden. München.

Dirlmeier, F. 1962: Merkwürdige Zitate in der Eudemischen Ethik des Aristoteles. Sitzungsber. der Heidelb. Akad. der Wiss., Phil.-Hist. Kl.

Engberg-Pedersen, T. 1983: Aristotle's Theory of Moral Insight. Oxford.

Gosling, J. C. B./Taylor, C. C. W. 1982: The Greeks on Pleasure. Oxford.

Hager, F.-P. (Hrsg.) 1972: Ethik und Politik des Aristoteles. Darmstadt.

Hardie, W. F. 1968: Aristotle's Ethical Theory. Oxford.

Heinaman, R. 1988: Eudaimonia and Self-sufficiency in the 'Nicomachean Ethics'. In: Phronesis 33, p. 31-53.

Höffe, O. 1979: Ethik und Politik. Frankfurt a.M.

_____ 1987: Politische Gerechtigkeit. Grundlegung einer kritischen Philosophie von Recht und Staat. Frankfurt a.M.

_____ 1990: Universalistische Ethik und Urteilskraft: ein aristotelischer Blick auf Kant. In: Zeitschrift für Philosophische Forschung 44, p. 537-563.

_____ ²1996: Praktische Philosophie – Das Modell des Aristoteles. Berlin (München/Salzburg 1971).

_____ 2003: Aristoteles: Ethik und Politik. In: Büchheim, Th.; Flashar, H.; King, R. A. H. (Hrsg.) 2003: Kann man heute noch etwas anfangen mit Aristoteles? Hamburg, p. 125-141.

Hutchinson, D. S. 1986: The Virtues of Aristotle. London.

Irwin, T. 1992: Who discovered the Will? In: Philosophical Perspectives 6, p. 453-473.

Joachim, H. H. ²1962: Aristotle. The Nicomachean Ethics. Oxford.

Kamp, A. 1985: Die politische Philosophie des Aristoteles und ihre metaphysischen Grundlagen: Wesenstheorie und Polisordnung. Freiburg i. Br./München.

Kenny, A. 1978: The Aristotelian Ethics. Oxford.

_____ 1979: Aristotle's Theory of the Will. London.

_____ 1992: Aristotle on the Perfect Life. Oxford.

Keyt, D./Miller, F. D. (eds.) 1991: A Companion to Aristotle's Politics. Cambridge (Mass.).

Kraut, R. 1989: Aristotle on Human Good. New Jersey.

_____ 2002: Aristotle. Political Philosophy. Oxford.

Von Leyden, W. 1985: Aristotle on Equality and Justice. London.

Loening, R. 1903: Die Zurechnungslehre des Aristoteles. Jena.

MacIntyre, A. 1981, ²1984: After Virtue. London (versão alemã: Der Verlust der Tugend. Frankfurt a.M. 1987).

Meikle, S. 1995: Aristotle's Economic Thought. Oxford.

Meyer, S. S. 1993: Aristotle on Moral Responsibility. Oxford/Cambridge (Mass.).

Miller, F. D., Jr. 1995: Nature, Justice and Rights in Aristotle's *Politics*. Oxford.

Milo, R. D. 1966: Aristotle on Practical Knowledge and the Weakness of the Will. The Hague.

Moraux, P./Harlfinger, D. 1971: Untersuchungen zur Eudemischen Ethik. Berlin.

Mueller-Goldingen, Ch. (Hrsg.): Schriften zur aristotelischen Ethik. Hildesheim/Zürich/New York.

Mulgan, R. G. 1977: Aristotle's Political Theory. An Introduction for Students of Political Theory. Oxford.

Pakaluk, M. 2005: Aristotle's Nicomachean Ethics: An Introduction. Cambridge.

Patzig, G. (Hrsg.) 1990: Aristoteles' „Politik". Akten des XI. Symposium Aristotelicum. Göttingen.

Price, A. W. 1989: Love and Friendship in Plato and Aristotle. Oxford.

Reeve, C. D. C. 1992: Practices of Reason. Aristotle's *Nicomachean Ethics*. Oxford.

Rese, F. 2003: Praxis und Logos bei Aristoteles. Tübingen.

Rhodes, P. J. 1981: A Commentary on the Aristotelian *Athenaion Politeia*. Oxford.

Rorty, A. O. (ed.) 1980: Essays on Aristotle's Ethics. Berkeley/Los Angeles/London.

Reverdin, O. 1965: La Politique d'Aristote. Genève.

Ricken, F. 1976: Der Lustbegriff in der Nikomachischen Ethik des Aristoteles. Göttingen.

Schleiermacher, F. 1817: Über die ethischen Werke des Aristoteles. In: Sämtliche Werke, Dritte Abtheilung, Dritter Band. Berlin 1835, p. 306-333.

Schütrumpf, E. 1980: Die Analyse der Polis durch Aristoteles. Amsterdam.

Schulz, P. 2000: Freundschaft und Selbstliebe bei Platon und Aristoteles. Semantische Studien zur Subjektivität und Intersubjektivität. Freiburg/München.

Sherman, N. 1989: The Fabric of Character. Aristotle's Theory of Virtue. Oxford.

Simpson, P 1988: A Philosophical Commentary on the *Politics* of Aristotele. Chapel Hill.

Sparshott, F. 1994: Taking Life Seriously. A Study of the Argument of the *Nicomachean Ethics*. Toronto.

Stein, S. M. 1968: Aristotle and The World State. London/Colchester.

Sternberger, D. 1980: Der Staat des Aristoteles und der unsere. In: ders., Staatsfreundschaft, Schriften IV. Frankfurt a.M., p. 35-52.

Stern-Gillett, S. 1995: Aristotle's Philosophy of Friendship. Albany.

Strauss, L. 1964: The City and the Man. Chicago.

Swanson, J. A. 1992: The Public and the Private in Aristotle's Political Philosophy. Ithaca/London.

Teichmüller, G. 1879: Neue Studien zur Geschichte der Begriffe III: Die praktische Vernunft bei Aristoteles. Gotha.

Urmson, J. 1988: Aristotle's Ethics. Oxford.

Walsh, J./Shapiro, H. L. (eds.) 1976: Aristotle's Ethics: Issues and Interpretations. Belmont.

Wolff, F. 1991: Aristote et la politique. Paris.

Wolf, U. 2002: Aristoteles' Nikomachische Ethik. Darmstadt.

Yack, B. 1993: The Problems of a Political Animal. Community, Justice, and Conflict in Aristotelian Political Thought. Berkeley/Los Angeles/London.

Aristotelismo, neo-aristotelismo, pesquisa de Aristóteles

Arens, H. 1984: Aristotle's Theory of Language and its Tradition. Amsterdam.

Badawi, A. 1968: La transmission de la philosophie grecque au monde arabe. Paris.

Bianchi, L./Randi, E. 1990: Le verità dissonanti. Aristotele alla fine del Medievo. Roma/Bari.

Blumenthal, H./Robinson, H. (eds.) 1991: Aristotle and the Later Tradition. Oxford (Oxford Studies in Ancient Philosophy, Supplementary Volume).

Booth, E. 1983: Aristotelian Aporetic Ontology in Islamic and Christian Thinkers. Cambridge.

Brink, K. O. 1940: Peripatos. In: Realencyclopädie der classischen Altertumswissenschaften, Suppl. 7, colunas 899-949.

Burnett, Ch. (ed.) 1993: Glosses and Commentaries on Aristotelian Logical Texts: The Syriac, Arabic, and Medieval Latin Traditions. London.

Clagett, M. 1961: The Science of Mechanics in the Middle Ages. Madison.

Düring, I. 1954: Von Aristoteles bis Leibniz. Einige Hauptlinien in der Geschichte des Aristotelismus. In: Antike und Abendland 4, p. 118-154 (reimpressão in: *P. Moraux* (Hrsg.): Aristoteles in der neueren Forschung. Darmstadt 1968, p. 250-313).

Fidora, A./Niederberger, A. 2001: Von Bagdad nach Toledo. Das „Buch der Ursachen" und seine Rezeption im Mittelalter. Mainz.

Flüeler, Ch. 1992: Rezeption und Interpretation der aristotelischen ‚Politica' im späten Mittelalter. Amsterdam/Philadelphia.

Green-Pedersen, N. J. 1984: The Tradition of the Topics in the Middle Ages. The Commentaries on Aristotle's and Boethius' 'Topics'. München/Wien.

Gutschler, Th. 2002: Aristotelische Diskurse. Aristoteles in der politischen Philosophie des 20. Jahrhunderts. Stuttgart/Weimar.

Höffe, O. 2002: Aristoteles in der politischen Philosophie der Neuzeit. Bausteine zu einer Wirkungsgeschichte. In: Internationale Zeitschrift für Philosophie 2, p. 205-227.

Kenny, A. 2001: Essays on the Aristotelian Tradition. Oxford.

Joest, W. 1967: Ontologie der Person bei Luther. Göttingen.

Kohls, E. W. 1975: Luthers Verhältnis zu Aristoteles, Thomas und Erasmus. In: Theologische Zeitschrift 31, p. 289-301.

Kretzmann, N. (ed.) 1982: The Cambridge History of Later Medieval Philosophy. Cambridge.

Liber de causis 2003: Das Buch von den Ursachen. Mit einer Einleitung von R. Schönberger. Übersetzt von A. Schönfeld. Hamburg.

Lohr Ch. 1988: Commentateurs d'Aristote au moyen-âge latin. Bibliographie de la littérature secondaire récente. Freiburg i. Ü.

Lee, T.-S. 1984: Die griechische Tradition der aristotelischen Syllogistik in der Spätantike. Göttingen.

Lynch, J. P. 1972: Aristotle's School. A Study of a Greek Educational Institution. Berkeley.

Merlan, Ph. 1955: Aristoteles, Averroes und die beiden Eckharts. In: ders., Kleine philosophische Schriften. Hildesheim/New York 1976.

_____ 1969: Monopsychism, Mysticism, Metaconsciousness. Problems of the Soul in the Neoaristotelian and Neoplatonic Tradition. The Hague.

Moraux, P. 1973: Der Aristotelismus bei den Griechen: Von Andronikos bis Alexander von Aphrodisias, Bd. I: Die Renaissance des Aristotelismus im I. Jahrhundert v. Chr. Berlin/New York.

_____ 1984: Der Aristotelismus bei den Griechen: Von Andronikos bis Alexander von Aphrodisias, Bd. II: Der Aristotelismus im I. und II. Jahrhundert n. Chr. Berlin/New York.

Minio-Paluello, L. 1972: Opuscula. The Latin Aristotle. Amsterdam.

Oehler, K. 1968: Aristoteles in Byzanz. In: *P. Moraux* (Hrsg.), Aristoteles in der neueren Forschung. Darmstadt, p. 381-399.

_____ 1969: Antike Philosophie und Byzantinisches Mittelalter. Aufsätze zur Geschichte des griechischen Denkens. München.

Peters, F. E. 1968: Aristoteles Arabus. The Oriental Translations and Commentaries on the Aristotelian 'Corpus'. Leiden.

_____ 1968a: Aristotle and the Arabs. The Aristotelian Tradition in Islam. New York.

Schmitt, C. B. 1983: Aristotle and the Renaissance. Cambridge (Mass.)/London.

Sorabji, R. (ed.) 1990: Aristotle Transformed. The Ancient Commentators and their Influence. Ithaca/New York.

van Steenberghen, F. ²1955: Aristote en occident. Les origines d'Aristotélisme parisien. Louvain 1946.

Wehrli, F. (Hrsg.) 1944-1959: Die Schule des Aristoteles. Texte und Kommentar, 10 Hefte und 2 Suppl. Basel.

_ 1983: Der Peripatos bis zum Beginn der römischen Kaiserzeit. In: *H. Flashar* (Hrsg.), Die Philosophie der Antike (Ueberweg) Bd. 3, p. 459-599.

Demais referências citadas

Arendt, H. 1960: Vita activa oder Vom tätigen Leben. München.

Bubner, R. 1990: Dialektik als Topik. Bausteine zu einer lebensweltlichen Theorie der Rationalität. Frankfurt a.M.

Dihle, A. 1985: Die Vorstellung vom Willen in der Antike. Göttingen.

Ferber, R. 1981: Zenons Paradoxien der Bewegung und die Struktur von Raum und Zeit. München.

Höffe, O. 1993: Moral als Preis der Moderne. Ein Versuch über Wissenschaft, Technik und Umwelt. Frankfurt a.M.

Höffe, O./Pieper, A. (Hrsg.) 1995: F. W. J. Schelling – Über das Wesen der menschlichen Freiheit. Berlin (Reihe Klassiker Auslegen).

Horn, Ch. 1996: Augustinus und die Entstehung des philosophischen Willensbegriffs. In: Zeitschrift für philosophische Forschung 50.

Lausberg, H. (Hrsg.) ²1973: Handbuch der literarischen Rhetorik. Eine Grundlegung der Literaturwissenschaft. München.

MacIntyre, A. 1990: Three Rival Versions of Moral Enquiry. Encyclopedia, Genealogy, Tradition. London.

Mayr, E. 1984: Die Entwicklung der biologischen Gedankenwelt. Berlin.

Quine, W. V. O. 1950: Identity, Ostension, and Hypostasis. In: *Idem*, From a Logical Point of View. Cambridge/London.

Raaflaub, K. 1985: Die Entdeckung der Freiheit. Zur historischen Semantik und Gesellschaftsgeschichte eines politischen Grundbegriffs der Griechen. München.

Salmon, W. C. (ed.) 1970: Zeno's Paradoxes. Indianapolis/New York.

Seidl, H. ²1986: Thomas von Aquin. Die Gottesbeweise. Hamburg.

ÍNDICE ONOMÁSTICO

A

Abelardo, Pedro 27-28
Abraão Ibn David 246
Ackrill, J. 195-196, 256-257
Aeliano 24-25
Agostinho 27-28, 113, 186-187, 189, 250s.
Alberto da Saxônia 250-252
Alberto Magno 15, 246-246s., 247-248s.
Albritton, R. 157-158
Alexandre de Afrodísias 243
Alexandre Magno 20-21, 23s., 24-25, 117-118, 221-222
Al-Farabi 15, 245-246s.
Al-Ghazali 246
Al-Kindi 245-246
Alquidamas 222-224
Althusius 221-222s.
Amônio Sakkas 243-245
Anaxágoras 20-21, 89-90s., 95, 97, 101-104, 121-122, 126-127, 130-132, 206-207
Anaximandro 98-99, 136-138
Anaxímenes 89-90, 136-138
Andrônico de Rodes 29s., 42-43, 129, 241-242s.
Annas, J. 115-116, 219
Anscombe, G. E. M. 73-74, 258
Anselmo de Cantuária 196-197
Antífon 105, 225-226
Antígona 20-21, 69, 71-72, 192-193, 204, 208-209
Antipater 24-25
Antístenes 72-73, 75-76

Apelicon 242-243
Apolônio Díscolo 241-242
Aristarco de Samos 241-242
Aristófanes 206-207
Arnim, H. v. 256-257
Aspásio 187-188, 243
Aubenque, P. 133
Austin, J. L. 256-259
Averróis (Ibn Rushd) 243, 246, 249-252
Avicena (Ibn Sina) 245-246s., 249

B

Bacon, F. 44, 49-50, 95, 97-99
Balme, D. M. 108, 117-118
Barhebreu 248-249
Barnes, J. 55-56, 73-74, 124-125
Bassenge, F. 155
Bekker, I. 256-257
Bentham, J. 192
Bernays, J. 70-71
Bien, G. 201
Blau, U. 79-80
Boaventura 250-252
Bodin, J. 207
Boécio 243-245, 247
Bolton, R. 57-58
Bonitz, H. 105, 256-257
Boole, G. 51
Brandis, Ch. 60, 256-257
Brecht, B. 66-67
Brentano, F. 15, 256-257s.
Bröcker, W. 258
Brody, W. A. 258-259

Bruno, G. 254
Bubner, R. 56-57
Buridano, J. 99-100, 250-252
Burnyeat, M. F. 65

C

Caietano 253
Cálias 52-53, 157-158
Calipo 98-99, 141
Camus, A. 51
Carlos Magno 244-245
Cassin 80-81
Cassirer, H. 124-125
Chambers, M. 233-234
Charondas 236
Cícero 23s., 29, 60-63, 204-205, 241-242, 245-246
Clagett, M. 250-252
Cole, T. 63
Constant, B. 228-229
Cope, E. M. 62-63
Copérnico, N. 254s.
Corcoran, J. 52
Craemer-Ruegenberg, I. 99-100, 101
Creonte 69, 70-71s.
Crítias 123-124

D

d'Abano, P. 254
Dante Alighieri 184-185, 247-248s.
Darwin, Ch. 15, 117-118, 121-122s., 123
Davidson, D. 183-184
de Morgan, A. 51
de Strycker, E. 256-257
Demócrito 89-90, 95, 97, 109-110s., 118, 121-122, 126-127, 131-132
Descartes, R. 15, 44, 49-50, 73-74, 130-132, 253
Detel, W. 55-56, 73-74, 78, 83-84, 106-107, 115-116
Devereux, D. 57-58
Dicaiarco 241-242
Diels, H. 66, 110-111, 126-127, 136-138, 225-226
Dihle, A. 187-188
Diógenes de Apolônia 89-90, 123
Diógenes Laércio 19, 24-26, 32-33, 239s.
Dirlmeier, F. 169, 182, 201-202
Driesch, H. 122-123s.
Duns Scotus 246

Düring, I. 19, 21-22, 117-118, 245-246

E

Édipo 73ss., 178-179, 231-232
Elders, L. 138-139
Empédocles 89-90, 95, 97, 123-124, 126-127, 131-132, 143-144, 185-186
Engberg-Pedersen, T. 182
Engels, F. 255-256
Epicuro 110-111
Eriúgena, J. Scotus 243-244
Espeusipo 20-21, 22, 33, 35, 89-90, 131-132
Ésquilo 145-146, 179-180, 208-209, 225-226
Estefano 244-245
Estóicos 144-145, 165, 200-201
Estratão 241-242
Euclides 245-247
Eudemo 24-25, 241-242
Eudóxo 20-21, 98-99, 141, 177, 193-194
Eurípedes 67-68, 70-72, 208-209, 222-228

F

Ferber, R. 110-111
Fichte, J. G. 159-160, 255-256
Fídias 161-162
Filipe II 20-21, 23, 221-222
Filopono 24-25
Fine, G. 161-162
Flashar, H. 30-32, 66-67, 70-71, 256-257
Foot, P. 258
Frede, D. 164-165
Frede, M. 106-107, 157-158
Frederico II 242-243
Frege, G. 36-37, 51, 133, 165
Fries, J. F. 74
Fromondo 110-111
Fuhrmann, M. 66-67
Furley, D. J. 62-63, 65, 109-110
Furth, M. 124-125

G

Gadamer, H. G. 258
Galeno 241-242s., 247
Galilei, G. 15, 27-28, 36-37, 98, 254
Gaskin, R. 164-165
Gauthier, R. A. 187-188

Índice onomástico   287

Geach, P. T. 73-74
Gerardo de Cremona 247
Gerhardt, C. I. 110-111
Gigon, O. 188
Gill, M. L. 99-100, 105-106
Glanvill, J. 254-255
Göckell, R. (Goclênio) 147-148
Goethe, J. W. 70-71, 159-160
Górgias 63, 66
Gosling, J. C. B. 193-194
Gotthelf, A. 117-118
Graeser, A. 115-116
Graham, D. W. 149
Gregório de Nyssa 244-245
Grimaldi, W. M. A. 62-63
Grosseteste, R. 247
Grumach, E. 256-257
Guilherme de Moerbeke 247

H

Haeckel, E. 122-123
Halliwell, S. 66-67, 70-71
Hamilton, W. 91-92
Happ, H. 102-103
Heath, T. 115-116
Hegel, G. W. F. 15, 33s., 44-45, 46-47s., 51, 56, 82-83, 99-100, 144, 148-149, 159-160, 170, 178-179, 187-188, 224-225, 255-256s., 258
Heidegger, M. 15, 30-32, 99-100, 152-153, 257s.
Heinaman, R. 195-196
Hellwig, A. 63-64
Hennis, W. 60, 258
Heráclito 89-90, 131-132
Hermann, K. F. 30-32
Hérmias de Atarneu 22s.
Herodiano 241-242
Heródoto 90-91, 208-209, 224-225s., 227-228
Hesíodo 89-90, 136-138, 144-145
Hilbert, D. 81-82
Hipaso 89-90
Hipócrates 247
Hipon 89-90, 123-124
Hobbes, T. 15, 36-37, 73-74, 212-213s., 215+216s., 218-219, 230-231, 289s.
Höffe, O. 66-67, 71-72, 170, 174-175, 177, 183-185, 193-196, 199-201
Hofmann, D. 254

Homero 21-22, 23, 66s., 136-138, 144-145s., 208-209, 226-227s.
Horácio 67-68, 69
Horn, Ch. 82-83, 187-188
Hübner, J. 161-162
Hugo de Siena 254
Hume, D. 27-28, 187-188
Hunain (Johannitius) 245-246
Husserl, E. 44-45

I

Ibas 245-246
Ictino 20-21
Inciarte, F. 134
Irwin, T. H. 57-58, 187-188s.
Ismene 70-71
Isócrates 63

J

Jackson, H. 20-21
Jaeger, W. 29-30s., 134-135s., 156-157, 182, 207, 256-257
Jerônimo 242-243
Jó 197-198
João de Damasco 249
João Ítalo 244-245
Joest, W. 254
Johnson, C. 105-106
Jolif, J. Y. 187-188
Jourdain, A. 256-257
Judson, L. 99-100
Justiniano 244-245

K

Kant, I. 15, 32-33, 35-37, 51, 53-54, 76-77s., 80-81, 90, 94, 113ss., 129s., 131-132, 151-152s., 159-160, 167, 173ss., 183-184, 187-190, 192, 196-197, 198s., 201s., 204-205, 253, 255-256, 257s.
Kapp, E. 60, 149
Kelsen, H. 198-199
Kennedy, G. A. 62-63s.
Kenny, A. 169, 179-180s., 187-188, 195-196, 258
Keyt, D. 213, 220
Kierkegaard, S. 181-182s., 187-188, 189
Kohls, E. W. 254
Kosman, L. A. 102-103
Krämer, H. J. 138-139, 157-158, 243
Kranz 66, 110-111, 126-127, 136-138, 225-226

Kretzmann, N. 164-165, 247
Kullmann, W. 117-118, 121-122

L

Lambert, J. H. 44
Lausberg, H. 62-63
Leibniz, G. W. 15, 27-28, 44, 110-111, 148-149
Lennox, J. G. 99-100, 117-118
Leôncio de Bizâncio 244-245
Lesky, A. 121-122
Lessing, G. E. 66-67, 70-71
Leszl, W. 149, 156-157
Leucipo 89-90, 121-122
Levi Ben Gérson 246s.
Licon 241-242
Licurgo 236
Lísias 63
Lisipo 24-25
Liske, M.-Th. 85-87, 148-149, 155
Lloyd, G. E. R. 124-125
Locke, J. 254-255
Loening, R. 178-179
Lucas, D. W. 66-67
Lukasiewicz, J. 15, 53-54, 79-80, 257
Luserke, M. 70-71
Lutero, M. 253

M

MacIntyre, A. 187-188
Maier, H. 256-257
Malebranche, N. 254-255
Mansion, A. 256-257
Mansion, S. 256-257
Marco Aurélio 242-243
Marquard, O. 258
Marsílio de Pádua 247-248s.
Marx, F. 62-63
Marx, K. 56, 203-204s., 255-256
Mayr, E. 117-118
Melanchthon, Ph. 254
Melisso 87-88, 151-152
Mênon 24-25
Merlan, P. 243
Meyer, J. B. 117-118, 119s., 178-179
Mill, J. S. 78
Miller, F. D. 213, 220
Modrak, D. K. W. 83-84
Moisés Maimônides 246, 249
Moore, G. E. 91-92, 171-172

Moraux, P. 26-27, 242-243s., 256-257
MyKirahan, R. D. 73-74

N

Narcy, M. 80-81
Needham, J. 121-122
Nehamas, A. 62-63, 65
Neleu 242-243
Nemésio 244-245
Newton, I. 257
Nicolau de Cusa 250-252
Nicolau de Oresme 247-248, 250-252
Nicômaco 20-21, 22, 169s.
Nietzsche, F. 70, 129, 173-174
Nortmann, U. 55-56
Notker von St. Gallen 247
Nussbaum, M. C. 124-125, 211-212, 232

O

Ockham, Guilherme de 27-28, 101-102, 250-252
Oehler, K. 138-139, 141, 244-245
Orígenes 244-245
Otaviano (Augusto) 242-243
Owen, G. E. L. 88-89, 124-125
Owens, J. 138-139, 149

P

Panécio 241-242
Parmênides 87-90, 95, 97, 101s., 131-132, 151-152, 153
Pascal, B. 144-145
Pasteur, L. 119
Patzig, G. 51, 53-54, 157-158, 170-171, 211-212, 222-224, 232
Pellegrin, P. 57-58
Perelman, Ch. 60, 258
Petrarca, F. 254-255
Píndaro 229-230
Pitagóricos 79, 89-90, 109-110, 123-124, 131-132, 201
Píthias 22, 24-25
Platão 20-21, 21-22s., 24-25, 27-29, 33, 44-45, 47-50, 58-59, 63-66, 68-69, 72-73, 75, 82-83, 89-90, 90-91s., 98-99, 105-110, 113-114, 116-117, 126-127, 131-132, 135-136, 136-138ss., 141, 143-144, 148-149, 151-152ss., 155, 158-159, 160-161s., 163-164, 170-171, 173,

Índice onomástico

192-193, 194s., 201ss., 205-206ss., 213ss., 220-222, 227-230, 236-237, 242-243, 244-245s., 250-252
Plínio 117-118
Plotino 243, 245-246
Pohlenz, M. 70-71
Policleto 107, 130
Polineikes 69
Popper, K. R. 74-76, 83-84
Porfírio 30-32, 243s., 247
Posidônio 99-100, 241-242
Prantl, K. 53-54
Príamo 197-198
Próclo 15, 242-243s., 245-246
Protágoras 20-21
Psellus, Michael 244-245
Pseudo-Dionísio Areopagita 244-245
Ptolomeu 241-242, 245-247
Pufendorf, S. 201

Q

Quine, W. v. O. 154-156, 258-259
Quintiliano 60-61

R

Raaflaub, K. 228
Rafael 159-160
Rapp, Ch. 65, 80-83, 148-149, 155, 157-158
Rawls, J. 91-92, 173-174, 203-204
Reale, G. 157-158
Reiner, H. 130-131
Ricken, F. 126-127, 193-194
Ritter, J. 258
Robin, L. 256-257
Robinson, H. M. 105-106
Robinson, R. 185
Rorty, A. O. 62-63, 66-67, 124-125, 170, 173-174, 201
Rose, V. 256-257
Ross, W. D. 53-55, 73-74, 256-257
Russell, B. 51, 133, 154
Ryle, G. 258-259

S

Saadja 246
Salmon, W. 110-111
Sardanapal (Assurbanípal) 192-193
Schadewaldt, W. 70
Schelling, F. W. J. 159-160, 255-256

Schleiermacher, F. D. E. 169, 256-257
Schmitz, H. 157-158
Schofield, M. 124-125, 222-224
Schütrumpf, E. 222-224
Schwegler, A. 256-257
Seidl, H. 249
Shakespeare, W. 172
Sidgwick, H. 91-92
Sigério de Brabante 250-252
Simplício 130, 243
Siriano 243
Smith, R. 57s.
Sócrates 21-22, 24-25, 53-54, 58-59, 63, 83-84, 87-90, 152-153, 155s., 157-158, 184-185, 189, 210-211, 225-226
Sófocles 20-21, 67-68, 69s., 71-72, 204, 208-209, 226-227, 231-232
Solmsen, F. 62-63
Sólon 90-91, 197-198, 236
Sorabji, R. 114-115, 124-125, 178-179, 242-243, 256-257
Spengel, L. 62-63
Spinoza, B. 73-74, 148-149
Sprute, J. 59, 65
Stalley, R. F. 220
Stein, S. M. 23-24, 221-222
Steinfath, H 156-157
Strawson, P. F. 258-259
Strohm, H. 99-100, 242-243
Sulla 242-243
Sykes, R. D. 157-158

T

Tales 89-90, 130-132, 136-138, 206-207
Taurelo 254
Taylor, C. C. W. 193-194
Teichmüller, G. 171-172
Temístio 243
Teofrasto 22, 24-25, 27-28, 34, 62-63, 89-90, 99-100, 115-116, 239ss.
Tertuliano 243-244
Theiler, W. 127-128
Tiago de Veneza 247
Timpler, C. 254
Tomás de Aquino 15, 170-171, 187-188s., 203-204, 246ss.
Tomásio 254
Trasímaco 63, 192-193
Trendelenburg, A. 256-257
Tucídides 208-209, 236

Tugendhat, E. 153, 258

U

Ulmer, K. 258

V

Verbeke, G. 256-257
Vico, G. 44
Viehweg, T. 60, 258
Voltaire 192

W

Wagner, H. 99-100
Weber, M. 193-194
Wedin, M. V. 148-149
Weidemann, H. 155, 163-164s.
Welsch, W. 83-84
Whitaker, C. W. A. 164-165
Whitehead, A. N. 133, 257
Wieland, W. 55-56, 99-100, 109-110, 112-113

Wiggins, D. 155, 258-259
Wilamowitz, U. v. 247
Williams, B. 201
Williams, C. J. F. 105-106
Wittgenstein, L. 161-162
Wolf, U. 199-200
Wolff, C. F. 122-123
Wolff, Ch. 44, 201, 255-256

X

Xenócrates 20-21, 23-24, 72-73, 75-76, 89-90, 131-132
Xenófanes 87-88, 136-138
Xerxes 225-226

Z

Zabarella, G. 254
Zekl, H. G. 104
Zeller, E. 149, 156-157
Zenão de Eléia 120ss., 113-114

ÍNDICE REMISSIVO

A

Academia 20-25, 33, 51, 60, 89-90, 106-107, 119, 148-149, 159-161, 206-207, 244-245
ação (*praxis*) 37, 67-68, 167, 171-172, 177s.
acaso (*tychê*) 108s.
acidente (*symbebêkos*) 36-37, 59s., 154
afeto, paixão (*pathos*) 69, 70-71, 123-124, 199-200, 219
agathon ver bem
aisthêsis ver percepção
aitia ver causa
akolasia ver irrefreabilidade
akrasia ver fraqueza da vontade
akribeia ver exatidão
alma (*psychê*) 114-115, 123-124ss., 243-244
altruísmo 219
amizade (*philia*) 211-212, 217-218ss., 224
análise lingüística 93-94s., 106-107s.
anankê ver necessidade
anarchia ver ausência de governo
andreia ver coragem
anfibolia 162-163
anonimia 163
antropologia 19, 47-48, 50, 170-171, 197-198, 206-207, 211-212s., 215-216s., 227-228, 257
apeiron ver infinito
apodeixis ver demonstração
aporia, aporético 75-76, 100ss., 131-132
archê ver domínio, ver princípio
aretê ver virtude
argumento (*logos*) 64-65

aristotelismo 29-30, 42-43, 95, 97, 126, 248-249, 250-252, 254s.
arte, técnica (*technê*) 43, 48-49, 104, 182
assembléia popular (*ekklêsia*) 235-237
astronomia 33, 35, 45-46, 87-88s., 140-141s., 254
ato de fala 164-165
ato, atualidade (*energeia*) 37, 101-102s., 127-128, 134, 158-159, 185, 249
atualidade (*energeia*) 36-37, 102-103, 112-113, 125, 142-143, 193-194
ausência de governo (*anarchia*) 211-212, 215-216, 227-228
autarkeia ver auto-suficiência
autonomia (ver liberdade) 177, 228-229s.
auto-suficiência (*autarkeia*) 196-197, 228s.
axioma, axiomática 73-74s., 79ss., 82-83, 133s.

B

bárbaros 224-225s.
bem (*agathon*) 134-135, 177, 189ss., 194ss., 198, 210-211s.
bem agir (*eupraxia*) 35-36, 178, 220-221
bem viver (*eu zên*) 120-121, 178, 192, 213-214, 216-218, 220-221
bem-comum 230-231ss., 235-237, 250
biologia 30-32, 45-46, 98, 115-116ss., 213
bios ver forma de vida
boulêsis ver desejo
bouleusis ver deliberação
brutalidade animal (*thêriotês*) 183-184, 189-190

C

caráter (*êthos*) 61-62, 169, 198s.
categorias 28, 52-53s., 76-77, 166ss., 194
causa (*aitia*) 72-73, 106-107ss.
causa eficiente 107
causa final 107s.
causa formal 107
causa material 107
chronos ver tempo
ciência poiética, 33, 35-36, 48-49s.
ciência prática 33, 35-36, 49-50
ciência teórica 33, 35-36, 48-49s.
ciência unitária, ciência de unidade 33s., 63-64, 77-78
círculo 75-76s.
cobiça (*epithymia*) 178-179, 185-186
coerência, coerentista 57-58, 81-82
comédia 66-67
comunitarismo 210-211s., 220, 258
conclusão (*symperasma*) 52-53
constituição (*politeia*) 26-27, 230-231s.
constituição mista 236s. (cf. politia)
contingentia futura (futuros contingentes) 79-80, 164-165
contínuo (*syneches*) 110-111ss., 114-115
convenção (*synthêkê*) 163-164
conversão 53-54
coragem (*andreia*) 199-200
corpo (*sôma*) 123-124ss.
cosmologia 33, 35, 98-99, 136ss., 140-141, 242-243, 254-255
cosmo-teologia 140-141ss., 145-146
cronologia 28
decisão (*prohairesis*) 178ss., 184-185ss., 188, 228

D

dedução 47-48, 64-65, 75s.
definição (*horismos*) 59, 77-78ss.
deinotês ver sagacidade
deísmo 144-145
deliberação (*bouleusis*) 179-180s.
democracia 209-210, 227-228ss., 230-231, 233-234ss.
demonstração (*apodeixis*) 80s., 83s.
deon (o conveniente) 191
desejo (*boulêsis*) 178-179, 188
desejo (*orexis*) 100, 126-127, 144, 170-171, 176-177ss., 187-188, 191
desempenho, obra (*ergon*) 197-198, 212-213ss.

Deus (*theos*) 136-138ss., 196-197, 213, 249
dialética 35-36, 41-42, 44, 56ss., 63-64, 119
diálogos 26-27s., 142-143, 241-242
Didascália 26-27
dihairesis ver separação
dihoti ver por que, o porquê
dikaion ver justo
dikaiosynê ver justiça
dinâmica 101, 254
dinheiro 203-204
direito natural 204s., 250
direito positivo 204
direitos fundamentais e humanos 65, 211-212, 237
divisão dos poderes 230-231
domínio (*archê*) 227-228ss.
doxa ver opinião doutrinal
dynamis ver possibilidade, ver potência

E

economia 35-36, 178
eidos ver espécie, ver forma
ekklêsia ver assembléia popular
ekthesis 54-55
eleutheria ver liberdade
eleutheriotês ver generosidade
empeiria ver experiência
empirismo 30-32, 47, 159-160, 253
endoxa ver opiniões (aceitas)
energeia ver ato, atualidade
ente (*on*) 147-148, 152-153, 196-197, 249
ente enquanto ente (*on hê on*) 133, 147-148
entelêquia 15, 123, 125s.
entimema 59, 63, 65
epagôgê ver indução
epistêmê ver conhecimento, ciência
epithymia ver cobiça
eqüidade (*epieikeia*) 233s., 229-230
ergon ver desempenho, obra
Esclarecimento 136-138, 175-176s.
escravidão 209-210, 222ss., 229-230, 233, 250
escritos esotéricos 26-27s
escritos exotéricos 26-27, 241-242
espécie (*eidos*) 119-120, 134, 150-151, 155-156ss.
esperteza (*panourgia*) 182
essência (*ti estin*) 77-78s., 147-148, 150, 155
essencialismo 15, 73-74, 82, 155s., 170-171, 258-259

estado (*polis*)21-22, 202-203, 207s., 213ss., 220s., 233ss., 250
estado mundial 23-24, 221-222
estatalidade social 232s.
estética da recepção 68-69s.
estranhamento (*xenikon*) 67-68
ethismos ver habituação
êthos ver caráter
ética 15, 21-22, 35-36, 45-46s., 60-61s., 64-65, 70-71, 82-83, 120-121, 134-135, 145-146, 169ss., 219, 249s., 257s.
ética da ciência 49s., 89-90, 98-99
ético-teologia 145-146
eu zên ver bem viver
eudaimonia ver felicidade
eupraxia ver bem agir
evolução 108-109, 123-124
exatidão (*akribeia*) 45-46s., 134, 136, 173-174s.
exemplo (*paradeigma*) 64-65, 84-85, 159-160
experiência (*empeiria*) 45-47, 106-107
experimento 104s., 122-123

F

felicidade (*eudaimonia*) 50, 60s., 64-65, 170, 175-176s., 178, 181-183, 188s., 191ss., 206-207s., 216ss., 219, 250
fenômeno 87-88ss.
ficar admirado (*thaumazein*) 48-49
figuras (*schêmata*) 53s., 152-153
filosofia analítica 15, 94, 148-149, 258s.
filosofia da natureza 20-21, 33, 35, 95ss., 140-141, 148-149s., 158-159, 250-252
filosofia de escola, escolástica 36-37, 44, 52, 107, 134, 161-162, 178, 204, 253s.
filosofia fundamental 20-21s., 33, 77-78, 130, 131-132ss., 150-151s., 161-162
filosofia prática 90, 171-172ss., 175-176, 258
fim dominante 195-196
fim inclusivo 195-196
fim, finalidade (*telos*) 91-92, 107, 134-135, 178, 180-181, 183, 188, 195-196s.
física 20-21, 33, 35-36, 95ss., 124-125, 134, 139-140, 254s., 257
forma (*eidos*) 36-37, 79, 101-102ss., 120-121, 249

forma de vida (*bios*) 173, 181-182, 192ss.
fraqueza da vontade (*akrasia*) 87-88, 183-184ss.
fundamentalismo 73-74s., 82

G

gênero (*genos*) 59, 119s., 150-151
generosidade (*eleutheriotês*) 199-200s., 228-229
genos ver gênero
gramática 42-43, 66-67

H

hábito, atitude (*hexis*) 198-199
habituação (*ethismos*) 82-83, 173
hedonê ver prazer
hekôn/hekousion ver voluntário, voluntariamente, espontâneo
hexis ver hábito, atitude
hipótese 77-78
história da repercussão, repercussão 36-37, 41-42, 51, 62-63, 66-67, 70-71, 198-199
historiografia 23-24, 68-69
homonimia 153, 162-163s.
honra (*timê*) 173, 193-194s., 200-201
horismos ver definição
hôs epi to poly ver na maioria dos casos
hoti ver que
hylê ver matéria
hypokeimenon ver substrato

I

idealismo 29-30, 47, 129, 159-160, 255-256
idéia (*idea*) 135-136, 161-162ss., 170-171, 194s.
idion ver propriedade
imitação (*mimêsis*) 67-68s., 71-72
imortalidade da alma 126, 243-244, 246
indolente (*malakos*) 183-184
indução (*epagôgê*) 47-48, 64-65, 73-74ss., 82-83ss., 118
infinito (*apeiron*) 111-112s.
intelecto, espírito (*noûs*) 24-25, 43, 82-83s., 85-87, 122-125, 126ss., 141ss., 182, 243
interesses condutores do conhecimento 33, 35, 49-50, 72-73
intuição (*noûs*) 73-74

ira (*thymos*) 178-179
irrefreabilidade (*akolasia*) 183-184, 185-186s.

J

justiça (*dikaiosynê*) 201ss., 219,
    227-228, 250
justiça comutativa 203-204
justiça distributiva 203-204, 232
justiça legal 202-203
justiça legitimadora da pólis 227-228
justiça normativa da polis 227-228
justiça particular 202-203s.
justiça universal 202-203
justo (*dikaion*) 191, 201-202

K

kakia ver maldade
kalon (o bem-em-si) 191
katharsis ver purificação
kinêsis ver movimento

L

legalidade 173
lei (*nomos*) 188, 201-202s., 204-205s.,
    229-230, 234-235s.
liberalidade (*megaloprepeia*) 200-201
liberalismo 220s., 228-229, 258
liberdade (*eleutheria*) 50, 227-228ss., 235-236,
    243
linguagem (*logos*) 161-162ss.
lógica 35-36, 39ss., 51ss., 60, 80-81s., 244-245,
    247-248, 254, 257
lógica modal 54-55s.
logica nova 247, 248-249
logica vetus 247
logos ver argumento, ver linguagem, ver
    razão
lugar (*topos*) 59s., 113s.

M

magnanimidade (*megalopsychia*) 200-201
malakos ver indolente
maldade (*kakia*) 185-186s.
matemática 32-33, 35, 45-46s., 73-74s., 78s.,
    81-82, 114-115s., 133ss.
matéria (*hylê*) 37, 100, 102-104, 107,
    120-121, 249
matéria (*hylê*) 79, 100, 102-103, 142-143,
    156-157

mau 189-190
Medicina 33, 70, 242-243
megaloprepeia ver liberalidade
megalopsychia ver magnanimidade
meio (*mesotês*) 198-199s.
meio objetivo (*pragmatos meson*) 198-199,
    201
meio para nós (*meson pros hêmas*) 198-
    199s., 201, 205-206
memória (*mnêmê*) 45-46s., 83-84
mesotês ver meio
metafísica 21-22, 29-30, 36-37, 129ss., 138-139s.,
    170-171s., 247-248, 258-259
metafísica prática 134-135
metáfora 62-63
metaphysica generalis 134-136
metaphysica specialis 134-136
meteorologia 33, 35, 99-100
método 40s., 47-48, 85ss., 254
metöke 20-22, 228-229
mimêsis ver imitação
mito 68-69
mnêmê ver memória
moralidade 173, 198
movente imóvel 91-92, 100, 119-120, 134,
    139-140s., 141-144, 195-196, 243s.
movimento (*kinêsis*) 28, 108ss., 123, 143-
    144, 193-194
mulher 209-210, 225-226ss.

N

na maioria das vezes (*hôs epi to poly*) 60-61,
    174-175
natureza (*physis*) 104s., 108, 172,
    211-212ss.
necessidade (*anankê*) 52, 54-55, 60-61
noêseôs noêsis ver pensamento do pensamen-
    to
nomos ver lei
noûs ver espírito, ver intuição
número 114-115

O

oligarquia 230-231, 234-235, 236
on hê on ver ente enquanto ente
on ver ente
onoma ver palavra
ontologia 35-36, 91-92, 133s., 135-136, 138-
    141, 147-149, 151-152, 158-159,
    161-162s., 249, 258-259

ontoteologia 135-136s., 138-139
opinião doutrinal (*doxa*) 96ss.
opiniões aceitas (*endoxa*) 56ss., 85-87
orexis ver desejo
organismo 105s., 120-121ss.
Organon 21-22, 39ss., 243-244s., 247
ousia ver substância

P

paixão (*pathos*) 61-62, 178
palavra (*onoma*) 164-165s.
panourgia ver esperteza
paradeigma ver exemplo
paronimia 163
pathos ver afeto, ver paixão
paz 250
pensamento do pensamento (*noêseôs noêsis*) 140-141s., 142-144
percepção (*aisthêsis*) 44-45s., 46-49, 74, 82-83s., 126-127s., 176-177s.
Peripatos 23-24, 241-242s
philia ver amizade
phrônesis ver prudência
plano básico (*typos*) 126-127, 173-174ss
poética 51, 66ss.
poiêsis ver produção
poion ver qualidade
polis ver estado
politeia ver constituição
politia, república (cf. constituição mista) 233s., 236s.
política 21-22, 60-61, 64-65, 170, 208-209ss., 247-248, 250
por que, o porquê (*dihoti*) 45-46, 88-89
poson ver quantidade
possibilidade (*dynamis*) 37, 82-83, 102-103, 111-112s.
potência (*dynamis*) 37, 127-128, 134, 185, 249
pragmática 61-62, 170, 164-165
praxis ver ação
prazer (*hêdonê*) 69, 192-193s.
prazer trágico 68-69ss.
predicamentos 59
premissa (*protasis*) 52ss., 56-57s., 59
prepon (o próprio, costumeiro) 191
primeiro movente ver motor imóvel
princípio (*archê*) 47-48, 77-78, 85s., 101s., 130s., 136

princípio de não-contradição 57-58, 79-80ss., 250-252
princípio do terceiro excluído 79-80
privação (*sterêsis*) 101-102
probabilidade 56-57, 64-65, 174-175
procriação 121-122
produção (*poiêsis*) 37, 66-67, 167, 177s.
prohairesis ver decisão
propriedade (*idion*) 59
pros ti ver relação
protasis ver premissa
prova da existência de Deus 143-144, 243-244, 249
prudência (*phrônesis*) 43, 182ss., 185, 198, 205-206
psicologia 35-36, 61-62s., 63-64, 123-124ss., 171-172
psychê ver alma
purificação (*katharsis*) 69ss.
qualidade (*poion*) 28, 150s., 157-158
quantidade (*poson*) 28, 150
que (*hoti*) 45-46, 88-89

R

racionalidade 51, 56-57, 61-62, 66, 215-216
racionalismo 73-74
razão (*logos*) 46-47, 176-177s., 183s., 197-198, 214-215
reductio ad impossibile/absurdum 53-54s.
regresso ao infinito 75-76s., 103-104, 113
relação (*pros ti*) 150
relação *pros hen* 153s., 158-159, 163
retórica 21-22, 35-36, 56-57, 59ss., 254-255, 258

S

sabedoria (*sophia*) 43, 46-47, 130, 182
saber, ciência (*epistêmê*) 39, 41, 43-45, 47-48ss., 72-73, 75s., 106-107, 182
sagacidade (*deinotês*) 182
scala naturae 119-120s., 123-124, 126-127
schêmata ver figuras
semântica 163, 197-198
semiótica 163
sensatez (*synesis*) 183
senso comum (*common sense*) 91-92f., 173
separação (*dihairesis*) 77-78
silogismo prático 184-185s., 189

silogismo, silogística 35-36, 44, 51ss., 56, 75s., 85
sinal (*symbolon*) 164-165
sinonimia 163
sistema 29-30, 33, 35-37, 39, 41-43, 129, 204, 241-242
sôma ver corpo
sophia ver sabedoria
sôphrosynê ver temperança
sterêsis ver privação
subsidiariedade 213-214, 217
substância (*ousia*) 36-37, 101, 105-106, 134-135s., 138-139s., 147-148s., 150s., 153ss.
substrato (*hypokeimenon*) 101-102
symbebêkos ver acidente
symbolon ver sinal
symperasma ver conclusão
syneches ver contínuo
synesis ver sensatez
synthêkê ver convenção

T

technê ver arte, técnica
teleologia 15, 30-32, 46-47, 87-88, 98, 108ss., 120-121s., 143-144s., 170-171
telos ver fim, finalidade
temperança (*sôphrosynê*) 186-187, 189-190, 199-200
tempo (*chronos*) 92-93, 109-110, 113-114ss., 154
teologia 35-36, 45-46, 129, 134, 134-135s., 138-139ss., 158-159, 248-249s., 250s.
teoria (*theôria*) 37, 46-47, 130, 171-172, 206-207s., 220-221
teoria crítica 72-73, 255-256
teoria da ciência 43-44, 71-72ss., 173-174s., 254
teoria do discurso 32-33, 44, 58-59, 65s.
thaumazein ver ficar admirado
thêriotês ver brutalidade animal
thymos ver ira
ti ên einai (o-que-era-ser) 155s.
ti estin ver essência
timê ver honra
tode ti (um este, este algo) 150, 155, 157-158
toionde (tal, de tal tipo) 157-158

tópica 30-32s., 41-42ss., 56ss., 258
tragédia 66ss.
transcendentais 249
transcendental, filosofia transcendental 80-81, 113-114, 148-149, 196-197, 253
transmissão hereditária 121-122ss.
triângulo de comunicação 163
trilema de Münchhausen 74-76

U

universais 161-162, 250-252
universal (*katholou*) 46-47s., 52, 82-83ss., 157-158, 161-162

V

verdade (*alêtheia*) 21-22, 56-57ss., 60-61, 90-91, 175-176
vida (*zên*) 178, 213-214
vida de prazer (*bios apolaustikos*) 173, 192-193
vida dirigida ao lucro financeiro (*bios chrêmatistês*) 193-194
vida político-moral (*bios politikos*) 173, 193-194, 196-197, 205-208
vida teórica (*bios theôrêtikos*) 170-171, 194, 205-207s.
virtude (*aretê*) 182s., 185, 202-203, 216, 220s., 250
virtude de caráter (*aretê êthikê*) 189, 198ss., 220s.
virtudes cardeais 201
voluntário, voluntariamente, espontâneo (*hekôn/hekousion*) 71-72, 178-179, 187-188, 228 (involuntariamente: *akôn* 179-180; não voluntariamente: *ouch hekôn* 179-180)
vontade 177, 186-187ss.

X

xenikon ver estranhamento

Z

zên ver vida
zoologia 22s., 33, 35-36, 82, 87-88s., 98, 116-117ss., 150-151s.